普通高等院校土木专业“十三五”规划精品教材

土木工程施工组织

主　编　苏德利

副主编　刘传辉　徐翔宇　雷　莉　唐依伟

参　编　刘德辉　陈　鼎　于　涛　王红微
白雅君　刘艳君　孙丽娜　齐丽娜
侯燕妮　李　东　张　楠　张黎黎
董　慧　付那仁图雅　李　瑾
刘　静　魏　婷　张　彤

华中科技大学出版社
中国·武汉

内 容 提 要

本书根据“卓越工程师教育培养计划”的培养目标，以教育部《高等学校土木工程本科指导性专业规范》以及《建筑施工组织设计规范》(GB/T 50502—2009)为依据，并结合编者多年的教学经验和实践经验编写而成，力求体现其时代性和有效性。本书内容主要包括绪论、施工准备工作、流水施工原理、网络计划技术、单位工程施工组织设计、施工组织总设计以及施工组织设计的实施管理。

本书可作为土木工程、建筑施工技术、工程管理等专业的教学用书，亦可作为工程技术和管理人员的业务参考书。

图书在版编目(CIP)数据

土木工程施工组织/苏德利主编. —武汉：华中科技大学出版社，2020.7
普通高等院校土木专业“十三五”规划精品教材
ISBN 978-7-5680-4894-1

Ⅰ.①土… Ⅱ.①苏… Ⅲ.①土木工程-施工组织-高等学校-教材 Ⅳ.①TU721

中国版本图书馆 CIP 数据核字(2020)第 116139 号

土木工程施工组织
Tumu Gongcheng Shigong Zuzhi

苏德利 主编

策划编辑：金 紫
责任编辑：陈 骏
封面设计：原色设计
责任监印：朱 玢
出版发行：华中科技大学出版社(中国·武汉) 电话：(027)81321913
武汉市东湖新技术开发区华工科技园 邮编：430223
录 排：华中科技大学惠友文印中心
印 刷：武汉科源印刷设计有限公司
开 本：850mm×1065mm 1/16
印 张：15.75
字 数：345 千字
版 次：2020 年 7 月第 1 版第 1 次印刷
定 价：49.80 元

普通高等院校土木专业“十三五”规划精品教材

总　　序

教育可理解为教书与育人。所谓教书，不外乎是教给学生科学知识、技术方法和运作技能等，教学生以安身之本。所谓育人，则要教给学生做人的道理，提升学生的人文素质和科学精神，给学生以立命之本。我们教育工作者应该从中华民族振兴的历史使命出发，来从事教书与育人工作。作为教育本源之一的教材，必然要承载教书和育人的双重责任，体现两者的高度结合。

中国经济建设高速持续发展，国家对各类建筑人才需求与日俱增，对高校土建类高素质人才培养提出了新的要求，从而对土建类教材建设也提出了新的要求。这套教材正是为了适应当今时代对高层次建设人才培养的需求而编写的。

一部好的教材应该把人文素质和科学精神的培养放在重要位置。教材不仅要从内容上体现人文素质教育和科学精神教育，而且还要从科学严谨性、法规权威性、工程技术创新性来启发和促进学生科学世界观的形成。简而言之，这套教材有以下几个特点。

其一，从指导思想来讲，这套教材注意到“六个面向”，即面向社会需求、面向建筑实践、面向人才市场、面向教学改革、面向学生现状、面向新兴技术。

其二，教材编写体系有所创新。结合具有土建类学科特色的教学理论、教学方法和教学模式，这套教材进行了许多新的教学方式的探索，如引入案例式教学、研讨式教学等。

其三，这套教材适应现在教学改革发展的要求，即适应“宽口径、少学时”的人才培养模式。在教学体系、教材内容和学时数量等方面也做了相应考虑，而且教学起点也可随着学生水平做相应调整。同时，在这套教材编写时，特别重视人才的能力培养和基本技能培养，注意适应土建专业特别强调实践性的要求。

我们希望这套教材能有助于培养适应社会发展需要的、素质全面的新型工程建设人才。我们也相信这套教材能达到这个目标，从形式到内容都成为精品，为教师和学生以及专业人士所喜爱。

中国工程院院士　王思敬

前　言

随着我国建筑业的发展和建设管理体制改革的不断深化，特别是建筑产业现代化和绿色施工的推进，土木工程施工组织和管理面临着新的要求。

土木工程施工组织是土木工程、建筑施工技术、工程管理等专业的一门必修课。它是针对土木工程施工的特点，研究土木工程施工阶段的统筹规划和实施系统管理的客观规律，以制定最合理的施工组织与管理方法的一门学科。其主要涉及建设法规、施工组织、施工技术、工程经济、合同管理、信息管理及计算机等各方面的专业知识，实践性很强。

本书综合了目前土木工程施工组织中常用的基本原理、方法、技术及科研成果，按照《高等学校土木工程本科指导性专业规范》和国家现行相关标准的基本要求进行编写，力求体现其时代性和有效性。针对本学科实践性强、综合性强的特点，书中每章除配有例题、习题外，还在重点章节编入应用性较强的工程实例。

本书由大连海洋大学苏德利担任主编，湖南工学院刘传辉、武昌首义学院徐翔宇、长沙学院雷莉、长江大学文理学院唐依伟担任副主编，其他参与编写的老师有湖南高速铁路职业技术学院刘德辉、陈鼎，以及于涛、王红微、白雅君、刘艳君、孙丽娜、齐丽娜、侯燕妮、李东、张楠、张黎黎、董慧、付那仁图雅、李瑾、刘静、魏婷、张彤，在此一并表示感谢。

本书可作为高等院校和高职高专院校土木工程、建筑施工技术、工程管理等专业的教学用书，亦可作为工程技术和管理人员的业务参考书。

在教材编写的过程中，编者参考了大量的资料，在此对资料的作者表示深深的谢意。由于编者水平所限、时间仓促，书中难免存在疏漏和不足，欢迎读者提出宝贵意见。

编者

2020 年 6 月

目　　录

第1章　绪　　论

第1节　土木工程施工组织的任务及研究对象

一、土木工程施工组织的任务

土木工程是指各类建筑物和构筑物的结构设计及施工等工作，包括建筑工程、道路工程、桥梁工程和地下结构工程等，不含设备工程。土木工程施工组织是研究各类工程建设生产过程中诸要素统筹安排与系统管理客观规律的一门学科。它研究如何组织土木工程的施工，从而实现设计和建设的要求，是现代化建筑施工管理的核心。

土木工程施工组织的具体任务是确定各阶段施工准备工作的内容，对人力、资金、材料、机械和施工方法等进行科学合理的安排，协调施工中各单位与各工种和各项资源之间，以及资源与时间之间的合理关系，并按照经济和技术要求对整个施工过程进行统筹规划，以期达到工期短、成本低、质量好以及安全、高效的目的。

二、土木工程施工组织的研究对象

土木工程施工组织的对象是项目。在施工过程中，项目内外联系错综复杂，没有固定不变的组织方法。因此，土木工程施工组织者必须根据项目的特点，依据国家有关基本建设的方针和政策，充分利用施工组织的方法与规律，在所有环节中精心组织、严格管理，全面协调好施工过程中的各种关系。面对特殊、复杂的生产过程，要进行科学分析，厘清主次矛盾并找出关键所在，有的放矢地采取措施，合理地组织人、财、物的投入顺序、数量、比例，同时进行科学的工程排序，组织平行流水作业和立体交叉作业，以提高对时间和空间的利用率，从而实现经济效益和社会效益的最大化。

第2节　土木工程产品及施工的特点

土木工程产品是在建筑规划、设计和施工等一系列相互关联、紧密配合的过程中，所创造的具有满足人们生产、生活的活动空间的统称，包括建筑物与构筑物两类。土木工程产品在生产上的阶段性和连续性、组织上的专门化和协作化等方面与一般的工业产品一致，但它自身固有的特点对施工的组织与管理影响极大。

一、土木工程产品的特点

土木工程产品的生产是根据每个建设单位的需要，按照设计规定在指定地点进行建造。其所用材料、结构与构造形式、平面与空间组合变化多样，由此决定了土木工程产品的特殊性。

（一）空间上的固定性

土木工程产品生产出来后通常是不可移动的。土木工程产品与其所依附的土地形成一个不可分离的整体，是一种不动产。这种在空间固定的属性称为土木工程产品的固定性。固定性是土木工程产品与一般工业产品的最大区别。

（二）形式上的多样性

土木工程产品的使用要求、规模尺寸、建筑设计、结构类型等各不相同，即使是同一类型的建筑物，也因所在地点、环境条件不同而彼此有所区分，从而构成了土木工程产品类型的多样性。土木工程产品都是以一定的建筑结构形式存在的。建筑结构形式随着人类建筑技术的不断进步而不断丰富，这也决定了土木工程产品形式上的多样性。

（三）体量上的庞大性

土木工程产品具有满足人类活动需求的功能，客观上要求其具有较大的体量。比起一般的工业产品，土木工程产品需消耗大量的物质资源，且占据广阔的空间，具有庞大的体形。

（四）功能上的集成性

土木工程产品是一个完整的固定资产实物体系，若要正常发挥其服务人类的功能，就要满足安全、耐久、实用、美观、经济等多方面的要求，并通过多种要素的集成来实现。

（五）存储时间的长久性

土木工程产品往往坚固耐用并可维护、可修复，同时兼具存储时间长的特点。正因如此，在人类漫长的历史进程中，土木工程产品也成为传承人类文明的重要载体之一。

二、土木工程产品的生产特点

土木工程产品的上述特点决定了土木工程产品的生产过程也有其自身的特点。

（一）生产的流动性

土木工程产品的固定性决定了建筑施工的流动性。一般工艺产品的生产者和生产设备是固定的，只有产品在生产线上流动。而土木工程产品则相反，产品是固定的，生产者和生产设备不仅要随着建筑物的建造地点的变更而流动，还要随着建筑物施工部位的改变而在不同的空间流动。这就要求施工前必须有一个周密的施工组织设计，使流动的人、机、物等协调配合，以便做到连续、均衡的施工。

（二）生产的单件性

土木工程产品的固定性和多样性决定了其生产的单件性。每一个土木工程产品都必须按照当地规划和用户需要，在选定地点上单独设计、施工。即使是采用同一种设计图纸或标准设计，由于所处地区不同、建设单位提供的条件不同及交通、材料资源等施工环境的不同，往往需要对设计图纸、施工方法和施工组织等做出相应的调整与修改，从而使得土木工程产品的生产具有单件性。

（三）生产的周期长

土木工程产品的庞大性决定了其施工的周期长。土木工程产品在建造过程中要投入大量劳动力、材料、机械等，因而与一般工业产品相比，其生产周期较长，少则几个月，多则几年。这就要求事先有一个合理的施工组织设计，尽可能缩短工期。

（四）生产受自然条件影响大

影响土木工程施工的因素很多。如施工技术、材料和设备、设计变更、资金和物资的供应、外部环境等，都会对工程的进度、质量和成本产生很大影响。

（五）生产关系复杂、综合协助性强

土木工程产品体形庞大，内部设施复杂，涉及的专业多、工种广，建设周期长。其生产过程属于多专业、多工种平行交叉的综合性生产过程，且涉及内、外部的多种交叉关系，如各专业工种之间、人与机械之间、人与材料之间的内部关系及施工企业、建设单位、勘察设计单位与城市规划、土地开发、消防公安、公用事业、环境保护、质量监督、交通运输、银行财政、科研试验、机具设备、物质材料、供电、供水、供热、通信、劳务等社会各部门之间的外部生产协作配合关系。由此可知，土木工程产品生产的组织协作关系非常复杂。

第3节 工程建设程序与施工程序

一、建设项目的含义与组成

凡是按一个总体设计组织施工，建成后具有完整的系统并可以独立形成生产能力或使用价值的建设工程，都可以称为一个建设项目。

建设项目可以从不同的角度进行划分。例如，按建设项目的规模大小可分为大型、中型、小型建设项目；按建设项目的性质可分为新建、扩建、改建、复建项目；按建设项目的投资主体可分为国家投资、企业投资、“三资”企业以及各类投资主体联合投资的建设项目；按建设项目的用途可以分为生产性建设项目（包括工业、农田水利、交通运输、邮电、商业和物资供应、地质资源勘探等建设项目）和非生产性建设项目（包括住宅、文教、卫生、公用生活服务事业等建设项目）。

建设项目可分为单项工程、单位工程、分部工程和分项工程。

（一）单项工程

可独立设计文件并独立组织施工，完成后可独立发挥生产能力或工程效益的项目称为单项工程。单项工程是建设项目的组成部分,一项或若干项单项工程组成一个建设项目。

（二）单位工程

可独立设计,独立组织施工,但完成后不能独立发挥生产能力或工程效益的工程称为单位工程。单位工程是单项工程的组成部分。

（三）分部工程

分部工程是单位工程的组成部分,单位工程按其所属部位或工程工种可划分为若干分部工程。在单位工程中,把性质相近且所用工具、工种、材料大体相同的部分称为一个分部工程。根据《建筑工程施工质量验收统一标准》(GB 50300—2013),建筑工程一般可以划分为10个分部工程(地基与基础、主体结构、建筑装饰装修、屋面、建筑给水排水及采暖、通风与空调、建筑电气、建筑智能化、建筑节能、电梯10个方面)。

（四）分项工程

分项工程是分部工程的组成部分。按不同的施工方法、构造及规格将分部工程划分为分项工程。

二、工程建设程序

建设程序是指建设项目从计划决策、竣工验收到投入使用的整个建设过程中各项工作必须遵循的先后顺序。它反映了建设活动的客观规律和相互关系,是人们在长期工程建设实践过程中对技术经济和管理活动的理性总结。按照我国现行规定,一般工程建设程序可分为八个步骤,即项目建议书、项目可行性研究、项目设计、项目建设准备、建筑安装施工、生产准备、竣工验收和交付使用。

（一）项目建议书

项目建议书是建设某一具体项目的建议文件,是基本建设程序中最初阶段的工作,也是投资决策前对拟建项目的轮廓设想。项目建议书的主要作用是为了对拟建项目进行初步说明,论述它建设的必要性、条件的可行性和获利的可能性,以确定是否进行下一步工作。项目建议书的内容一般应包括建设项目提出的必要性和依据,项目方案、拟建规模和建设地点的初步设想,资源情况、建设条件、协作关系等的初步分析,投资估算和资金筹措设想以及经济效益和社会效益的估计。

建设单位应根据国民经济和社会发展的长远规划、行业规划、地区规划等要求,经过调查、预测分析后,提出项目建议书。项目建议书按要求编制完成后,应根据建设规模分别报送有关部门审批。项目建议书经审批后,即可进行详细的可行性研究工作,但并不表示项目非建不可。项目建议书并不是最终决策。

（二）项目可行性研究

可行性研究的主要目的是对建设项目在技术与经济上(包括微观效益和宏观效

益)是否可行进行科学的分析和论证工作,在评估论证的基础上,由审批部门对项目进行审批。经批准的可行性研究报告是进行初步设计的依据,也是技术经济的深入论证阶段,可为项目决策提供依据。可行性研究是建设项目决策阶段的核心部分,必须深入调查研究,进行认真分析,做出科学的评价。

可行性研究报告的主要内容因项目性质的不同而有所不同,但一般应包括以下内容。

(1)项目的背景和依据。

(2)要求预测及拟建规模、产品方案、市场预测和确定依据。

(3)技术工艺、主要设备和建设标准。

(4)资源、原料、动力、运输、供水及公用设施情况。

(5)建厂条件、建厂地点、厂区布置方案等。

(6)项目设计方案及协作配套条件。

(7)环境保护、规划及结构抗震、防洪等方面的要求和相应措施。

(8)建设工期和实施进度。

(9)生产组织、劳动定员和人员培养。

(10)投资估算和资金筹措方案。

(11)财务评价和国民经济评价。

(12)经济评价和社会效益分析。

(三)项目设计

设计工作是将拟建工程的实施在技术上和经济上进行全面而详尽的安排,即建设单位委托设计单位,按照可行性研究报告的有关要求和建设单位提出的技术、功能、质量等要求来对拟建工程进行图纸方面的详细说明。它是基本建设计划的具体化,同时也是组织施工的依据。根据我国现行规定,对于重大工程项目要进行三阶段设计,即初步设计、技术设计和施工图设计;中小型项目可按两阶段设计进行,即初步设计和施工图设计;部分施工技术较复杂时,可把初步设计的内容适当加深至扩大初步设计。

1. 初步设计

初步设计是根据批准的可行性研究报告和比较准确的设计基础资料所做的具体实施方案,目的是阐明在指定的地点、时间和投资控制数额内,拟建工程在技术上的可能性和经济上的合理性,解决工程建设中重要的技术和经济问题,确定建筑物主要尺寸、施工方案、总体布置等,并通过对工程项目所作出的基本技术经济规定编制项目总概算。初步设计由主要投资方组织审批,大中型和限额以上项目要报国家发展计划部门和行业归口主管部门备案。初步设计文件经批准后,无特殊情况,总体布置、建筑面积、结构形式、主要设备、主要工艺过程、总概算等均不得随意修改和变更。初步设计的主要内容如下。

(1)设计依据。

(2) 指导思想。

(3) 建设规模。

(4) 工程方案确定依据。

(5) 总体布置。

(6) 主要建筑物的位置、结构、尺寸和设备。

(7) 总体施工组织设计。

(8) 总概算。

(9) 经济效益分析。

(10) 对下阶段设计的要求等。

建设项目的初步设计应当按照环境保护设计规范的要求编制环境保护篇章,并依据经批准的建设项目环境影响报告书或者环境影响报告表,在环境保护篇章中落实防治环境污染和生态破坏的措施以及环境保护设施投资概算。

2. 技术设计

技术设计是根据初步设计和更详细的调查研究资料,进一步解决初步设计中的重大技术问题。技术设计会使建设项目的设计更完善、更具体,经济、技术、质量等方面的指标做得更好,并修正总概算。

3. 施工图设计

施工图设计是根据批准的扩大初步设计或技术设计的要求,结合现场实际情况,完整地表现建筑物外形、内部空间分割、结构体系、构造状况及建筑群的组成和周围环境的配合。对不同专业应进行详细设计,并分别绘制各专业的工程施工图。各专业必须按设计合同的要求按期完成设计任务,提交完善的施工图纸,以保障项目后续工作的顺利实施。此外,各种运输、通信、管道系统、建筑设备的设计也应包含在内。在工艺方面,应确定各种设备的型号、规格等具体信息及各种非标准设备的制造加工过程。在施工图设计阶段还应编制施工预算。

(四) 项目建设准备

(1) 项目建设准备的主要内容如下。

①征地、拆迁和场地整平。

②完成施工用水、用电、道路等通畅工作。

③组织设备、材料订货。

④准备必要的施工图纸。

⑤组织施工招标,择优选择施工单位。

(2) 项目在报批开工前,必须由审计机关对项目的有关内容进行开工前审计。

审计机关主要是落实项目的资金来源是否正当,审核项目开工前的各项支出是否符合国家的有关规定,查验资金是否按有关规定存入银行专户等。新开工的项目还必须具备按施工顺序所需要的、至少三个月以上的工程施工图纸,否则不能开始建设。

(3) 建设准备工作完成后,在公开招标前,还应编制项目投资计划书,并按现行的建设项目审批权限进行报批。

对于大中型工业建设项目和基础设施项目,建设单位申请批准开工要经国家发展和改革委员会统一审核后编制年度大中型和限额以上建设项目开工计划,并报国务院批准。部门和地方政府无权自行审批大中型和限额以上建设项目的开工报告。年度大中型和限额以上新开工项目经国务院批准并由国家发展和改革委员会下达项目计划的目的是实行国家对固定资产投资规模的宏观调控。

(五) 建筑安装施工

1. 项目新开工时间

工程项目经批准开工建设,项目即进入了施工阶段。项目新开工时间是指工程建设项目设计文件中规定的任何一项永久性(无论是生产性还是非生产性)工程第一次正式破土开槽的日期。不需要开槽的工程以建筑物的正式打桩的日期作为新开工时间。铁道、公路、水库等需要进行大量土方、石方工程的,以开始进行土方、石方工程的日期作为新开工时间。

2. 建设工期

从任意一项永久性工程破土动工开始,至计划任务书内规定的项目构成内容全部建成并经竣工验收交付生产或使用为止,即建设项目的建设工期。

施工安装活动应按照工程设计要求,以施工合同条款和施工组织设计为依据,在保证工程质量、工期、成本及安全、环保等目标的前提下进行。达到竣工验收标准后,由施工单位移交给建设单位。

(六) 生产准备

对于生产性工程建设项目而言,生产准备是项目投产前由建设单位进行的一项重要工作。它是衔接建设和生产的桥梁,是项目建设转入生产经营的必要条件。建设单位应适时组成专门机构做好生产准备工作。

生产准备工作的内容根据项目或企业的不同,其要求也各不相同,但一般应包括以下内容。

(1) 招收和培训生产人员。

(2) 组织准备。组建管理机构、编制管理制度和有关规定。

(3) 技术准备。组织生产人员参加设备的安装、调试和工程验收。

(4) 物资准备。签订材料、协作机具、燃料、水、电等的供应及运输的协议。进行工具、器具、备用品、备用件等的制造或订货。

(七) 竣工验收和交付使用

当工程项目按设计文件的规定内容和施工图纸的要求建成后,便可组织验收。竣工验收是工程建设的最后一环,是投资成果转入生产或使用的标志,也是全面考核建设成果、检验设计和质量的重要步骤。

建设项目竣工验收和交付使用的标准如下。

（1）生产性工程和辅助公用设施已按设计要求建完，能满足生产要求。

（2）主要工艺设备已安装配套，经联动负荷试车合格，可构成生产线形成生产能力，能够生产出设计文件中规定的产品。

（3）生产福利设施能适应投产初期的需要。

（4）生产准备工作能适应投产初期的需要。

三、施工程序

建设项目一般可按以下程序完成施工。

（一）承接施工任务

施工单位承接任务的方式一般有两种：投标或议标。除了上述两种承接方式外，还有一些国家重点建设项目由国家或上级主管部门直接下达给施工企业。无论是哪种承接任务方式，施工单位都要检查其施工项目是否有批准的正式文件，是否列入基本建设年度计划，是否落实投资等。

（二）签订施工合同

承接施工任务后，建设单位与施工单位应根据《中华人民共和国经济合同法》和《建筑安装工程承包合同条例》的有关规定及要求签订施工合同。施工合同应规定承包的内容、要求、工期、质量、造价及材料供应等，明确合同双方应承担的义务和职责以及应完成的施工准备工作。施工合同经双方法人代表签字后具有法律效力，必须共同遵守。

（三）做好施工准备，提出开工报告

土木工程施工是一个综合性很强的生产过程，每项工程开工前都必须进行充分的施工准备工作，目的是为施工创造必要的技术和物质条件。签订施工合同后，施工单位应全面展开施工准备工作。首先调查收集有关资料，进行现场勘察，熟悉图纸，编制施工组织总设计。然后根据批准的施工组织总设计，施工单位应与建设单位密切配合，抓紧落实各项准备工作，如会审图纸，编制单位工程施工组织设计，落实劳动力、材料、构件、施工机具及现场“三通一平”等。具备开工条件后，提出开工报告并经审查批准，即可正式开工。

（四）组织施工，加强管理

此阶段是整个工程实施中最重要的一个阶段，施工单位应按照施工组织设计精心施工。一方面，应从施工现场的全局出发，加强与各单位、各部门的配合与协作，协调解决各方面的问题，使施工活动顺利开展。另一方面，应加强技术、材料、质量、安全、进度等各项管理工作，落实施工单位内部承包的经济责任制，全面做好各项经济核算与管理工作，严格执行各项技术、质量检验制度，抓紧工程收尾和竣工。

(五) 竣工验收，交付使用

竣工验收是施工的最后阶段，在竣工验收前，施工企业内部应先进行预验收，检查各分部(分项)工程的施工质量，整理各项竣工验收的技术经济资料。在此基础上，由建设单位或委托监理单位组织施工验收，经有关部门验收合格后，办理验收签证书并交付使用。

第4节　施工组织设计

施工组织设计是以施工项目为对象编制的，用以指导施工的技术、经济和管理的综合性文件。

一、施工组织设计的作用

(1) 指导工程投标与签订工程承包合同，并作为投标书的内容和合同文件的一部分。它是施工准备工作的重要组成部分，也是做好施工准备工作的依据和重要保证，具有重要的规划、组织和指导作用。

(2) 实现基本建设计划的要求，是沟通工程设计与施工之间的桥梁。它既要体现拟建工程的设计和使用的要求，又要符合建筑施工的客观规律，是对拟建工程施工全过程实行科学管理的重要手段。

(3) 保证各施工阶段的准备工作及时地进行。它是建设单位与施工单位之间履行合同的主要依据。

(4) 明确施工重点和影响工程进度的关键工作，并提出相应的技术、质量、文明、安全等各项生产要素管理的目标及技术组织措施，提高综合效益。它是检查工程施工进度、质量、成本三大目标的依据。

(5) 协调各单位、各工种、各类资源、资金、时间等方面在施工程序、现场布置和使用上的相应关系。它是编制施工预算的主要依据。

二、施工组织设计的分类

(一) 按施工项目的规模划分

1. 施工组织总设计

施工组织总设计是以一个建设项目或群体工程为对象编制的，用以指导其建设全过程中各项全局性施工活动的综合性文件。它是整个施工项目的战略部署，编制范围广、内容比较全面。在项目初步设计或扩大初步设计经批准并明确承包范围后，由施工项目总承包单位的总工程师主持，会同建设单位、设计单位和分包单位的责任工程师共同编制。它是修建全工地暂设工程、做好施工准备和编制单位(单项)工程施工组织设计或年(季)度施工规划的依据。

2. 单位(单项)工程施工组织设计

单位(单项)工程施工组织设计是以一个建筑物、构筑物或其中一个单位工程为对象进行编制,用以指导其施工全过程各项施工活动的综合性文件。它是建设项目施工组织总设计或年度施工规划的具体化,其编制内容更详细。项目施工图纸完成后,在项目经理组织下,由项目工程师负责编制该文件,并作为编制分部(分项)工程施工计划的依据。单位(单项)工程施工组织设计按照工程的规模、技术复杂程度和施工条件的不同,在编制内容的深度和广度上有以下两种类型。

(1) 简明单位(单项)工程施工组织设计,一般适用于规模较小的拟建工程,它通常只编制施工方案并附以施工进度计划和施工平面图。

(2) 单位(单项)工程施工组织设计,一般用于重点的、规模大的、技术复杂的或采用新技术的工程,编制内容比较全面。

3. 分部(分项)工程施工组织设计

分部(分项)工程施工组织设计是以施工难度较大或技术较复杂的分部(分项)工程为编制对象,用以指导其各项作业的综合性文件。它是单位(单项)工程施工组织设计和承包单位季(月)度施工计划的具体化,其编制内容更具体。在编制单位(单项)工程施工组织设计的同时,由项目主管技术人员负责编制该项文件并作为指导该项目具体专业工程施工的依据。编制的内容包括施工方案、施工进度表、技术组织措施等。

(二) 按编制的目的与阶段划分

根据编制的目的和阶段不同,施工组织设计可划分为两类:一类是投标阶段的施工组织设计,即施工组织纲要(或称标前设计);另一类是中标并签订工程承包合同后的施工组织设计,又称为实施性施工组织设计(或称标后设计)。

1. 施工组织纲要

施工组织纲要是在工程招投标阶段,投标单位根据招标文件、设计文件及工程特点编制的有关施工组织的纲要性文件,即投标文件中的技术标。施工组织纲要一般由项目经营管理层编制,其规划性强、操作性弱,目的是为了中标。技术标和商务标(或经济标)构成工程投标文件,并且在企业中标后作为合同文件的一部分。

2. 实施性施工组织设计

实施性施工组织设计是在建筑企业中标并签订合同后,在项目开工前由项目部技术人员在技术标的基础上修改和完善而成,须经监理工程师审核后形成最终实施性的施工组织设计。实施性施工组织设计的作用是指导施工准备工作和施工全过程的各项工作。

三、施工组织设计的内容

(一) 工程概况

工程概况是概括性地说明工程的情况,主要说明工程性质和作用、建筑和结构的特征、建造地点的特征、工程施工特征。

（二）施工部署

施工部署是对整个施工项目进行总体的布置和安排，主要确定项目组织机构、施工管理的目标、主要工程的施工方法以及全面部署施工任务并合理安排施工顺序。

（三）施工方案

施工方案是整个施工组织设计的核心，主要是确定施工方法和施工机械。施工方案应结合工程实际情况，选择技术可行、经济合理、安全可靠的方案。

（四）施工进度计划

施工进度计划是施工项目在时间上的计划和安排，施工进度计划在实施过程中经常会根据工程的实际进度进行调整和优化。

（五）施工平面布置

施工平面布置是施工项目在空间上的计划和安排，主要明确拟建和已建建（构）筑物的位置，垂直运输机械，道路、生产临时设施，生活临时设施、水电网路等的布置情况。

（六）主要施工管理计划和措施

主要施工管理计划和措施包括质量、进度、安全、环境保护、成本管理计划和保证措施。

四、施工组织设计的编制依据

一般而言，施工组织设计的编制依据主要由以下几点构成。

(1) 与工程建设有关的法律、法规和其他相关文件。

(2) 国家现行的有关标准和技术经济指标。

(3) 工程所在地区行政主管部门的批准文件，建设单位对施工的要求。

(4) 工程施工合同或招投标文件。

(5) 工程设计文件。

(6) 工程施工范围内的现场条件，工程地质及水文地质、气象等自然条件。

(7) 与工程有关的资源供应情况。

(8) 施工企业的生产能力、机具设备状况、技术水平等。

五、施工组织设计的编制原则

施工组织设计的编制原则如下。

(1) 贯彻国家工程建设的法律、法规、方针和政策，严格执行基本建设程序和施工程序，认真履行承包合同，科学安排施工顺序，保证按期或提前交付业主使用。

(2) 根据实际情况，拟定技术先进、经济合理的施工方案和施工工艺，认真编制各项实施计划和技术组织措施，严格控制工程质量、进度、成本，确保安全生产和文明施工，做好职业安全健康、环境保护工作。施工安排应符合现行政策的要求，从实际出发做好资源的综合平衡，大力推广建筑节能和绿色施工，保证技术的可持续发展。

（3）采用流水施工方法和网络计划技术，配合有效的劳动组织和施工机械，连续、均衡、有节奏地施工，达到合理的经济技术指标。

（4）科学安排冬雨季及夏季高温、台风等特殊环境条件下的施工项目，落实季节性施工措施，保证全年施工的均衡性、连续性。

（5）贯彻多层技术结构的技术政策，因时、因地制宜促进技术进步和建筑工业化的发展，不断提高施工机械化、预制装配化，改善劳动条件，提高劳动生产率。积极开发、使用新技术和新工艺，推广应用新材料和新设备。施工组织设计应促进技术进步和建筑工业化的发展，要结合工程特点和现场条件，使技术的先进性、实用性与经济合理性相结合。

（6）尽量利用现有设施和永久性设施，努力减少临时工程。合理确定物资采购及存储方式，减少现场库存量和物资损耗，还应科学地规划施工总平面。

六、施工组织设计的实施

（一）施工组织设计文件的编制

施工组织设计文件的编制为指导施工部署、组织施工活动提供了计划依据。为了实现计划的预定目标，还必须依照施工组织设计文件所规定的各项内容认真实施，并随施工过程中主客观条件的不断变化，及时收集施工资料，经常检查分析实际情况与计划目标间的差异，找出原因，不断完善和调整计划方案，保证工程施工始终保持良好的进展状态。

（二）施工组织设计的贯彻执行

1. 加强编制工作的领导，严格执行审批程序

施工组织设计的编制和审批应符合下列规定。

（1）施工组织设计应由项目负责人主持编制，可根据需要进行分阶段编制和审批。

（2）施工组织总设计应由总承包单位技术负责人审批，单位工程施工组织设计应由施工单位报技术负责人或技术负责人授权的技术人员审批；施工方案应由项目技术负责人审批；重点、难点分部（分项）工程和专项工程施工方案应由施工单位技术部门组织有关专家评审，由施工单位技术负责人批准。

（3）由专业承包单位施工的分部（分项）工程或专项工程的施工方案，应由专业承包单位技术负责人或技术负责人授权的技术人员审批；有总承包单位时，应由总承包单位项目技术负责人核准备案。

（4）规模较大的分部（分项）工程和专项工程的施工方案应按单位工程施工组织设计进行编制和审批。

按照相关规定，施工组织设计应由项目总监理工程师审核批准后实施。

2. 做好施工组织设计的交底工作

经过批准的施工组织设计文件，应由负责编制的主要人员向参与施工的各有关部门和有关人员进行技术交底，阐明该施工组织设计编制的基本指导方针、意图和分析决策过程、实施要点等，以及达到计划总目标的关键性技术问题和组织问题。技术交底工作非常重要，交底工作一定要全面、细致，让每一个人都能了解到实施计划的关键所在，以保证施工过程能顺利进行。

3. 协调施工组织设计与企业各类计划间的关系

每一个施工企业都可能同时承担多个工程项目的施工，通常是以年度或季、月作业计划来安排企业的生产活动。在安排这些计划时，应以各有关工程项目的施工组织计划为依据，按照施工组织设计文件所规定的施工顺序、进度要求、技术物资的需求量等，进行企业生产能力的配备、劳动力和物资资源的分配。通过综合平衡，确定企业年度、季度施工技术计划安排以及月、旬作业计划的内容和各项技术经济指标，从而把施工组织设计所规定的目标纳入企业生产计划的轨道。

4. 健全组织管理系统，保证施工管理信息畅通

施工组织设计的贯彻执行，重点是对施工进度、工程质量和施工成本进行目标控制，做好安全生产管理。只有健全组织管理系统，才能保证信息的畅通。从施工开始阶段就要随时收集工程实施的有关信息，并正确反馈至施工设计、成本管理、质量管理和计划管理等各个部门。做好施工过程中的动态管理，定期进行分析比较，根据情况的变化，及时对工程的施工管理提出新的符合实际情况的对策。根据施工新技术和管理的发展要求，积极推进计算机技术进行辅助管理，做好施工档案归类整理工作，促进施工项目管理水平的提高。

◇思考与练习◇

1. 土木工程施工组织的研究对象是什么？
2. 土木工程产品具有哪些特点？
3. 一个建设项目由哪些工程项目组成？
4. 施工组织设计包括哪些内容？其编制依据有哪些？
5. 编制施工组织设计应遵循哪些基本原则？

第2章　施工准备工作

第1节　施工准备工作的意义及分类

施工准备工作是为了保证工程顺利开工和施工活动正常进行而必须事先做好的各项准备工作。其基本任务就是为拟建工程建立必要的技术、物质和组织条件，统筹安排施工力量和布置施工现场。施工准备工作是施工企业搞好目标管理、推行技术经济承包的重要依据，同时还是土建施工和设备安装顺利进行的根本保证。

施工准备工作是施工程序中的重要环节，不只是在建设项目开工之前要进行，在每一个分部(分项)工程施工前及施工期间都要为后续分部(分项)工程做好准备工作。所以，施工准备工作必须是有计划、分阶段、连续地贯穿于整个施工过程之中。

一、施工准备工作的意义

(一) 遵循建筑施工程序

施工准备工作是建筑施工程序的一个重要阶段。现代工程施工是十分复杂的生产活动，其技术规律和社会主义市场经济规律要求工程施工必须严格按其程序进行。只有认真做好施工准备工作，才能取得良好的建筑效果。

(二) 降低施工风险

就工程施工的特点而言，其生产受外界干扰和自然因素的影响较大，因而施工中可能遇到的风险较多。只有充分做好施工准备工作，采取预防措施，加强应变能力，才能有效地降低风险损失。

(三) 创造工程开工和顺利施工的条件

工程项目施工中不仅需要消耗大量材料、使用各种机械设备、组织安排各工种人力，而且还要处理各种复杂的技术问题，并协调各种配合关系，因此必须通过统筹安排和周密准备，才能使工程顺利开工，开工后能连续顺利地施工且各方面条件能得到保证。

(四) 提高企业经济效益

认真做好工程项目施工准备工作，能调动各方面的积极因素、合理组织资源、加快施工进度、提高工程质量、降低工程成本，从而提高企业经济效益和社会效益。

施工准备工作的好与坏，将直接影响土木工程产品生产的全过程。如重视和做好施工准备工作，积极为工程项目创造一切有利的施工条件，则该工程能顺利开工，取得施工的主动权。反之，如果违背施工程序，忽视施工准备工作，或工程仓促开工，则必然在工程施工中受到各种矛盾掣肘，处处被动，以致造成重大的经济损失。

二、施工准备工作的分类

（一）按施工准备工作的范围分类

1. 全场性施工准备

全场性施工准备是以一个建设项目施工为对象而进行的各项施工准备工作，其目的和内容都是为全场性施工服务的。它不仅要为全场性的施工活动创造有利条件，而且要兼顾单项工程施工条件的准备。

2. 单位(单项)工程施工条件准备

单位（单项）工程施工条件准备是以一个建（构）筑物为对象而进行的施工准备工作，其目的和内容都是为该单位（单项）工程服务的。它既要为单位（单项）工程做好开工前的一切准备，又要为其分部（分项）工程施工进行作业条件的准备。

3. 分部(分项)工程作业条件准备

分部（分项）工程作业条件准备是以一个分部（分项）工程或冬、雨季施工工程为对象而进行的作业条件准备。

（二）按拟建工程所处施工阶段分类

1. 开工前的施工准备

开工前的施工准备是在拟建工程正式开工前所进行的一切施工准备，其目的是为工程正式开工创造必要的施工条件。它既包括全场性的施工准备，又包括单项工程施工条件的准备。

2. 开工后的施工准备

开工后的施工准备是在拟建工程开工后，每个施工阶段正式开始之前所进行的施工准备工作。如现浇钢筋混凝土框架结构通常分为地基基础工程、主体结构工程（含屋面工程）、装饰装修工程等施工阶段。每个阶段的施工内容不同，其物资技术条件、组织要求和现场布置等方面也不同。因此，必须做好各阶段相应的施工准备。

第2节　施工准备工作的内容

施工准备工作通常包括技术准备、物资准备、劳动组织准备、施工现场准备、施工场外协调准备。

每项工程的施工准备工作的内容应视该工程本身及其所具备的条件而异。有的比较简单，有的却十分复杂。如只有一个单项工程的施工项目和包含多个单项工程的群体项目，一般小型项目和规模庞大的大中型项目，新建项目和改扩建项目，在未开发地区兴建的项目和在已开发并且所需的各种条件已具备的地区兴建的项目等，都因工程的特殊需要和特殊条件而对施工准备工作提出了不同的要求。只有按照施工项目的规划来确定施工准备工作的内容，并拟定具体的、分阶段的施工准备工作实施计划，才能为施工创造充分的条件。

一、技术准备

技术准备是施工准备工作的核心内容，对工程的质量、安全、成本、工期的控制具有重要意义。任何技术差错和隐患都可能导致人身安全事故和质量事故，造成生命财产和经济的巨大损失，因此，必须做好技术准备工作。任务确定后，应提前与设计单位结合，掌握扩大初步设计方案的编制情况，使方案的设计在质量、功能、工艺技术等方面均能适应建材、建工的发展水平，为施工扫除障碍。

技术准备的主要内容包括熟悉与会审施工图纸、调查研究与收集资料、编制施工组织设计、编制施工预算。

（一）熟悉与会审施工图纸

熟悉与会审施工图纸主要是为编制施工组织计划提供各项依据，通常按图纸自审、图纸会审和图纸现场签证三个阶段进行。图纸自审由施工单位主持，并写出图纸自审记录；图纸会审由建设单位主持，设计单位和施工单位共同参加，形成“图纸会审纪要”，由建设单位正式行文，三方共同会签并盖公章，作为指导施工和工程结算的依据；图纸现场签证是在工程施工中，遵循技术核定和设计变更签证制度，对所发现的问题进行现场签证，以作为指导施工、竣工验收和结算的依据。

1. 图纸自审

在图纸自审时，对发现的问题应在图纸的相应位置作出标记，并做好记录，以便在图纸会审时提出意见，协商解决。自审图纸应抓住以下重点内容。

（1）基础部分：应核对建筑、结构、设备施工图纸中有关基础留洞的位置尺寸、标高，地下室的排水方向，变形缝及人防出口的做法，防水体系的包圈和收头要求等是否一致并符合规定。

（2）主体结构部分：主要掌握各层所用砂浆、混凝土的强度等级，墙、柱与轴线的关系，梁、柱配筋及节点做法，悬挑结构的锚固要求，楼梯间的构造做法，设备图和土建图上洞口尺寸和位置的准确性和一致性。

（3）屋面及装修部分：主要掌握屋面防水节点做法，内外墙和地面等所用材料及做法，还应核对结构施工时为装修施工设置的预埋件和预留洞的位置、尺寸、数量是否正确。

2. 图纸会审

图纸会审的目的：保证能够按设计图纸的要求进行施工；使从事施工和管理的工程技术人员充分了解和掌握设计图纸的设计意图、构造特点和技术要求；通过审查发现图纸中存在的问题和错误，为拟建工程的施工提供一份准确、齐全的设计图纸。

3. 审查设计图纸和其他技术资料

审查设计图纸及其他技术资料时，应注意以下问题。

(1) 设计图纸是否符合国家有关技术规范的要求。

(2) 核对图纸说明是否齐全，有无矛盾，规定是否明确，图纸有无遗漏，图纸之间有无矛盾。

(3) 核对主要轴线、尺寸、位置、标高有无错误和遗漏。

(4) 总图的建筑物坐标位置与单位工程建筑平面是否一致，基础设计与实际地质是否相符，建筑物与地下构筑物及管线之间有无矛盾。

(5) 设计图纸本身的建筑构造与结构构造之间、结构与各构件之间以及各种构件、配件之间的联系是否清楚。

(6) 安装工程与建筑工程的配合上存在哪些技术问题，如工艺管道、电器线路、设备装置等布置是否合理，能否合理解决。

(7) 设计中所采用的各种材料、配件、构件等能否满足设计要求；材料来源有无保证，能否代换，施工图中所要求的新材料、新工艺应用有无问题。

(8) 防火、消防是否满足要求，施工安全、环境卫生有无保证。

(9) 抗震设防烈度是否符合当地要求。

(10) 对设计技术资料有无合理化建议及其他问题。

在学习和审查图纸过程中，对发现的问题应做出标记，做好记录，以便在图纸会审时提出。图纸会审由建设单位组织，设计单位、施工单位参加，设计单位进行图纸技术交底后，各方提出意见，经充分协商后形成图纸会审纪要，由建设单位正式行文，参加会议各单位加盖公章，作为设计图纸的修改文件。对施工过程中提出的一般问题，经设计单位同意，即可办理手续进行修改，涉及技术和经济的较大问题，则必须经建设单位、设计单位和施工单位共同协商，由设计单位修改，向施工单位签发设计变更单，方能生效。

4. 学习、熟悉技术规范、规程和有关技术规定

技术规范、规程是由国家有关部门制定的实践经验的总结，在技术管理上是具有法令性、政策性和严肃性的建设法规，施工各部门必须按规范与规程施工。建筑施工中常用的技术规范、规程主要有以下几种。

(1) 建筑施工及验收规范。

(2) 建筑安装工程质量检验评定标准。

(3) 施工操作规程，设备维护及检修规程，安全技术规程。

(4) 上级各部门所颁发的其他技术规范和规定。

各级工程技术人员在接受任务后，一定要结合本工程实际情况，认真学习、熟悉有关技术规范、规程，为建设优质、安全工程，按时完成工程任务打下坚实的技术基础。

(二) 调查研究与收集资料

我国地域辽阔，各地区的自然条件、技术经济条件和社会状况等各不相同，因此必须做好调查研究，了解当地的实际情况，熟悉当地条件，掌握第一手资料，作为编制施工组织设计的依据。

1. 原始资料的调查

原始资料的调查研究并不仅仅是对资料进行简单的收集，重要的是对收集的资料进行细致的分析和研究，找出它们之间的规律及其与施工的关系，并作为正确施工方案的参考依据。为了保证资料正确，在施工开始以后还应根据施工的实际情况进行补充调查，以适应施工的需要。对所收集的资料应及时进行整理、归纳和存档，以利于保存和利用。

原始资料的调查研究应因地区、工程而宜，各地区、各单位调查研究的方法和内容也不尽相同，为保证调查研究工作有目的、有计划地进行，一般都应事先拟定详细的调查提纲。

（1）地形资料的调查。

调查地形资料可以获得建设地区和建设地点的地形情况，以便正确选择施工机械、材料运输和布置施工平面图等。如果建设地点在城市住宅区内或位于工矿企业内的人口密集、交通拥挤的地区，地形资料的调查就显得更为重要。

地形资料包括建设地区、建设地点及相邻地区的地形平面图。其调查范围应是与建设工程有直接联系或间接联系的区域。在地形图上应尽量表明以下内容：①各种交通干线、上下水道及附近的供水、供电等设施的位置；②建筑材料的供应地点，必要时还应表明地形等高线及其具有代表性的各点标高；③施工现场或建设区域内现有的全部建筑物和构筑物的占地轮廓和坐标，以及绿化地带、附近的居民区等，以便考虑减少施工对周围环境的影响。

（2）工程地质资料的调查。

调查工程地质资料的目的在于确认建设地区的地质构造、地表人为破坏情况（如古墓等）和土壤的特征、承载能力等。其主要内容如下：①建设地区钻孔布置图、工程地质剖面图、土层特征及其厚度；②土壤的物理特性，如天然含水率、天然空隙比等；③土壤承载能力的报告文件。

根据以上资料可拟定特殊地基的施工方法和技术措施，并决定土方开挖深度和基坑护壁措施等。

（3）水文地质资料的调查。

水文地质资料的调查包括地下水和地面水两部分。地下水调查的目的在于确认建设地区的地下水在不同时期内的变化规律，以作为地下工程施工时的主要依据。调查的主要内容有：①地下水位的高度以及在不同时期内的变化规律；②地下水的流向、流速和流量，水质情况；③地下水对建筑物下部或附近土壤的冲刷情况等。

调查地面水的目的在于了解建设地区河流、湖泊的水文情况，用以确定对建设地点可能产生的影响，并决定所采取的措施。当施工用水是依靠地面（或地下）水做水源时，还必须参照上述资料来确定提水、储水、净水和送水装备。

（4）气象资料的调查。

气象资料的调查包括以下方面：①全年、各月的平均气温、最高气温与最低气温，5 ℃与0 ℃以下气温的天气和时间；②雨季起止时间，最大降水量、月平均降水量及雷暴时间；③主导风向及频率，全年大风的天数及时间等。这些资料一般可作为确定冬、雨季施工的依据。

2. 收集给排水、供电等资料

(1) 收集当地给排水资料。

调查施工现场用水与当地现有水源连接的可能性、供水能力、接管距离、地点、水压、水质及水费等资料。若当地现有水源不能满足施工用水要求，则要调查附近可作施工生产、生活、消防用水的地面水或地下水源的水质、水量、取水方式、距离等条件。还要调查利用当地排水设施排水的可能性、排水距离、去向等资料。这些可作为选用施工给排水方式的依据。

(2) 收集供电资料。

调查可供施工使用的电源位置、引入工地的路径和条件，可以满足的容量、电压及电费等资料或建设单位、施工单位自有的发变电设备、供电能力。这些资料可作为选择施工用电方式的依据。

(3) 收集供热、供气资料。

调查冬季施工时附近蒸汽的供应量、接管条件和价格，建设单位自有的供热能力以及当地或建设单位可以提供的煤气、压缩空气、氧气的能力和它们至工地的距离等资料。这些资料是确定施工供热、供气的依据。

3. 收集交通运输资料

土木工程施工中主要的交通运输方式有铁路、公路、水运和航运等。收集交通运输资料是调查主要材料及构件运输通道的情况，包括道路、街巷，途经的桥涵宽度、高度，允许载重量和转弯半径限制等资料。有超长、超高、超宽或超重的大型构件、大型起重机械和生产工艺设备需整体运输时，还要调查沿途架空电线、天桥的高度，并与有关部门商议避免大件运输对正常交通产生干扰的路线、时间及解决措施。

4. 收集“三材”、地方材料及装饰材料的资料

“三材”即钢材、木材和水泥。一般应了解以下情况：①“三材”市场行情，以便了解地方材料(如砖、砂、灰石等)的供应能力、质量、价格、运费情况；②当地构件制作，木材加工，金属结构，钢、木、铝塑门窗，商品混凝土，建筑机械供应与维修，运输等情况；③脚手架、定型模板和大型工具租赁等能提供的服务项目、能力、价格等条件；④装饰材料、特殊灯具、防水和防腐材料等市场情况。这些资料用作确定材料的供应计划、加工方式、储存和堆放场地及建造临时设施的依据。

5. 相邻环境及地下管线资料

相邻环境及地下管线资料包括：①施工用地的区域内，一切地上原有建筑物、构筑物、树木、土堆、农田庄稼及电力通信杆线等；②一切地下原有埋设物，包括地下沟道、人防工程、下水道、电力通信电缆管道、煤气及天然气管道、地下复杂垒积坑、枯井及孔洞等;③可能存在的地下古墓、地下河流及地下水水位等。

6. 建设地区技术经济资料收集

(1) 地方建设生产企业调查资料。地方建设生产企业调查资料包括混凝土制品厂、木材加工厂、金属结构厂、建筑设备维修厂、砂石公司和砖瓦灰厂等的生产能力、规格质量、供应条件、运输及价格等。

(2) 水泥、钢材、木材、特种建筑材料的品种、规格、质量、数量、供应条件、生产能力、价格等。

(3) 地方资源调查资料。地方资源调查资料包括砂、石、矿渣、炉渣、粉煤灰等地方材料的质量、品种、数量等。

7. 社会劳动力和生活条件调查

建设地区的社会劳动力和生活条件调查主要是了解以下情况:①当地能提供的劳动力人数、技术水平、来源和生活安排;②能提供作为施工用的现有房屋情况;③当地主副食产品供应、日用品供应、文化教育、消防治安、医疗单位的基本情况;④能为施工提供的支援能力。这些资料是拟定劳动力安排计划、建立职工生活基地、确定临时设施的依据。

(三) 编制施工组织设计

施工组织设计是规划和指导拟建工程从施工准备到竣工验收的施工全过程中各项活动的技术、经济和组织的综合性文件。施工总承包单位经过投标、中标承接施工任务后,即开始编制施工组织设计,这是拟建工程开工前重要的施工准备工作之一。施工准备工作计划则是施工组织设计的重要内容之一。

(四) 编制施工预算

施工预算是在施工图预算的控制下,按照施工图、拟订的施工方法和建筑工程施工定额,计算出各工种工程的人工、材料和机械台班的使用量及其费用,作为施工单位内部承包施工任务时进行结算的依据,同时也是编制施工作业计划、签发施工任务单、限额领料、基层进行经济核算的依据,还是考核施工企业用工状况、进行“两算”(施工图预算和施工预算)对比的依据。

二、物资准备

建筑材料、构配件、工艺机械设备、施工材料、机具等物资是确保拟建工程顺利施工的物质基础。这些物资的准备必须在工程开工前完成,并根据工程施工的需要和供应计划,分期分批地运达施工现场,以满足工程连续施工的要求。

(一) 物资准备的内容

1. 建筑材料的准备

建筑材料的准备主要是根据工料分析,按照施工进度计划的使用要求以及材料储备定额,分别按材料名称、规格、使用时间进行汇总,编制建筑材料需要量计划,组织货源，确定加工、供应地点和供应方式，签订物资供应合同。材料的储备应根据施工现场分期分批使用材料的特点，按照以下原则进行材料储备。

(1) 应按工程进度分期分批进行。现场储备的材料多了会造成积压，增加材料保管的负担，同时也多占用了流动资金，储存少了又会影响正常生产。所以材料的储备应合理、适量。

(2) 做好现场保管工作，以保证材料的原有数量和原有的使用价值。

(3) 现场材料的堆放应合理。现场储备的材料，应严格按照施工平面布置图的位置堆放，以减少二次搬运，且应堆放整齐，标明标牌，以免混淆。此外，亦应做好防水、防潮、易碎材料的保护工作。

(4) 应做好技术试验和检验工作，对于无出厂合格证明和没有按规定测试的原材料，一律不得使用。不合格的建筑材料和构件，一律不准进场和使用，特别是没有使用经验的材料或进口材料、某些再生材料，更要严格把关。

2. 预制构件和商品混凝土的准备

工程项目施工中需要大量的预制构件、门窗、金属构件、水泥制品以及卫生洁具等。这些构件、配件必须事先提出订制加工单。对于采用商品混凝土现浇的工程，则先要到生产单位签订订货合同，注明品种、规格、数量、需要时间及送货地点等。

3. 施工机具的准备

施工选定的各种土方机械、打夯机、抽水设备、混凝土和砂浆搅拌设备、钢筋加工设备、焊接设备、垂直及水平运输机械、吊装机械、动力机具等根据施工方案和施工进度，确定数量和进场时间。需租赁机械时，应提前签约。

4. 模板和脚手架的准备

模板和脚手架是施工现场使用量大、堆放占地大的周转材料。

(1) 模板及其配件规格多、数量大，对堆放场地要求比较高，一定要分规格、型号整齐码放，以便于使用及维修。

(2) 大钢模一般要求立放，并防止倾倒，在现场也应规划必要的存放场地。钢管脚手架、桥式脚手架、吊篮脚手架等都应按指定的平面位置堆放整齐，扣件等零件还应防雨，以防锈蚀。

(二) 物资准备工作的程序

物资准备工作的程序如图2-1所示。

(三) 物资进场验收和使用注意事项

为了确保工程质量和施工安全，施工物资进场验收和使用时，还应注意以下问题。

(1) 无出厂合格证明或没有按规定进行复验的原材料、不合格的建筑构配件，一律不得进场和使用。严格执行施工物资的进场检查验收制度，杜绝假冒低劣产品进入施工现场。

(2) 施工过程中要注意查验各种材料、构配件的质量和使用情况，对不符合质量

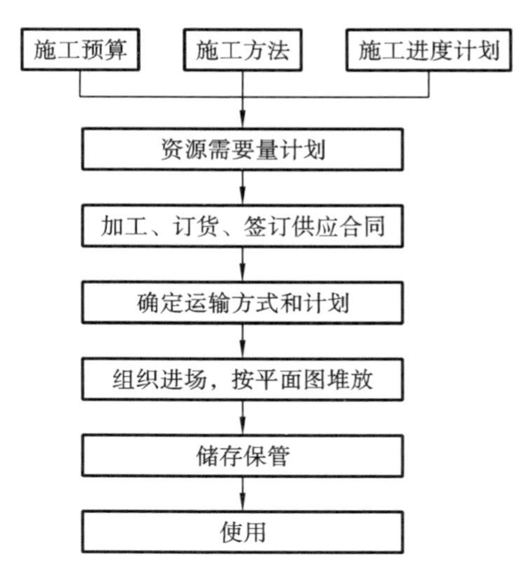

图 2-1　物资准备工作的程序

要求，与原试验检测品种不符或有怀疑的，应提出复检或化学检验的要求。

(3) 现场配制的混凝土、砂浆、防水材料、耐火材料、绝缘材料、保温隔热材料、防腐蚀材料、润滑材料及各种掺合料、外加剂等，使用前均应由试验室确定原材料的规格和配合比，并制定出相应的操作方法和检验标准后方可使用。

(4) 进场的机械设备必须进行开箱检查验收，产品的规格、型号、生产厂家和地点、出厂日期等必须与设计要求完全一致。

三、劳动组织准备

劳动组织准备是确保拟建工程能够优质、安全、低成本、高速度按期建成的必要条件。其主要内容包括建立拟建项目的领导机构，集结精干的施工队伍，加强职业培训和技术交底工作，建立并健全各项规章与管理制度。

(一) 建立拟建项目的领导机构

根据工程规模、结构特点和复杂程度，确定施工项目领导机制的人选和名额。遵循合理分工与密切协作、因事设职与因职选人的原则，建立有施工经验、有开拓精神和工作效率高的施工项目领导机构。对于一般的单位工程，可配置项目经理、技术员、质量员、材料员、安全员、定额统计员、会计各一人即可。对于大型的单位工程，项目经理可配副职，技术员、质量员、材料员和安全员的人数均应适当增加。

(二) 集结精干的施工队伍

建筑安装工程施工队伍主要有基本、专业和外包施工队伍三种类型。基本施工队伍是建筑施工企业组织施工生产的主力，应根据工程的特点、施工方法和流水施工的要求恰当地选择劳动组织形式。土建工程施工一般采用混合施工队伍，其特点是人员配备少，工人以本工种为主，兼做其他工作，施工过程之间搭接比较紧凑，劳动效率高，也便于组织流水施工。

专业施工队伍主要用来承担机械化施工的土方工程，吊装工程，钢筋气压焊施工和大型单位工程内部的机电安装、消防、空调、通信系统等设备安装工程。此外，也可将这些专业性较强的工程外包给其他专业施工单位来完成。

外包施工队伍主要用来弥补施工企业劳动力的不足。随着建筑市场的开放、用工制度的改革和建筑施工企业的“精兵简政”，施工企业仅靠自己的施工力量来完成施工任务已远远不能满足需要，因而将越来越多地依靠组织外包施工队伍来共同完成施工任务。外包施工队伍大致有三种形式：独立承担单位工程施工、承担分部（分项）工程施工和参与施工单位施工队组施工，以前两种形式居多。

施工经验证明，无论采用哪种形式的施工队伍，都应遵循施工队组和劳动力相对稳定的原则，以保证工程质量和提高劳动效率。

（三）加强职业培训和技术交底工作

土木工程产品的质量是由工序质量决定的，工序质量是由工作质量决定的，工作质量又是由人的素质决定的。因此，要想提高土木工程产品的质量，必须首先提高人的素质。提高人的素质、更新人的观念和知识的主要方法是加强职业技术培训，不断地提高各类施工操作人员的技术水平。加强职业培训工作，不仅要抓好本单位施工队伍的技术培训工作，而且要督促和协助外包施工单位抓好技术培训工作，确保参与建筑施工的全体施工人员均有较好的素质和满足施工要求的专业技术水平。

施工队伍确定后，按工程开工日期和劳动力的需要量与使用计划，分期分批地组织劳动力进场，并在单位工程或分部（分项）工程开始之前向施工队组的有关人员或全体施工人员进行施工组织设计、施工计划交底和技术交底。交底的内容主要有工程施工进度计划、月（旬）作业计划、施工工艺方法、质量标准、安全技术措施、降低成本措施、施工验收规范中的有关要求及图纸会审纪要中确定的有关内容、施工过程中三方会签的设计变更通知单或洽商记录中核定的有关内容等。交底工作应按施工管理系统自上而下逐级进行，交底的方式以书面交底为主，口头交底、会议交底为辅，必要时应进行现场示范交底或样板交底。交底工作之后，还要组织施工队组有关人员或全体施工人员进行研究、分析，搞清关键内容，掌握操作要领，明确施工任务和分工协作关系，并制定出相应的岗位责任制和安全、质量保证措施。

（四）建立并健全各项规章与管理制度

施工现场各项规章与管理制度不仅直接影响工程质量、施工安全和施工活动的顺利进行，而且直接影响企业的施工管理水平、企业的信誉和社会形象，即关系着企业在竞争激烈的建筑市场中承接施工任务的份额和企业的经济效益，为此必须建立并健全以下各项规章与管理制度。

（1）工程质量检查与验收制度。

（2）工程技术档案管理制度。

(3) 建筑材料、构配件、制品的检查验收制度。

(4) 技术责任制度。

(5) 施工图纸学习与会审制度。

(6) 技术交底制度。

(7) 职工考勤、考核制度。

(8) 经济核算制度。

(9) 定额领料制度。

(10) 安全操作制度。

(11) 机具设备使用保养制度。

四、施工现场准备

施工现场准备是为拟建工程施工创造有利施工条件和物资保证的基础,其工作应按施工组织设计的要求进行,主要内容如下:清除障碍物;做到"七通一平";做好测量放线工作;搭设临时设施;安装调试施工机具,做好建筑材料、构配件等的存放工作;做好季节性施工准备;设置消防、保安设施和机构。

(一) 清除障碍物

(1) 施工场地内的一切障碍物,无论是地上的还是地下的,都应在开工前清除。这些工作一般是由建设单位完成,但也有委托施工单位完成的。如果由施工单位完成,一定要事先了解现场情况,尤其是在城市的老区内,由于原有建筑物和构筑物情况复杂,而且往往资料不全,在清除前需要采用相应的措施,防止发生事故。

(2) 对于房屋的拆除,一般只要把水源、电源切断后即可进行拆除。若房屋较大、较坚固,则可以采取爆破的方法,这需要由专业的爆破作业人员来承担,并且必须经有关部门批准。

(3) 架空电线(包括电力、通信)、地下电缆(包括电力、通信)的拆除,要与电力部门或通信部门联系并办理有关手续后方可进行。

(4) 自来水、污水、燃气、热力等管线的拆除,最好由专业公司来完成。

(5) 场地内若有树木,须报园林部门批准后方可砍伐。

(6) 拆除障碍物后,留下的渣土等杂物都应清出场外。运输时,应遵守交通、环保部门的有关规定,运土的车辆要按指定的路线和时间行驶,并采取封闭运输车或在渣土上洒水等措施,以免渣土飞扬而污染环境。

(二) 做到"七通一平"

"七通"包括在工程用地范围内,通给水、通排水、通电、通信、通路、通燃气、通热力;"一平"是指场地平整。

(三) 做好测量放线工作

测量放线的任务是把图纸上所设计好的建筑物、构筑物及管线等测设到地面上或实物上，并用各种标志表现出来，以作为施工的依据。此项工作一般是在土方开挖之前，通过在施工场地内设置坐标控制网和高程控制点来实现。这些网点的设置应视工程范围的大小和控制的精度而定。测量放线前的准备工作如下。

1. 对测量仪器进行检验和校正

对所有的经纬仪、水准仪、钢尺、水准尺等进行校验。

2. 了解设计意图，熟悉并校核施工图纸

通过设计交底了解工程全貌和设计意图，掌握现场情况和定位条件，主要轴线尺寸的相互关系，地上、地下的标高以及测量精度要求。

在熟悉施工图纸工作中，应仔细核对图纸尺寸，对轴线尺寸、标高是否齐全以及边界尺寸要特别注意。

3. 校核红线桩与水准点

建设单位提供的由城市规划勘测部门给定的建筑红线，在法律上起着建筑边界用地的作用。在使用红线桩前要进行校核，工程施工中要保护好桩位，以便将它作为检查建筑物定位的依据。水准点也同样要校测和保护。红线和水准点经校测发现问题，应提交建设单位处理。

4. 制定测量、放线方案

根据设计图纸的要求和施工方案，制定切实可行的测量、放线方案，重点包括平面控制、标高控制、±0以下施测、±0以上施测、沉降观测和竣工测量等项目。

建筑物定位放线是确定整个工程平面位置的关键环节，施测中必须保证精度，杜绝错误，否则其后果将难以处理。建筑物定位、放线一般通过设计图中平面控制轴线来确定建筑物的轮廓位置，测定并经自检合格后，提交有关部门和甲方（或监理人员）验线，以保证定位的准确性。沿红线建的建筑物放线后，还要由城市规划部门验线，以防止建筑物压红线或超红线，为顺利施工创造条件。

（四）搭设临时设施

施工现场所需的各种生产、生活、福利等临时设施，均应报请规划、市政、消防、交通、环保等有关部门审查批准，并按施工平面图中确定的位置、尺寸搭设，不得乱搭乱建。为了施工方便和行人安全，应采用符合当地市容管理要求的围护结构将施工现场围起来，并在主要出入口设置标牌，标明工地名称、施工单位、工地负责人等内容。

（五）安装调试施工机具，做好建筑材料、构配件等的存放工作

按照施工机具的需要量及供应计划，组织施工机具进场，并安置在施工平面图规定的地点或库棚内。固定的机具就位后，应做好搭棚、接电源水源、保养和调试工作；所有施工机具都必须在正式使用之前进行检查和试运转，以确保正常使用。

按照建筑材料、构配件和制品的需要及供应计划，分期分批地组织进场，并按施工平面图规定的位置和存放方式存放。

（六）做好季节性施工准备

建筑工程施工绝大部分工作是露天作业，季节（特别是冬季、雨季）对施工生产的

影响较大，为保证按期、保质完成施工任务，必须做好季节性施工准备。

1. 合理安排冬季施工项目

冬季施工条件差，技术要求高，费用有增加。为此，应考虑将既能保证施工质量，同时费用增加较少的项目安排在冬季施工，如吊装、打桩与室内粉刷、装修(可先安装好门窗及玻璃)等工程。而费用增加很多又不易确保质量的土方、基础、外粉刷、屋面防水等工程，均不宜安排在冬季施工。因此，从施工组织安排上要研究并明确冬季施工的项目，做到冬季不停工且相应的措施费用增加较少。

(1) 落实各种热源供应和管理。

该项工作需要落实各种热源供应渠道、热源设备和冬季用的各种保温材料的储存和供应、司炉工培训等。

(2) 做好测温工作。

冬季施工昼夜温差较大，为保证施工质量应做好测温工作，防止砂浆、混凝土在达到临界强度前遭受冻结而破坏。

(3) 做好保温防冻工作。

冬季来临前应做好室内的保温施工项目(如提前完成供热系统、安装好门窗玻璃等)，保证室内其他项目能顺利施工。室外各种临时设施要做好保温防冻工作，如防止给排水管道冻坏，防止道路积水结冰，及时清扫道路上的积雪，以保证运输顺利。

(4) 加强安全教育，严防火灾发生。

要有防火安全技术措施，并经常检查落实，保证各种热源设备完好。此外，还应做好职工培训及冬季施工的技术操作和安全施工的教育，确保施工质量，避免事故发生。

2. 雨期施工准备工作

(1) 防洪排涝，做好现场排水工作。

工程地点若在河流附近，上游有大面积山地丘陵，应有防洪防涝准备。施工现场雨季来临前，应做好排水沟渠的开挖工作，准备好抽水设备，防止因场地积水和地沟、基槽、地下室等泡水而造成损失。

(2) 做好雨季施工安排，尽量避免雨季窝工造成的损失。

一般情况下，在雨季到来之前，应多安排完成基础或地下工程、土方工程、室外及屋面工程等不宜在雨季施工的项目，可多留些室内工作在雨季施工。

(3) 做好道路维护，保证运输畅通。

雨季前检查道路边坡排水情况，适当提高路面，防止路面凹陷，保证运输畅通。

(4) 做好物资的储存。

雨季到来前，材料、物资应多储存，减少雨季运输量，以节约费用。要准备必要的防雨器材，库房四周要有排水沟渠，以防物资淋雨浸水而变质。

(5) 做好机具设备等防护工作。

雨季施工期间，对现场的各种设施、机具要加强检查，特别是脚手架、垂直运输设施等，要采取防倒塌、防雷电、防漏电等一系列技术措施。

(6) 加强施工管理，做好雨季施工的安全教育。

要认真编制雨季施工技术措施，并认真组织贯彻实施，还应加强对职工的安全教育，防止各种事故发生。

3. 夏季施工准备

夏季气温高、干燥，应编制夏季施工方案及应采取的技术措施，做好防雷、避雷工作，此外还必须做好施工人员的防暑降温工作。

（七）设置消防、保安设施和机构

按照施工组织设计的要求和施工平面图确定的位置设置消防设施和施工安全设施，建立消防、保安等组织机构，制定有关规章制度和消防、保安措施。

五、施工场外协调准备

施工准备工作除了要做好企业内部和施工现场准备工作外，还要同时做好施工场外协调准备工作，主要包括以下三个方面。

（一）材料加工和订货

根据各项资源需要量计划，同建材加工和设备制造部门或单位取得联系，签订供货合同，保证按时供应。

（二）施工机具租赁或订购

对于本单位缺少且需用的施工机具，应根据需要量计划同有关单位共同签订租赁合同或订购合同。

（三）做好分包或劳务安排，签订分包或劳务合同

对于经过效益分析，适于分包或委托劳务而本单位难以承担的专业性工程，如大型土石方、结构安装和设备安装等工程，应及早做好分包或劳务安排，同相应的单位公司签订分包或劳务合同，保证实施。

第3节　施工准备工作的实施

一、分阶段、有组织、有计划、有步骤地进行

为了落实各项施工准备工作，加强检查和监督，必须根据各项施工准备工作的内容、时间和人员编制出施工准备工作计划。

由于各准备工作之间有相互依从的关系，除用上述表格编制施工准备工作计划外，还可采用编制施工准备工作网络计划的方法，以明确各项准备工作之间的关系，找出关键路线，尽量缩短准备工作的时间，使各项工作有领导、有组织、有计划和分期分批地进行。

二、建立相关制度

（一）建立严格的责任制

由于施工准备工作范围广、项目多，故必须有严格的责任制度。把施工准备工作的责任落实到有关部门和个人，以便按计划要求的内容和时间进行工作。现场施工准备工作应由项目经理部全权负责。

（二）建立检查制度

在施工准备工作实施过程中，应定期进行检查，可按周、半月、月度进行检查。主要检查施工准备工作计划的执行情况。如果没有完成计划要求，应进行分析，找出原因，排除障碍，协调施工准备工作进度或调整施工准备工作计划。检查的方法可用实际与计划进行对比；或相关单位和人员在一起开会，检查施工准备工作情况，当场分析产生问题的原因，提出解决问题的办法。后一种方法见效快，解决问题及时，现场采用较多。

（三）实行开工报告和审批制度

施工准备工作完成到满足开工条件后，项目经理部应申请开工，即撰写开工报告，报企业领导审批后方可开工。实行建设监理的工程，企业还应将开工报告送监理工程师审批，由监理工程师签发开工通知书，在限定时间内开工，不得拖延。

三、必须贯穿于施工全过程

工程开工以后，要随时做好作业条件的施工准备工作。施工顺利与否，与施工准备工作的及时性和完善性有很大关系。因此，企业各职能部门要面向施工现场，同重视施工活动一样重视施工准备工作，及时解决施工准备工作中的技术、机械设备、材料、人力、资金、管理等各种问题，以提供工程施工的保证条件。项目经理应十分重视施工准备工作，加强施工准备工作的计划性，及时做好协调、平衡工作。

◇思考与练习◇

1. 简述施工准备工作的意义。
2. 简述施工准备工作的种类和主要内容。
3. 技术准备的主要内容有哪些？
4. 物资准备包括哪些内容？
5. 施工现场准备包括哪些内容？

第3章　流水施工原理

建筑工程的流水施工与工业企业中采用的流水线生产极为相似，不同的是在工业生产中，各个工件在流水线上从前一工序向后一工序流动，生产者是固定的；而在建筑施工中各个施工对象都是固定不动的，专业施工队伍则由前一施工段向后一施工段流动，即生产者是流动的。实践证明，流水施工是一种科学、有效的工程项目施工组织方式，它充分地利用工作时间和操作空间，对于改善劳动生产组织、提高生产率、实现文明施工起到了很好的促进作用。因此，在土木工程施工中，流水施工已经成为施工管理人员优先考虑的组织形式。

第1节　流水施工概述

一、组织施工的基本方式

在土木工程施工中，根据工程的特点、工艺流程、工期要求、资源供应状况、平面及空间布置情况等，可采用依次施工、平行施工和流水施工三种组织方式。在组织工程施工时，首先要将房屋划分为若干分部工程，例如基础工程、主体工程、装饰工程等。各分部工程又可划分成若干分项工程，如基础分部工程可分为基槽挖土、混凝土垫层、砌砖基础、回填土等分项工程。各分项工程之间可以组织施工，各分部工程甚至各幢房屋之间也可以组织不同方式的施工。除按流水施工组织生产之外，也可采用依次施工或平行施工。下面结合一个工程实例来说明各组织方式的特点。

某4幢同类型宿舍楼的基础工程有4个施工过程：挖土方、垫层、砖基础、回填土。分别采用依次施工、平行施工和流水施工这三种方式，三种施工组织方式对比图如图3-1所示。各幢宿舍楼的基础工程量相等，施工过程、工作队人数及施工天数均相同，但由于施工组织方式不同，所产生的效果各有特点。

（一）依次施工

依次施工又称顺序施工，是按照一定的施工顺序，前一个施工过程完成后，后一个施工过程开始施工；或先按一定的施工顺序完成前一个施工段上的全部施工过程后再进行下一个施工段的施工，直到完成所有的施工段上的作业。按照依次施工的方式组织上述工程施工，其施工进度、工期和劳动力动态变化曲线如图3-1所示。由图3-1可知，依次施工具有以下特点。

（1）由于没有充分利用工作面去争取时间，所以工期长。

（2）工作队不能实现专业化施工，不利于改进工人的操作方法和施工机具，也不

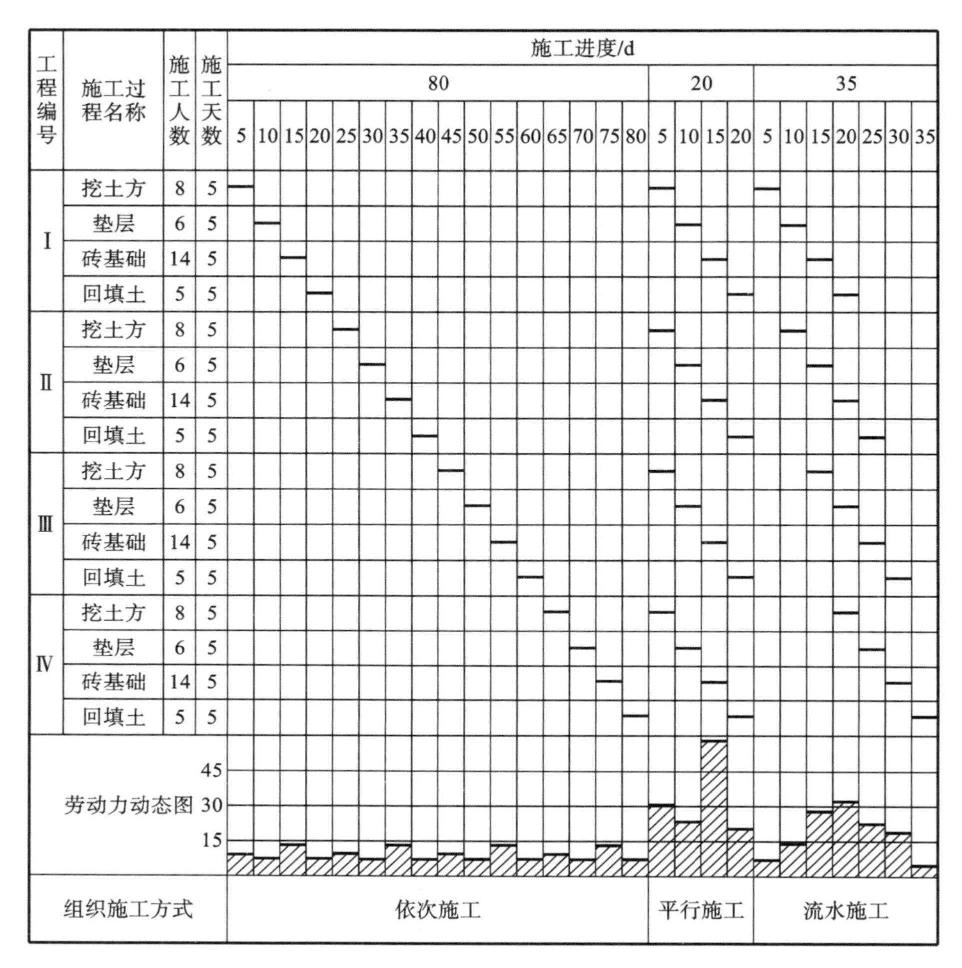

图 3-1　三种施工组织方式对比图

利于提高工程质量和劳动生产率。

(3) 如采用专业工作队施工,则工作队及工人不能连续作业。

(4) 单位时间内投入的资源量比较少,有利于资源供应的组织工作。

(5) 施工现场的组织、管理比较简单。

依次施工组织方式适用于规模较小、工作面有限的工程。其突出的问题是由于各施工过程之间没有搭接进行,没有充分利用工作面,可能会造成部分工人窝工,其应用也因此受到限制。

(二) 平行施工

平行施工是指组织几个工作队在同一时间、不同空间上完成同样的施工任务的施工组织方式。由图 3-1 可见平行施工具有以下特点。

(1) 充分利用了工作面,争取了时间,从而大大缩短了工期。

(2) 若采用混合工作队施工，则不利于提高劳动生产率和施工质量。

(3) 若采用专业工作队施工，则工作队不能连续作业，劳动力的需求量非常大，且材料、施工机具等资源无法均衡利用。

(4) 单位时间内投入的资源量成倍增长，各项现场临时设施也相应增加。

(5) 施工现场的组织、管理复杂。

正因为平行施工时投入施工的资源量成倍增长，现场组织管理复杂，因此一般只有在拟建工程任务十分紧迫，工作面允许及资源供应有保证的条件下才适用，如抢险救灾工程等。

(三) 流水施工

流水施工是将施工对象在工艺上划分为若干个施工过程，在平面上划分为若干个施工段，在竖直方向上划分为若干个施工层，然后按照不同的施工过程组建相应的专业工作队，各专业工作队配备一定的施工机具，沿着工程水平或垂直方向，用一定数量的材料在各施工段上进行作业，本专业工作队在一个施工段上施工结束后，转移到下一个施工段上去进行同样的作业，而转移后空出的工作面则由下一个施工过程的专业工作队进入施工。如此不断进行，确保各施工过程生产的连续性、均衡性和节奏性。

这种将拟建工程的整个建造过程分解为若干个不同的施工过程，按照施工过程成立相应的专业工作队，采取分段流动作业，并且相邻两专业队最大限度地搭接平行施工的组织方式称为流水施工。由图3-1可见流水施工具有以下特点。

(1) 科学地利用了工作面，争取了时间，计算总工期比较合理。

(2) 工作队及其工人实现了专业化生产，有利于改进操作技术，可以保证工程质量和提高劳动生产率。

(3) 工作队及其工人能够连续作业，相邻两个专业工作队之间实现了最大限度的、合理的搭接。

(4) 每天投入的资源量较为均衡，有利于资源供应的组织工作。

(5) 为现场文明施工和科学管理创造了有利条件。

(四) 流水施工与其他施工方式的比较总结

通过以上三种施工组织方式的比较可以看出，流水施工是一种科学、有效的施工组织方法，它可以充分地利用工作时间和操作空间，减少非生产性劳动消耗，提高劳动生产率，保证工程施工连续、均衡、有节奏地进行，从而对缩短工期、提高劳动生产率和劳动条件、提高工程质量、平衡资源供应、降低工程造价起到显著的作用。

1. 缩短工期

由于流水施工的节奏性、连续性消除了各专业工作队投入施工后的等待时间，可以加快各专业工作队的施工进度，减少时间间隔。同时能充分利用时间与空间，在一定条件下相邻两施工过程还可以相互搭接，做到尽可能早地开始工作，从而大大缩短工期(一般工期可缩短1/3～1/2)。

2. 提高劳动生产率和劳动条件

由于流水施工方式建立了合理的劳动组织，工作队实现了专业化生产，人员工种比较固定，为工人提高技术水平、改进操作方法及革新生产工具创造了有利条件，因此促进了劳动生产率的不断提高和工人劳动条件的改善。

同时，由于工人连续作业，没有窝工现象，机械闲置时间少，增加了有效劳动时间，从而使施工机械和劳动力的生产效率得以充分发挥（一般可使劳动生产率提高30%以上）。

3. 提高工程质量

由于实现了专业化生产，工人的技术水平及熟练程度得到不断提高，而且各专业工作队之间紧密地搭接作业，紧后工作队监督紧前工作队，从而使工程质量更容易得到保证和提高，便于推行全面质量管理工作，为有秩序地开展工程提供了条件。

4. 平衡资源供应

在资源使用上，克服了高峰现象，供应比较均衡，有利于资源的采购、组织、存储、供应等工作。

5. 降低工程造价

由于流水施工资源消耗均衡，便于组织资源供应，使得资源存储合理、利用充分，可以减少各种不必要的损失，节约了材料费。生产效率的提高可以减少用工量和施工临时设施的建造量，从而节约人工费和机械使用费，减少了临时设施费。此外，由于工期较短，可以减少企业管理费，尽早达到降低工程成本、提高企业经济效益的目的（一般可使成本降低 6%～12%）。

二、流水施工的表达方式

流水施工的表达方式主要有线条图和网络图两种，如图 3-2 所示。本章主要对线条图进行讲解。

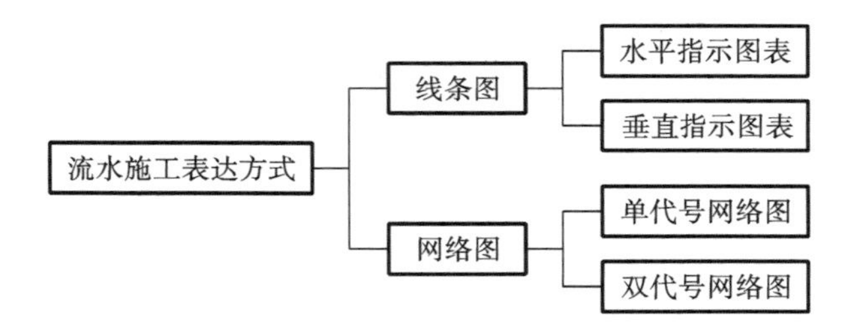

图 3-2 流水施工表达方式示意图

线条图按绘制方法的不同有水平指示图表（横道图）和垂直指示图表（斜线图）两种形式。

（一）水平指示图表

水平指示图表又称横道图，其表达方式如图 3-3 所示。

施工过程	施工进度/d															
	1	2	3	4	5	6	7	8	9	10	11	12	13	14	15	16
A		①	②		③											
B			①		②			③								
C						①			②			③				
D											①		②		③	

图 3-3　水平指示图表

图3-3中，横坐标表示流水施工在时间坐标下的施工进度，每条水平线段的长度则表示某施工过程在某个施工段的作业持续时间，横道位置的起止表示某施工过程在某施工段上作业开始、结束的时间；纵坐标表示施工过程的名称或编号。

水平指示图表具有绘制简单、形象直观、计划内容整齐有序等优点，是应用最普遍的一种工程进度计划的表达形式。

（二）垂直指示图表

垂直指示图表又称斜线图，其表达方式如图3-4所示。

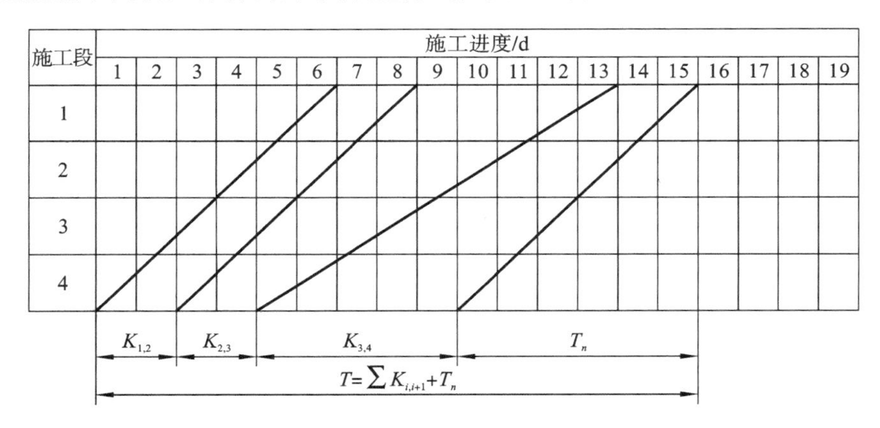

图 3-4　垂直指示图表

图3-4中，横坐标表示流水施工在时间坐标下的施工进度，斜线水平投影的长度表示某施工过程在某个施工段的持续时间，施工过程的紧前、紧后关系由斜线的前后位置表示；纵坐标表示各施工段（施工段的编号一般由下而上编写）。

垂直指示图表能直观地反映在一个施工段或工程对象中，各施工过程的先后顺序和相互配合关系，其斜率可形象地反映各施工过程的施工速度，斜率越大则表明施工进度越快，易对施工进展进行定量分析。

三、组织流水施工的条件

（一）划分施工段

根据组织流水施工的需要，将拟建工程尽可能地划分为劳动量大致相等的若干个施工段（区），也可称为流水段（区）。

（二）划分施工过程

把拟建工程的整个建造过程分解为若干个施工过程或工序，每个施工过程或工序分别由固定的专业工作队来完成。划分施工过程是为了对施工对象的建造过程进行分解，以便逐一实现局部对象的施工，从而使施工对象整体得以实现。也只有这种合理的解剖，才能组织专业化施工和有效协作。

（三）每个施工过程组织独立的施工工作队

每个施工过程均应组织独立的施工工作队负责本施工过程的施工，其形式可以是专业工作队，也可以是混合工作队。每个施工工作队按施工顺序依次、连续、均衡地从一个施工段转移到另一个施工段进行相同的操作。

（四）主要施工过程必须连续、均衡地施工

主要施工过程是指工程量较大、施工持续时间较长的施工过程。主要施工过程必须连续、均衡地施工；次要的施工过程，可考虑与相邻的施工过程合并。如不能合并，为缩短工期，可考虑间断式施工。

（五）不同施工过程尽可能组织平行搭接施工

组织各施工过程之间的合理关系的关键是工作时间上、空间上均有搭接。在有工作面的条件下，除必要的技术和组织间歇时间外，相邻的施工过程应最大限度地安排在不同施工段上平行搭接施工，以达到缩短总工期的目的。

第 2 节　流水施工参数

流水施工参数是指在组织流水施工时，用以表达流水施工在施工工艺、时间排列和空间布置方面开展状态的参量，一般可分为工艺参数、时间参数和空间参数三类。

一、工艺参数

工艺参数是指在组织流水施工时，用以表达流水施工在施工工艺上的开展顺序及其特征的参量。具体是指在组织流水施工时，将拟建工程项目的整个建造过程分解成的各施工过程的种类、性质和数目的总称，通常包括施工过程数和流水强度两个参数。

（一）施工过程数

在组织流水施工时，用以表达流水施工在工艺上开展层次的有关过程称为施工

过程或工序。任何一个工程都由若干施工过程所组成。每一个施工过程的完成，一般都会消耗一定量的劳动力、材料、施工设备和机具，并且需消耗一定的时间和占用一定范围的工作面。施工过程数是指一组流水施工中的施工过程个数，以符号“n”表示，它是流水施工的主要参数之一。根据组织流水范围的不同，施工过程既可以是分项工程，又可以是分部工程，还可以是单位工程、单项工程。

1. 施工过程的划分

施工过程的划分应根据工程的类型、进度计划的性质、工程对象的特征来确定，一般分为三类，即制备类施工过程、运输类施工过程和砌筑安装类施工过程。

(1) 制备类施工过程。

制备类施工过程是指为了提高土木工程产品的装配化、工厂化、机械化和加工生产能力而形成的施工过程，如砂浆、混凝土、构配件和制品的制备过程。它一般不占用施工项目空间，也不影响总工期，不列入施工进度计划，只在它占用施工对象的空间并影响总工期时才列入施工进度计划，如在拟建车间、试验室等场地内预制或组装的大型构件等。

(2) 运输类施工过程。

运输类施工过程是指将建筑材料、构配件、设备和制品等物资运到建筑工地仓库或施工对象加工现场而形成的施工过程。它一般不占用施工项目空间，不影响总工期，通常不列入施工进度计划，只在它占用施工对象空间并影响总工期时，才必须列入施工进度计划，如随运随吊方案的运输过程。

(3) 砌筑安装类施工过程。

砌筑安装类施工过程是指在施工项目空间上直接进行加工而形成最终土木工程产品的过程，如地下工程、主体工程、屋面工程和装饰工程等施工过程。它占用施工对象空间，影响着工期的长短，必须列入项目施工进度计划，而且是项目施工进度计划的主要内容。通常砌筑安装类施工过程可按其在工程项目施工过程中的作用、工艺性质和复杂程度不同进行分类。

①主导施工过程和穿插施工过程。主导施工过程是指对整个工程项目起决定作用的施工过程，在编制施工进度计划时，必须重点考虑，例如砖混住宅的主体砌筑等施工过程。穿插施工过程则是与主导施工过程相搭接或平行穿插，并严格受主导施工过程控制的施工过程，如安装门窗、脚手架等施工过程。

②连续施工过程和间断施工过程。连续施工过程是指一道工序接着一道工序连续施工，不要求技术间歇的施工过程，如主体砌筑等施工过程。间断施工过程则是指由材料性质决定，需要技术间歇的施工过程，如混凝土需要养护、油漆需要干燥等。

③复杂施工过程和简单施工过程。复杂施工过程是指在工艺上由几个紧密相联系的工序组合而形成的施工过程，如混凝土工程是由筛选材料、搅拌、运输、振捣等工序组成。简单施工过程则是指在工艺上由一个工序组成的施工过程，它的操作者、机具和材料都不变，如挖土方和回填土等施工过程。

以上施工过程的划分，仅是从研究施工过程某一角度考虑的。实际上，有的施工过程既是主导的，又是连续的，同时还是复杂的，如主体砌筑工程施工过程。有的施工过程既是穿插的，又是间断的，同时还是简单的，如装饰工程中的油漆工程等施工过程。因此，在编制施工进度计划时，必须综合考虑施工过程几个方面的特点，以便确定其在施工进度计划中的合理位置。

2. 施工过程数目的确定

施工过程数目主要依据项目施工进度计划在客观上的作用、采用的施工方案、项目的性质和建设单位对项目建设工期的要求等进行确定。

（二）流水强度

在组织流水施工时，某一施工过程（或专业工作队）在单位时间内完成的工程量称为该施工过程的流水强度，又称流水能力或生产能力。流水强度分为机械作业流水强度和人工作业流水强度，一般用 V_i 表示。

1. 机械作业流水强度

$$V_i = \sum_{i=1}^{x} R_i S_i$$

式中，V_i ——某施工过程 i 的机械作业流水强度；

R_i ——投入施工过程 i 的某种施工机械的数量；

S_i ——投入施工过程 i 的某种施工机械的产量定额；

x ——投入施工过程 i 的某种施工机械的种类。

2. 人工作业流水强度

$$V_i = R_i S_i$$

式中，V_i ——某施工过程 i 的人工作业流水强度；

R_i ——投入施工过程 i 的专业工作队人数；

S_i ——投入施工过程 i 的专业工作队人员的平均产量定额。

二、时间参数

时间参数是指在组织流水施工时，用以表达各流水施工过程的工作持续时间，以及其在时间排列上的相互关系和所处状态的参数，主要包括流水节拍、流水步距、间歇时间、流水工期、平行搭接时间五种。

（一）流水节拍

流水节拍是指从事某一施工过程的专业工作队在一个施工段上的工作持续时间，一般用字母 t_i ($i=1,2,\cdots,n$) 表示。流水节拍是流水施工的主要参数，它表明了流水施工的速度和节奏性。流水节拍小，流水速度快，节奏感强；反之则相反。流水节拍决定着单位时间的资源供应量，同时也是区别流水施工组织方式的特征参数。

同一施工过程的流水节拍主要由所采用的施工方法、施工机械及在工作面允许的前提下，投入施工的工人数、机械台数和采用的工作班次等因素确定。有时，为了均衡施工和减少转移施工段时所消耗的工时，可以适当调整流水节拍。

1. 流水节拍的计算

(1) 定额计算法。

流水节拍的计算公式如下。

$$t_i = \frac{Q_i}{S_i R_i Z_i} = \frac{P_i}{R_i Z_i}$$

或

$$t_i = Q_i H_i / R_i Z_i = P_i / R_i Z_i$$

式中，t_i ——某施工过程流水节拍；

Q_i ——某施工过程在某施工段上的工程量；

S_i ——某施工过程的每工日产量定额；

R_i ——某施工过程的施工工作队人数或机械台数；

Z_i ——每天工作班制；

P_i ——某施工过程在某施工段上的劳动量；

H_i ——某施工过程采用的时间定额。

若流水节拍根据工期要求来确定，则也很容易使用上式计算所需的人数(或机械台数)。但在这种情况下，必须检查劳动力和机械供应的可能性，及物资供应能否相适应。

(2) 工期计算法。

对某些在规定日期内必须完成的工程项目，往往采用工期计算法，也称为倒排进度法。具体步骤如下。

①将一个工程对象划分为几个施工阶段，根据规定工期，估计每一阶段所需要的时间。

②每个施工阶段划分为若干个施工过程，并在平面上划分为若干个施工段、在竖向上划分施工层，确定每个施工过程在每个施工阶段的作业持续时间。

③确定每个施工过程在各施工段上的作业时间，即流水节拍。

(3) 经验估算法。

经验估算法适用于没有定额可循的工程，它是根据以往的施工经验进行估算。一般为了提高其准确程度，往往先估算出该流水节拍的最长、最短和正常(即最可能)三种时间值，然后求出期望时间值作为某专业工作队在某施工段上的流水节拍，也称为三时估算法。具体计算公式如下。

$$t_i = \frac{a + 4c + b}{6}$$

式中，t_i ——某施工过程在某施工段上的流水节拍；

a ——某施工过程在某施工段上的最短估算时间；

b ——某施工过程在某施工段上的最长估算时间；

c ——某施工过程在某施工段上的正常估算时间。

2．确定流水节拍应考虑的因素

（1）工作队人数要适宜，既要满足最小劳动组合人数要求，又要满足最小工作面的要求。

最小劳动组合是指某一施工过程进行正常施工所必需的最低限度的工作队人数及其合理组合，可参考施工定额。如模板安装就要按技工和普工的最少人数及合理比例组成工作队，人数过少或比例不当都将引起劳动生产率的下降。

最小工作面是指施工工作队为保证安全生产和有效操作所必需的工作面。它决定了最高限度可安排多少工人。不能为了缩短工期而无限增加人数，否则将造成工作面的不足而产生窝工。

（2）工作班制要恰当。工作班制要视工期要求确定。当工期不紧迫，工艺上又无连续施工要求时，可采用一班制；当组织流水施工时，为了给第二天连续施工创造条件，某些施工过程可考虑在夜班进行，即采用二班制；当工期紧迫或工艺上要求连续施工，或为了提高施工机械的使用率时，某些项目可考虑三班制施工。

（3）机械的台班效率或机械台班产量的大小。

（4）节拍值一般取半天的整倍数。

（二）流水步距

流水步距是指相邻两个施工过程的工作队在保证施工顺序、满足连续施工和保证工程质量要求的条件下相继投入同一施工段开始工作的最小时间间隔（不包括技术间歇时间和工作队间歇时间，也不必减去搭接时间），通常用符号 $K_{i,i+1}$（i 表示前一个施工过程，$i+1$ 表示后一个施工过程）表示。

流水步距的大小对工期影响很大，在施工段不变的情况下，流水步距小，则工期短，反之，则工期长。流水步距的数目取决于参加流水的施工过程数，等于施工过程数减 1。流水应取半天的整倍数。

1．确定流水步距的基本原则

（1）始终保持两个施工过程先后的工艺顺序制约关系，即在一个施工段上，前一施工过程完成后，后一施工过程方能开始。

（2）流水步距要保证相邻两个专业工作队在各个施工段上都能够连续作业，妥善处理技术间隙时间，避免发生停工、窝工现象。

（3）流水步距要保证相邻两个专业工作队在开工时间上实现最大限度和合理的搭接。

（4）流水步距的确定要保证工程质量，满足安全生产。

（5）流水步距至少应为一个工作队或半个工作队。流水步距应与流水节拍保持一定的关系，应根据施工工艺、流水方式的类型和特殊要求计算确定。

2．确定流水步距的方法

流水步距计算方法很多，简捷实用的方法主要有图上分析法、分析计算法和潘特考夫斯基法等。本书仅介绍潘特考夫斯基法。潘特考夫斯基法也称最大差法，即累加数列错位相减取其最大差。此法在计算等节奏、无节奏的专业流水中较为简捷、准确。其计算步骤如下。

(1) 根据专业工作队在各施工段上的流水节拍,求累加数列。

(2) 根据施工顺序,对所求相邻的两累加数列错位相减。

(3) 根据错位相减的结果,确定相邻专业工作队之间的流水步距,即相减结果中数值最大者。

(三) 间歇时间

1. 技术间歇时间

在组织流水施工时,除要考虑专业工作队之间的流水步距外,有时根据建筑材料或现浇构件的工艺性质,还要考虑合理的工艺等待时间,称为技术间歇时间,并以 $Z_{j,j+1}$ 表示。如现浇混凝土构件养护时间、抹灰层和油漆层的干燥硬化时间等。

2. 组织间歇时间

在组织流水施工时,由于施工技术或施工组织原因而造成的流水步距以外增加的间歇时间,称为组织间歇时间,并以 $G_{j,j+1}$ 表示。如回填土前地下管道检查验收、施工机械转移和砌砖墙前墙身位置弹线以及其他作业前准备工作。

在组织流水施工时,项目经理部可根据项目施工中的具体情况对技术间歇时间和组织间歇时间分别考虑或统一考虑。两者的概念、内容和作用是不同的,必须结合具体情况灵活处理。

(四) 流水工期

流水工期是指在组织某工程的流水施工时,从第一个施工过程进入第一个施工段开始施工算起,到最后一个施工过程退出最后一个施工段为止的总持续时间。一般用字母 T 表示,它是时间参数中最为关键的参数。

一般情况下,流水施工的流水工期可理解为施工过程之间的流水步距总和与最后一个施工过程的持续时间之和。

$$T = \sum K_{i,i+1} + T_n$$

式中,$K_{i,i+1}$ ——流水施工中各流水步距;

T_n ——流水施工中最后一个施工过程的持续时间,$T_n = t_n m_m$,其中 t_n 是指最后一个即第 n 个施工过程的流水节拍。

(五) 平行搭接时间

在组织流水施工时,有时为了缩短工期,在工作面允许的前提下,如果前一个专业工作队完成部分施工任务后,能够提前为后一个专业工作队提供工作面,使后者提前进入该施工段,因而两者在同一施工段上平行搭接施工,这个平行搭接的时间,称为相邻两个专业工作队之间的平行搭接时间,以 $C_{j,j+1}$ 表示。

三、空间参数

空间参数是指在组织流水施工时,用于表达流水施工在空间布置上所处状态的参数，主要有工作面、施工段和施工层三个参数。

（一）工作面

工作面是表明施工对象上可能安置多少工人进行操作或布置多少施工机械进行施工的场所空间大小，一般用字母 A 表示。根据施工过程的不同，工作面可以用不同的计量单位。在组织流水施工时，通常是前一施工过程的结束为后一个（或几个）施工过程提供了工作面。每个作业的工人或每台施工机械所需工作面的大小取决于单位时间内其完成的工程量和安全施工的要求。工作面确定的合理与否，直接影响专业工作队生产效率的高低。最小工作面是指施工工作队（班组）为保证安全生产和充分发挥劳动效率所必需的工作面。施工段上的工作面必须大于施工队伍的最小工作面。主要工种的最小工作面参考数据见表 3-1。

表 3-1　主要工种的最小工作面参考数据

工作项目	每个技工的工作面	说　明
砖基础	7.6 m/人	以 1.5 砖计，2 砖乘以 0.8，3 砖乘以 0.55
砖砌墙	8.5 m/人	以 1 砖计，1.5 砖乘以 0.71，2 砖乘以 0.57
毛石基础	3 m/人	以 60 cm 宽计
毛石墙	3.3 m/人	以 40 cm 宽计
混凝土柱、墙基础	8 m^3/人	机拌、机捣
混凝土设备基础	7 m^3/人	机拌、机捣
现浇钢筋混凝土柱	2.45 m^3/人	机拌、机捣
现浇钢筋混凝土梁	3.20 m^3/人	机拌、机捣
现浇钢筋混凝土墙	5 m^3/人	机拌、机捣
现浇钢筋混凝土楼板	5.3 m^3/人	机拌、机捣
预制钢筋混凝土柱	3.6 m^3/人	机拌、机捣
预制钢筋混凝土梁	3.6 m^3/人	机拌、机捣
预制钢筋混凝土屋架	2.7 m^3/人	机拌、机捣
预制钢筋混凝土平板、空心板	1.91 m^3/人	机拌、机捣
预制钢筋混凝土大型屋面板	2.62 m^3/人	机拌、机捣
混凝土地坪及面层	40 m^2/人	机拌、机捣
外墙抹灰	16 m^2/人	—
内墙抹灰	18.5 m^2/人	—
卷材屋面	18.5 m^2/人	—

续表

工 作 项 目	每个技工的工作面	说　　明
防水水泥砂浆屋面	16 m^2/人	—
门窗安装	11 m^2/人	—

（二）施工段

在组织流水施工时，将施工对象在平面上划分的若干个劳动量相等或大致相等的施工区段称为施工段。它的数目用 m 表示。每个施工段在某一段时间内只供一个施工过程的工作队使用。

1. 划分施工段的目的

由于土木工程体形庞大，可以将其划分成若干施工段，从而为组织流水施工提供足够的空间，保证不同的工作队在不同的施工段上同时进行施工。在组织流水施工时，专业工作队完成一个施工段上的任务后，遵循施工组织顺序又到另一个施工段上作业，产生连续流动施工的效果。在一般情况下，一个施工段在同一时间内，只安排一个专业工作队施工，各专业工作队遵循施工工艺顺序依次投入作业，在同一时间内不同的施工段上平行施工，使流水施工均衡地进行。组织流水施工时，可以划分足够数量的施工段，使各工作队能按一定的时间间隔转移到另一个施工段进行连续施工，既消除等待、停歇现象，避免窝工，又互不干扰。

2. 划分施工段的原则

(1) 各个施工段上的劳动量(或工程量)应大致相等，相差幅度不宜超过 10%。只有这样，才能保证在工作队人数不变的情况下，同一施工过程在各段上的施工持续时间相等，以便组织连续、均衡、有节奏的流水施工。

(2) 施工段的分界应尽可能与结构界限或幢号相一致，宜设在伸缩缝、沉降缝和单元尺寸等处。如果必须将分界线设在墙体中间，则应将其设在门窗洞口处，以减少施工缝的数量，有利于结构的整体性。

(3) 为充分发挥工人(或机械)的生产效率，不仅要满足专业工种对最小工作面的要求，而且要使施工段所能容纳的劳动力人数(或机械台数)满足最小劳动组合的要求。

最小劳动组合是指某一施工过程进行正常施工所必需的最低限度的工人数及其合理组合。如砖墙砌筑施工，包括砂浆搅拌、材料运输、砌砖等多项工作，一般人数不宜少于 18 人，如果人数过少，则无法组织正常的流水施工，而技工、壮工的比例也以 2∶1 为宜，这就是砌筑砖墙施工工作队(班组)的最小劳动组合。

(4) 施工段数目要适宜。对于某一项工程，若施工段数目过多，则每段上的工程量就较少，势必要减少工作队人数，使得过多的工作面不能被充分利用，拖长工期；若施工段数过少，则每段上的工程量就较大，又造成施工段上的劳动力、机械和材料等的供应过于集中，互相干扰大，不利于组织流水施工，会使工期拖长。

（5）划分施工段时，应以主导施工过程的需要来划分。主导施工过程是指劳动量较大或技术复杂、对总工期起控制作用的施工过程，如多层全现浇钢筋混凝土结构的混凝土工程就是主导施工过程。

（6）施工段的划分还应考虑垂直运输机械和进料的影响。一般用塔吊时分段可多些，用井架等固定式垂直运输机械时，分段应与其经济服务半径相适应，以免跨段进行楼面水平运输而造成混乱。

（7）当分层组织流水作业时，施工段数与施工过程数（或工作队数）、技术间歇时间、搭接时间应保持一定的关系。

在实际工程中划分施工段时，可以在满足施工段划分基本要求的前提下，参考以下几种情况划分施工段的界限。

①设置伸缩缝、沉降缝的建筑工程，可以以缝为界划分施工段。

②单元式的住宅工程，可按单元为界分段。

③道路、管线等线性长度延伸的工程，可按一定长度作为一个施工段。

④多幢同类型建筑，可以一幢房屋作为一个施工段。

3. 分层组织流水施工时施工段数 m 与施工过程数 n 之间的关系

当组织楼层结构的流水施工时，为使各专业工作队能连续施工，即做完第一段能立即转入第二段，做完第一层的最后一段能立即转入第二层的第一段施工，每层的施工段数和施工过程数、技术间歇时间、搭接时间之间要保持一定的关系。每一层的施工段数必须大于或等于其施工过程数（即 $m \geqslant n$）。

当 $m = n$ 时，各专业工作队连续施工，而且施工段上始终有专业工作队在施工，即施工上无停歇，是一种比较理想的组织方式。

当 $m > n$ 时，各专业工作队仍可连续施工，但在施工段上有停歇，没有充分利用空间，但未必一定有害，实际施工时，有时这些停歇可用以满足某些施工过程技术间歇（如混凝土的养护等）的要求。

当 $m < n$ 时，各专业工作队不能连续施工，造成窝工现象。

【例题 3-1】 某二层现浇钢筋混凝土工程，结构主体施工中对进度起控制性的有支模板、绑钢筋和浇混凝土三个施工过程，每个施工过程在一个施工段上的持续时间均为 2d，当施工段数目不同时，流水施工的组织情况也有所不同，试进行分析。

【解】

（1）取施工段数目 $m = 4$，$n = 3$，$m > n$。流水施工进展情况（$m=4$，$n=3$）如图 3-5 所示，各专业工作队在完成第一施工层的四个施工段的任务后，都连续地进入第二施工层继续施工。从施工段上专业工作队的作业情况来看，从第一层第一施工段完成所有三个施工过程到第二层第一施工段开始作业之间存在一段空闲时间，相应地，其他施工段也存在这种闲置情况。

由图可以看出，当 $m > n$ 时，流水施工呈现出的特点是：各专业工作队均能连续施工；施工段有闲置，但这种情况并不一定有害，它可以用于技术间歇时间和组织间

施工层	施工过程	施工进度/d									
		2	4	6	8	10	12	14	16	18	20
一	绑钢筋	①	②	③	④						
	支模板		①	②	③	④					
	浇混凝土			①	②	③	④				
二	绑钢筋					①	②	③	④		
	支模板						①	②	③	④	
	浇混凝土							①	②	③	④

图 3-5　流水施工进展情况（$m=4$，$n=3$）

歇时间。

在项目实际施工中，若某些施工过程需要考虑技术间歇时间，则可用以下公式确定每层的最少施工段数。

$$m_{\min}=n+\frac{\sum Z}{K}$$

式中，$m_{\min}$——每层需划分的最少施工段数；

n——施工过程数或专业工作队个数；

$\sum Z$——某些施工过程要求的技术间歇时间的总和；

K——流水步距。

如果流水步距 $K=2\text{d}$，当第一层浇筑混凝土结束后，要养护 4 天才能进行第二层的施工。为了保证专业工作队连续作业，至少应划分的施工段数为：$m_{\min}=n+\frac{\sum Z}{K}=3+4/2=5$，此时的流水施工进展情况（$m=5$，$n=3$）如图 3-6 所示。

施工层	施工过程	施工进度/d											
		2	4	6	8	10	12	14	16	18	20	22	24
一	绑钢筋	①	②	③	④	⑤							
	支模板		①	②	③	④	⑤						
	浇混凝土			①	②	③	④	⑤					
二	绑钢筋				$Z=4\text{d}$		①	②	③	④	⑤		
	支模板							①	②	③	④	⑤	
	浇混凝土								①	②	③	④	⑤

图 3-6　流水施工进展情况（$m=5$，$n=3$）

(2) 取施工段数目 $m=3$，$n=3$，$m=n$。流水施工进展情况（$m=3$，$n=3$）如图3-7所示，可以发现，当 $m=n$ 时，流水施工呈现出的特点是：各专业工作队均能连续施工，施工段不存在闲置的工作面。显然，这是理论上最为理想的流水施工组织方式，如果采取这种方式，要求项目管理者必须提高施工管理水平，不能允许有任何时间上的拖延。

施工层	施工过程	施工进度/d							
		2	4	6	8	10	12	14	16
一	绑钢筋	①	②	③					
	支模板		①	②	③				
	浇混凝土			①	②	③			
二	绑钢筋				①	②	③		
	支模板					①	②	③	
	浇混凝土						①	②	③

图3-7 流水施工进展情况（$m=3$，$n=3$）

(3) 取施工段数目 $m=2$，$n=3$，$m<n$。流水施工进展情况（$m=2$，$n=3$）如图3-8所示，各专业工作队在完成第一施工层第二施工段的任务后，不能连续地进入第二施工层继续施工。这是由于一个施工段只能给一个专业工作队提供工作面，所以在施工段数目小于施工过程数的情况下，超出施工段数的专业工作队就会因为没有工作面而停工。从施工段上专业工作队的作业情况来看，从第一层第一施工段完成所有三个施工过程到第二层第一施工段开始作业之间没有空闲时间，相应地，其他施工段也紧密衔接。

施工层	施工过程	施工进度/d						
		2	4	6	8	10	12	14
一	绑钢筋	①	②					
	支模板		①	②				
	浇混凝土			①	②			
二	绑钢筋				①	②		
	支模板					①	②	
	浇混凝土						①	②

图3-8 流水施工进展情况（$m=2$，$n=3$）

当 $m<n$ 时，流水施工呈现出的特点是：各专业工作队在跨越施工层时，均不能连续施工而产生窝工，施工段没有闲置。但特殊情况下，施工段也会出现空闲，造成

大多数专业工作队停工。由于一个施工段只供一个专业工作队施工，所以，超过施工段数的专业工作队就因无工作面而停止。在图 3-8 中，支模板工作队完成第一层的施工任务后，要停工 2d 才能进行第二层第一段的施工，其他队组同样也要停工 2d，因此，工期延长了。对于有数幢同类型建筑物的工程，可通过组织各建筑物之间的大流水施工来避免上述停工现象的出现，但对于单一建筑物的流水施工是不适宜的，应加以杜绝。

从上面的三种情况可以看出，施工段数的多少直接影响工期的长短，而且要想保证专业工作队能够连续施工，必须满足公式 $m \geqslant n$。当无层间关系或无施工层（如某些单层建筑物、基础工程等）时，则施工段数不受公式 $m_{\min} = n + \frac{\sum Z}{K}$ 和公式 $m \geqslant n$ 的限制，可按前面所述划分施工段的原则进行确定。

（三）施工层

为满足专业工种对操作高度的要求，将工程对象在竖向上划分为若干作业层，这些作业层均称为施工层。施工层一般以 j 表示。施工层的划分，要按工程项目的具体情况，根据建筑物的高度、楼层来确定。如模板、混凝土工程可以按一个楼层为一个施工层，砌筑工程可以按一步架高为一个施工层，对于高层建筑的室内外装饰装修工程，也可将几个楼层作为一个施工层。

第 3 节　流水施工的分类

为了适应建设项目施工组织的特点和进度计划安排的要求，对于具体的建设项目，应采用相应的流水施工组织方式。一般可按流水施工对象的范围和流水节奏的特征对流水施工进行分类。

一、按流水施工对象的范围分类

根据组织流水施工对象的范围大小，流水施工通常可分为以下 4 种：分项工程流水施工、分部工程流水施工、单位工程流水施工、群体工程流水施工。其中最重要的是分部工程流水施工，它由组织流水施工的基本方法来表示。

（一）分项工程流水施工

分项工程流水施工也称细部流水施工，它是在一个专业工程内部组织的流水施工。在项目施工进度计划上，它由一条标有施工段或工作队编号的水平进度指示线段或斜向进度指示线段来表示。

（二）分部工程流水施工

分部工程流水施工也称专业流水施工，是在一个分部工程内部、各分项工程之间组织的流水施工。在项目施工进度计划上，它由一组施工段或工作队编号的水平进度指示线段或斜向进度指示线段来表示。

（三）单位工程流水施工

单位工程流水施工也称综合流水施工，是在一个单位工程内部、各分部工程之间组织的流水施工。在项目施工进度计划表上，它是通过若干组分部工程的进度指示线段表示的，并由此构成一个单位工程施工进度计划。

（四）群体工程流水施工

群体工程流水施工也称大流水施工。它是在若干单位工程之间组织的流水施工，反映在项目施工进度计划上，是一个项目施工总进度计划。

二、按流水节奏的特征分类

根据流水节奏的特征不同，流水施工可分为有节奏流水施工和无节奏流水施工两大类。

（一）有节奏流水施工

有节奏流水施工是指在组织流水施工时，同一施工过程在不同施工段上的流水节拍均相等的流水施工。但不同施工过程在同一施工段上的流水节拍未必全部相等，据此可将有节奏流水施工分为等节奏流水施工和异节奏流水施工。

(1) 等节奏流水施工又称固定节拍流水施工，是指在组织流水施工时，同一施工过程在不同施工段上的流水节拍均相等，不同施工过程在同一施工段上的流水节拍也均相等，即流水节拍为一常数，是规律性非常强的流水施工。

(2) 异节奏流水施工是指在组织流水施工时，同一施工过程在不同施工段上的流水节拍均相等，而不同施工过程在同一施工段上的流水节拍不尽相等的流水施工。在异节奏流水施工中，对某些施工工程，有时候安排多个专业工作队来完成，以使各流水步距相等，各施工过程的流水节拍互成整数比，这种流水施工称为等步距异节奏流水施工；而当每个施工工程仅安排一个专业工作队时，各流水步距便不尽相等，所采用的这种流水施工为异步距异节奏流水施工。

（二）无节奏流水施工

无节奏流水施工是指在组织流水施工时，同一施工过程在不同施工段上的流水节拍不尽相等，相互之间亦无规律可循的流水施工。

第 4 节　流水施工的基本组织方式

由以上内容可知，不同的流水施工组织方式，其流水节拍、流水步距、施工段数及流水工期等特征参数值是不同的。下面详细介绍不同的施工组织方式的特点、工期计算和横道图画法。

一、等节奏流水施工

在等节奏流水施工中，同一施工过程在各施工段上的流水节拍都相等，并且不同施工过程之间的流水节拍也相等。这种施工方式又称全等节拍流水施工或固定节拍流水施工。它是最有规律的一种流水组织形式，根据其间歇与否又可分为无间歇全等节拍流水施工和有间歇全等节拍流水施工。

（一）无间歇全等节拍流水施工

无间歇全等节拍流水施工是指各施工过程之间既没有技术间歇时间和组织间歇时间，又没有平行搭接时间，且流水节拍均相等的一种流水施工方式。

1. 无间歇全等节拍流水施工的特点

(1) 同一施工过程在各施工段上的流水节拍相等，不同施工过程的流水节拍彼此也相等。

(2) 流水步距均相等且等于流水节拍，即 $K_{i,i+1}=t$。

(3) 专业专业工作队能够连续施工，同时相邻专业专业工作队在同一施工段上也能按照工艺顺序连续作业，工作面没有空闲。

2. 无间歇全等节拍流水施工的工期计算

无间歇全等节拍流水施工的各施工过程之间的流水步距均相等且等于流水节拍，即 $\sum K_{i,i+1}=(n-1)K=(n-1)t$，$T_n=mt$，代入式 $T=\sum K_{i,i+1}+T_n$，得 $T=(m+n-1)t$，如图 3-9 所示。

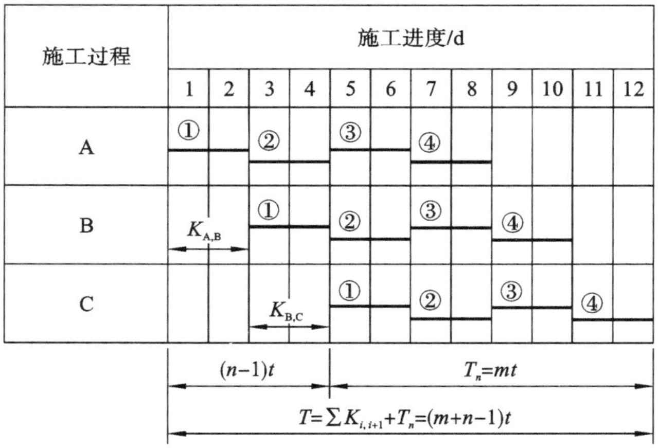

施工过程	施工进度/d											
	1	2	3	4	5	6	7	8	9	10	11	12
A	①		②		③		④					
B	$K_{A,B}$		①		②		③		④			
C			$K_{B,C}$		①		②		③		④	

$(n-1)t$　　$T_n=mt$

$T=\sum K_{i,i+1}+T_n=(m+n-1)t$

图 3-9　无间歇全等节拍流水施工进度

【例题 3-2】 某工程包括 A、B、C、D 四个施工过程，划分为四个施工段，每个施工过程在各施工段上的流水节拍均为 6d，试组织流水施工。

【解】

流水节拍均为 6d，适宜组织全等节拍流水施工。其中 $n=4$，$m=4$，$t=6\text{d}$，流

水步距 $K = 6\text{d}$。代入式 $T = (m+n-1)t$，得工期 $T = (m+n-1)t = (4+4-1)\times 6\text{d} = 42\text{d}$。该工程的流水施工进度计划如图 3-10 所示。

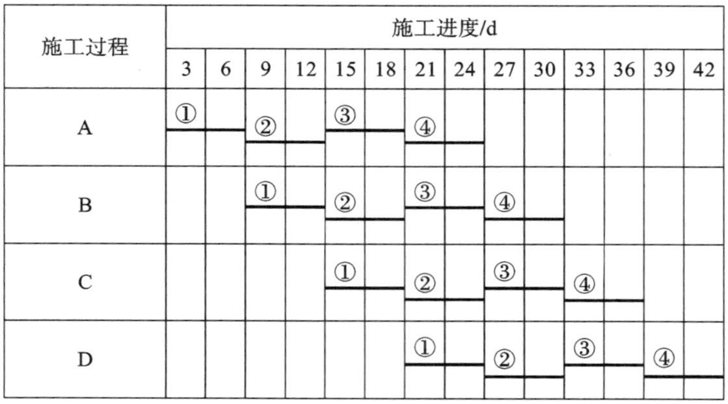

施工过程	施工进度/d													
	3	6	9	12	15	18	21	24	27	30	33	36	39	42
A	①		②		③		④							
B			①		②		③		④					
C					①		②		③		④			
D							①		②		③		④	

图 3-10　流水施工进度计划

（二）有间歇全等节拍流水施工

有间歇全等节拍流水施工是指施工过程之间有技术间歇时间、组织间歇时间、搭接时间或者施工层之间存在层间间歇，且流水节拍均相等的一种流水施工方式。

1. 有间歇全等节拍流水施工的特点

（1）同一施工过程在各施工段上的流水节拍相等，不同施工过程的流水节拍彼此也相等；

（2）流水步距均相等且等于流水节拍，即 $K_{i,i+1} = t$；

（3）相邻施工过程进入同一施工段的时间间隔不一定相同；当有间歇时，时间间隔为 $t + Z_{j,j+1}$；当有搭接时，时间间隔为 $t - C_{i,i+1}$。

2. 工期计算

有间歇全等节拍流水施工的工期可按以下公式计算。

$$T = (m+n-1)t + \sum Z_1 - \sum C$$

如果工程有层间结构，存在层间间歇时，其工期计算公式为

$$T = (m \times r + n - 1)t + \sum Z_1 + \sum Z_2 - \sum C$$

【例题 3-3】 某砖混结构住宅工程的基础工程分两段组织施工，已知垫层混凝土和条形基础混凝土浇筑后均需养护 1 天后方可进入下一道工序施工。该砖混结构住宅楼基础工程劳动量一览表见表 3-2。问：

（1）试述等节奏流水施工的特点与组织过程。

（2）为了保证工作队连续作业，试确定流水步距、施工段数、计算工期。

（3）绘制流水施工进度计划。

（4）若基础工程工期已规定为 15d，试组织等节奏流水施工。

表 3-2　某砖混结构住宅楼基础工程劳动量一览表

序号	施工过程	劳动量/工日	专业工作队人数/人
1	基槽土方开挖	184	30
2	混凝土垫层浇筑	28	5
3	条形基础钢筋绑扎	24	
4	条形基础混凝土浇筑	60	
5	砖基础墙砌筑	106	
6	基槽回填土	46	
7	室内地坪回填土	40	

【解】

(1) 等节奏流水施工的特点与组织过程。

等节奏流水施工的特点是:所有的施工过程在各个施工段上的流水节拍均相等(是一个常数)。组织等节奏流水施工的要点是让所有施工过程的流水节拍均相等。其组织过程是:①把流水对象(项目)划分为若干个施工过程;②把流水对象(项目)划分为若干个工程量大致相等的施工段(区);③调节专业工作队人数,使其他施工过程的流水节拍与主导施工过程的流水节拍相等;④各专业工作队依次、连续地在各施工段上完成同样的作业;⑤如果允许,各专业工作队的工作可以适当地搭接起来。

(2) 等节奏流水施工的各参数计算。

①确定施工过程。

由于混凝土垫层浇筑的劳动量较小,故将其与相邻的基槽土方开挖合并为一个施工过程"基槽开挖、垫层浇筑";将工程量较小的条形基础钢筋绑扎与条形基础混凝土浇筑合并为一个施工过程"混凝土基础";将工种相同的基槽回填土与室内地坪回填土合并为一个施工过程"回填土"。

②确定主导施工过程的施工班组人数与流水节拍。

本工程中,基槽开挖、垫层浇筑的合并劳动量最大,是主导施工过程。根据工作面、劳动组合和资源情况,该专业工作队人数整合为 35 人,取两个工作班制,其流水节拍为:$t=\dfrac{184+28}{35\times 2}\text{d}\approx 3\text{d}$。

③确定其他施工过程的专业工作队人数。

因为是等节奏流水施工,即各个施工过程的流水节拍和流水步距均为 3d,所以可由公式 $t_i=\dfrac{P_i}{R_iZ_i}$ 反算其他施工过程的专业工作队人数(均按两个工作班考虑,计算后还应验证是否满足工作面、劳动组合和资源情况的要求)。经计算分别为 14 人、18 人和 14 人,填入下表。

序号	施工过程	劳动量/工日	施工班组人数/人
1	基槽土方开挖	184	35
2	垫层混凝土浇筑	28	
3	条形基础钢筋绑扎	24	14
4	条形基础混凝土浇筑	60	
5	砖基础墙砌筑	106	18
6	基槽回填土	46	14
7	室内地坪回填土	40	

④计算工期。

由以上分析可知，施工段数 $m=2$，施工过程数 $n=4$，间歇时间 $\sum Z_1=2$，则工期为

$$T=(m\times r+n-1)t+\sum Z_1-\sum C=((2\times 1+4-1)\times 3+(1+1)-0)\text{d}=17\text{d}$$

（3）流水施工进度计划如图 3-11 所示。

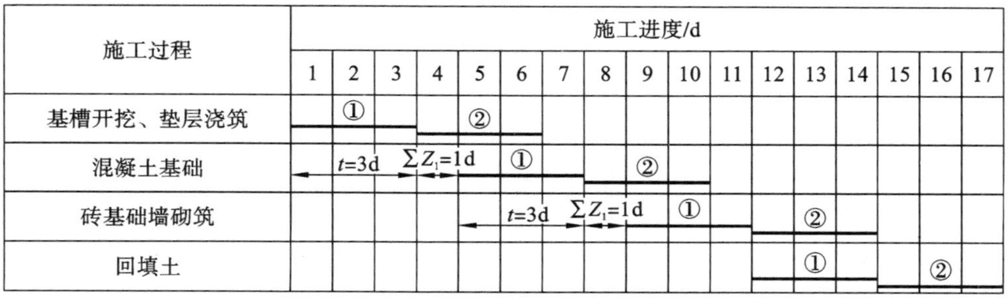

施工过程	施工进度/d																
	1	2	3	4	5	6	7	8	9	10	11	12	13	14	15	16	17
基槽开挖、垫层浇筑		①			②												
混凝土基础		t=3d		$\sum Z_1$=1d		①			②								
砖基础墙砌筑						t=3d		$\sum Z_1$=1d		①			②				
回填土													①			②	

图 3-11　某砖混住宅基础工程的流水施工进度计划

（4）若基础工程工期已规定为 15d，按等节奏流水施工计算如下。

①确定流水节拍和流水步距。

按公式 $T=(m\times r+n-1)t+\sum Z_1-\sum C$ 反算，即

$$t=K=\frac{T-\sum Z_1+\sum C}{m\times r+n-1}=\frac{15-(1+1)+0}{2\times 1+4-1}\text{d}=2.6\text{d}，取\ t=2.5\text{d}。$$

②确定各施工过程的专业工作队人数。

根据公式 $t_i=\dfrac{P_i}{R_iZ_i}$ 反算各施工过程的专业工作队人数，并验证是否满足工作面和劳动组合等的要求。经计算分别为 42 人、17 人、21 人和 17 人。

③计算工期。

$T=(m\times r+n-1)t+\sum Z_1-\sum C=((2\times1+4-1)\times2.5+(1+1)-0)\mathrm{d}=14.5\mathrm{d}$，满足规定工期要求。

④流水施工进度计划如图 3-12 所示。

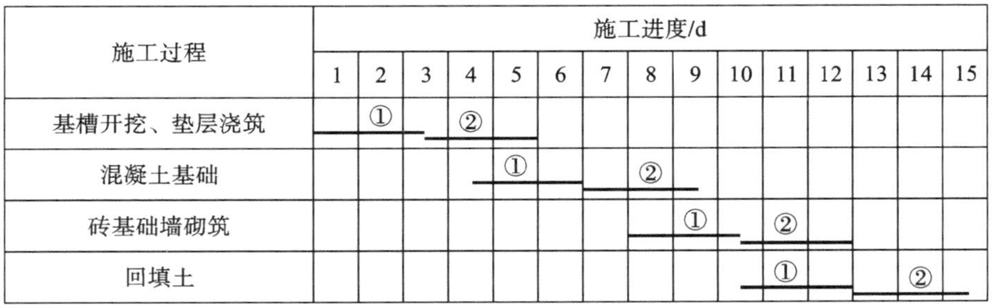

施工过程	施工进度/d														
	1	2	3	4	5	6	7	8	9	10	11	12	13	14	15
基槽开挖、垫层浇筑		①		②											
混凝土基础					①			②							
砖基础墙砌筑									①		②				
回填土											①			②	

图 3-12　某砖混住宅基础工程的流水施工进度计划(基础工程工期已规定为 15d 时)

等节奏流水施工比较适用于分部(分项)工程，特别是施工过程较少的分部工程。而对于一个单位工程，因其施工过程数较多，要使所有施工过程的流水节拍都相等是十分困难的，所以单位工程一般不宜组织等节奏流水施工，至于单项工程和群体工程，它同样也不适用。因此，等节奏流水施工的实际应用范围并不是很广泛。

二、等步距异节奏流水施工

在实际工程中，往往由于各方面的原因(如工程性质、复杂程度、劳动量、技术组织等)，采用相同的流水节拍来组织施工是困难的。如某些施工过程要求尽快完成，或者某些施工过程工程量过少，流水节拍较小，或者某些施工过程的工作面受到限制，不能投入较多的人力、机械而使得流水节拍较大，因而会出现各细部流水的流水节拍不等的情况，此时采用异节奏流水施工的形式来组织施工是较易实现的，这是由于同一施工过程中，根据实际情况确定同一流水节拍是容易的。

等步距异节奏流水施工是指同一施工过程在各个施工段上的流水节拍相等，不同施工过程之前的流水节拍不完全相等，但各个施工过程的流水节拍均为其中最小流水节拍的整数倍的流水施工方式。由于各工作队在各施工段上的流水节拍互为整数倍，故又称为成倍节拍流水施工。

(一) 等步距异节奏流水施工的特点

(1) 同一个施工过程的流水节拍均相等，而不同施工过程的节拍不等，但其值为倍数关系。

(2) 相邻施工过程的流水步距相等，且等于各施工过程流水节拍的最大公约数。

(3) 专业工作队总数大于施工过程数。

(4) 每个专业工作队都能够连续施工。

(5) 若没有间歇要求，可保证各工作面均不停歇。

（二）工期计算

1. 组织等步距异节奏流水施工的步骤

（1）从各施工过程的流水节拍（$t_1, t_2, \cdots, t_i, \cdots, t_n$）中求出最大公约数作为流水步距 K。

（2）以流水节拍 t_i 对 K 的倍数作为该施工过程的工作队数。

（3）将这些工作队按流水步距 K 的间隔依次投入施工，即可达到缩短工期的目的。

2. 等步距异节奏流水施工的计算公式

（1）等步距异节奏流水施工过程的工作队数目 b_i 可按以下公式计算。

$$b_i = \frac{t_i}{K}$$

式中，b_i ——第 i 个施工过程的专业工作队数目；

t_i ——第 i 个施工过程的流水节拍；

K ——流水步距，等于各流水节拍的最大公约数。

（2）等步距异节奏流水施工的施工过程数的确定。

等步距异节奏流水施工类似于等节奏流水施工，是由 $\sum b_i$ 个专业工作队组成的流水步距为 K 的流水施工，施工过程数目取专业工作队数目之和 $\sum b_i$。

（3）等步距异节奏流水施工的施工段数按以下公式确定。

$$m \geqslant \sum b_i + (\sum Z_1 + \sum Z_2 - \sum C) / K$$

由此，可以概括出等步距异节奏流水施工的总工期计算公式如下。

$$T = (m + \sum b_i - 1) K + \sum Z_1 - \sum C$$

【例题 3-4】 某住宅小区共 6 栋楼，每栋楼为一个施工段，施工过程划分为基础工程（A）、主体工程（B）、装修工程（C）和室外工程（D）4 项，每个施工过程的流水节拍分别为 20d、60d、40d、20d，试对其组织等步距异节奏流水施工。

【解】

（1）确定流水步距。

$$K = \gcd\{20, 60, 40, 20\}\text{d} = 20\text{d}$$

（2）计算专业工作队数目。

$$b_1 = \frac{20}{20} = 1; \quad b_2 = \frac{60}{20} = 3; \quad b_3 = \frac{40}{20} = 2; \quad b_4 = \frac{20}{20} = 1$$

则总的施工队数为：$\sum b_i = 1+2+2+1 = 7$ 个。

（3）计算总工期。

$$T = (m + \sum b_i - 1) K = (6+7-1) \times 20\text{d} = 240\text{d}$$

（4）流水施工横道图绘制如图 3-13 所示。

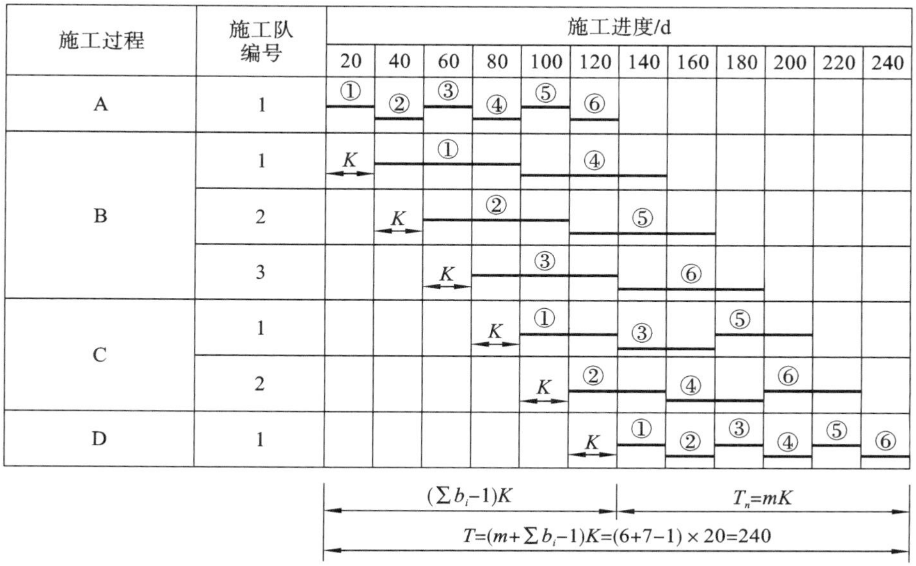

施工过程	施工队编号	施工进度/d											
		20	40	60	80	100	120	140	160	180	200	220	240
A	1	①	②	③	④	⑤	⑥						
B	1	K		①			④						
	2		K		②			⑤					
	3			K		③			⑥				
C	1				K	①		③		⑤			
	2					K	②		④		⑥		
D	1						K	①	②	③	④	⑤	⑥

$(\sum b_i-1)K$　　$T_n=mK$

$T=(m+\sum b_i-1)K=(6+7-1)\times 20=240$

图 3-13　单层等步距异节奏流水施工横道图

三、异步距异节奏流水施工

异步距异节奏流水施工时，各施工过程的流水节拍不但不相等而且不存在倍数关系，其流水步距也不完全相等。

（一）异步距异节奏流水施工的特点

（1）同一施工过程在各个施工段上的流水节拍均相等；不同施工过程的流水节拍不相等，且不存在倍数关系。

（2）相邻施工过程的流水步距不完全相等，可由潘特考夫斯基法计算。

（3）专业工作队数目等于施工过程数。

（4）各个专业工作队在施工段上能够连续作业，但有的施工段之间可能有空闲时间。

（二）工期计算

对于异步距异节奏流水施工的工期计算需要区分有无多个施工层。这是因为在组织多个施工层异步距异节奏流水施工时，要考虑在第一个施工层组织流水后，以后各层开始的时间要受到空间和时间两方面的限制。所谓空间限制，是指前一个施工层任何一个施工段工作未完，则后面施工层的相应施工段就没有施工的空间；所谓时间限制，是指任何一个施工队未完成前一施工层的工作，则后一施工层就没有施工队能够开始作业，这些都将导致工作后移。

1. 无层间关系的异步距异节奏流水施工的工期计算

（1）流水步距按以下情况确定，或由潘特考夫斯基法计算。

当 $t_i \leqslant t_{i+1}$ 时，$K_{i,i+1}=t_i+t_j$；当 $t_i > t_{i+1}$ 时，$K_{i,i+1}=mt_i-(m-1)t_{i+1}+t_j$。

(2) 施工工期按以下公式确定。

$$T_L = \sum K_{i,i+1} + T_n = \sum K_{i,i+1} + mt_n$$

【例题 3-5】 某桥梁分部工程划分成 A、B、C、D 4 个施工过程，分为 3 个施工段，各施工过程的流水节拍分别为：$t_A = 2d$、$t_B = 3d$、$t_C = 2d$、$t_D = 1d$，B 施工过程完成后需要 1d 的技术间歇时间。试计算各施工过程之间的流水步距及该工程的工期。

【解】

(1) 计算流水步距。

由于 $t_A > t_B, t_j = 0$，则 $K_{A,B} = t_A = 2d$；而 $t_B > t_C, t_j = 1$，则

$$K_{B,C} = mt_B - (m-1)t_C + t_j = (3\times 3 - (3-1)\times 2 + 1)d = 6d$$

$t_C > t_D, t_j = 0$，则

$$K_{C,D} = mt_C - (m-1)t_D + t_j = (3\times 2 - (3-1)\times 1 + 0)d = 4d$$

(2) 计算流水工期。

$$T_L = \sum K_{i,i+1} + T_n = (2+6+4+3\times 1)d = 15d$$

(3) 横道图绘制如图 3-14 所示。

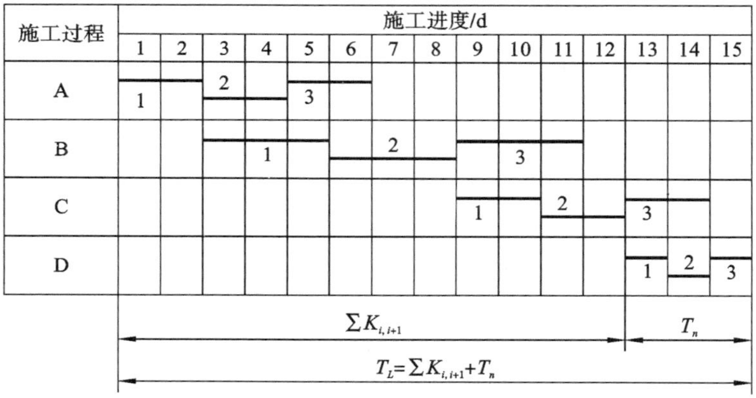

施工过程	施工进度/d														
	1	2	3	4	5	6	7	8	9	10	11	12	13	14	15
A	1		2		3										
B				1			2			3					
C									1		2		3		
D													1	2	3

$\Sigma K_{i,i+1}$　　T_n

$T_L = \Sigma K_{i,i+1} + T_n$

图 3-14　异步距异节奏流水施工横道图

【例题 3-6】 某分部工程划分成 A、B、C、D 4 个施工过程，分 5 段组织施工，各施工过程的流水节拍分别为 4d、6d、3d、2d，A、B 两个过程可搭接 1d，且施工过程 C 完成后需要 2d 的技术间歇时间，试组织异步距异节奏流水施工。

【解】

(1) 计算流水步距(潘特考夫斯基法)。

①$K_{A,B}$的计算过程如下。

$$\begin{array}{rrrrrrr} & 4 & 8 & 12 & 16 & 20 & \\ - & & 6 & 12 & 18 & 24 & 30 \\ \hline & 4 & 2 & 0 & -2 & -4 & -30 \end{array}$$

计算得 $K_{A,B}=\max\{4\quad 2\quad 0\quad -2\quad -4\quad -30\}\ d=4d$

②$K_{B,C}$的计算过程如下。

	6	12	18	24	30	
−		3	6	9	12	15
	6	9	12	15	18	−15

计算得 $K_{B,C}=\max\{6\quad 9\quad 12\quad 15\quad 18\quad -15\}\ d=18d$

③$K_{C,D}$的计算过程如下。

	3	6	9	12	15	
−		2	4	6	8	10
	3	4	5	6	7	−10

计算得 $K_{C,D}=\max\{3\quad 4\quad 5\quad 6\quad 7\quad -10\}\ d=7d$

(2) 计算工期。

$$T=\sum K_{i,i+1}+mt_n+\sum Z-\sum C=(4+18+7+2\times 5+2-1)d=40d$$

2. 有层间关系的异步距异节奏流水施工的工期计算

多个施工层的异步距异节奏流水施工与无节奏流水施工的组织,可根据一个施工层的施工过程持续时间的最大值 $\max\sum t_i$ 与流水步距及间歇时间总和的大小对比进行判别。

(1) 当 $\max\sum t_i<\sum K_{i,i+1}+K'+\sum Z_1+\sum G-\sum C$ 时,除一层以外的各施工层施工只受空间限制,可按层间工作面连续来安排下一层第一个施工过程,其他施工过程均按一定步距依次施工,各施工队都能连续作业。

(2) 当 $\max\sum t_i=\sum K_{i,i+1}+K'+\sum Z_1+\sum G-\sum C$ 时,流水安排同上,但只有具有 $\max\sum t_i$ 值的施工过程的施工队可以连续作业。

以上两种情况的施工工期均按以下公式计算。

$$T=j\left(\sum K_{i,i+1}+\sum Z_1+\sum G-\sum C\right)+(j-1)(K'+Z_2)+\sum t_n^h$$

(3) 当 $\max\sum t_i>\sum K_{i,i+1}+K'+Z_2+\sum Z_1+\sum G-\sum C$ 时,具有 $\max\sum t_i$ 值的施工过程的施工队可以连续作业,其他施工过程可依次按与该施工过程的步距关系安排作业,若 $\max\sum t_i$ 值同属几个施工过程,则其相应的施工队均可连续作业。施工工期为

$$T=\sum K_{i,i+1}+\sum Z_1+\sum G-\sum C+(j-1)\max\sum t_i+\sum t_n^h$$

以上公式中:T 为施工工期;j 为施工层数;$\sum K_{i,i+1}$ 为一个施工层内的流水步

距之和；$\sum Z_1$、$\sum G$、$\sum C$ 分别为一个施工层内的各个施工过程间的技术间歇时间之和、组织间歇时间之和、搭接时间之和；t_n^h 为最后一个（第 n 个）施工过程在第 h 个施工段上的流水节拍；K' 为本层最后一个施工过程与下一层第 1 个施工过程之间的流水步距；Z_2 为层间间歇时间。

另外，需要说明的是，这里给出的工期计算公式为通式，对于技术间歇时间、组织间歇时间、搭接时间以及层间间歇时间，如果没有，可以记为 0。

【例题 3-7】 某两层钢筋混凝土工程由 3 个施工过程组成，划分为 3 个施工段组织流水施工，已知每层每段的施工过程持续时间分别为：$t_1 = 6\text{d}$，$t_2 = 3\text{d}$，$t_3 = 4\text{d}$，且层间间隙时间为 2d，按异步距异节奏流水组织施工，试计算施工工期并绘制流水施工横道图。

【解】

（1）确定流水步距。

一层：	6	12	18						
		3	6	9					$K_{1,2}=12\text{d}$
			4	8	12				$K_{2,3}=3\text{d}$
二层：				6	12	18			$K'=4\text{d}$
					3	6	9		$K_{1,2}=12\text{d}$
						4	8	12	$K_{2,3}=3\text{d}$

（2）判别式。

$\max\sum t_i = 18\text{d} < \sum K_{i,i+1} + K' + Z_2 + \sum Z_1 + \sum G - \sum C = (12+3+4+2)\text{d} = 21\text{d}$，属于第一种情况，按层间工作面连续来安排下一层第一个施工过程，其他施工过程均按已定步距依次施工。

（3）工期计算。

$$T = j\left(\sum K_{i,i+1} + \sum Z_1 + \sum G - \sum C\right) + (j-1)(K' + Z_2) + \sum t_n^h$$
$$= (2\times(12+3) + (2-1)\times(4+2) + 12)\text{d} = 48\text{d}$$

（4）流水施工横道图如图 3-15 所示。

四、无节奏流水施工

在实际施工中，通常每个施工过程在各个施工段上的工程量彼此不相等，各个专业工作队的生产效率相差悬殊，造成大多数的流水节拍彼此不相等，不可能组织成等节奏流水施工或等步距异节奏流水施工。在这种情况下，往往利用流水施工的基本概念，在保证施工工艺、满足施工顺序要求的前提下，按照一定的计算方法确定相邻专业工作队之间的流水步距，使相邻两个专业工作队在开工时间上最大限度地、合理地搭接起来，以形成每个专业工作队都能够连续作业的流水施工方式。这种流水施

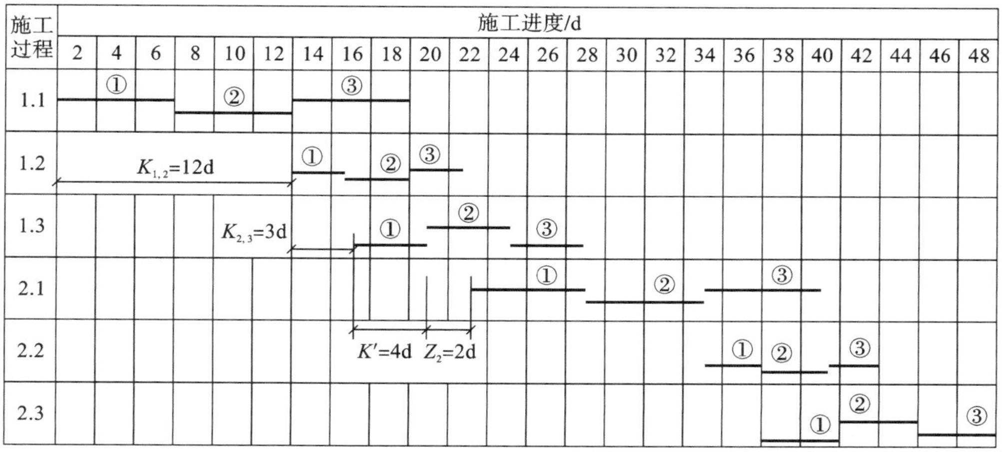

图 3-15　有层间间歇的异步距异节奏流水施工横道图

工组织方式称为无节奏流水施工(亦称为分别流水施工),是流水施工的普遍形式。

(一)无节奏流水施工的特点

(1) 各个施工过程在各个施工段上的流水节拍通常不相等。

(2) 在多数情况下,流水步距彼此不相等,而且流水步距与流水节拍之间存在着某种函数关系。

(3) 每个专业工作队都能够连续作业,个别施工段可能有间歇时间。

(4) 专业工作队数目等于施工过程数目。

(二)无节奏流水施工的适用范围

无节奏流水施工适用于各种不同结构性质和规模的工程施工组织。由于它不像有节奏流水施工那样有一定的时间约束,因此在进度安排上比较灵活、自由,适用于分部工程和单位工程及大型建筑群的流水施工,是流水施工中应用较多的一种方式。

(三)无节奏流水施工的工期计算

无节奏流水施工要考虑有无分层情况,在计算工期时同样也要考虑有无分层。若不考虑分层情况,则其工期计算公式如下。

$$T = \sum K + \sum Z + T_n - \sum C$$

【例题 3-8】 某工程分为 4 段,有甲、乙、丙 3 个施工过程。其在各段上的流水节拍分别为:甲为 3d、2d、2d、4d;乙为 1d、3d、2d、2d;丙为 3d、2d、3d、2d。试组织成无节奏流水施工。

【解】

(1) 确定流水步距。

由潘特考夫斯基法分别求出 $K_{甲,乙}$,$K_{乙,丙}$,$K_{甲,丙}$。

① $K_{甲,乙}$。

$$\begin{array}{rrrrrr} & 3 & 5 & 7 & 11 & \\ - & & 1 & 4 & 6 & 8 \\ \hline & 3 & 4 & 3 & 5 & -8 \end{array}$$

计算得 $K_{甲,乙}=\max\{3\quad 4\quad 3\quad 5\quad -8\}\mathrm{d}=5\mathrm{d}$

② $K_{乙,丙}$。

$$\begin{array}{rrrrrr} & 1 & 4 & 6 & 8 & \\ - & & 3 & 5 & 8 & 10 \\ \hline & 1 & 1 & 1 & 0 & -10 \end{array}$$

计算得 $K_{乙,丙}=\max\{1\quad 1\quad 1\quad 0\quad -10\}\mathrm{d}=1\mathrm{d}$

(2) 计算工期。

$$T=\sum K+\sum Z+T_n-\sum C=[(5+1)+0+(3+2+3+2)-0]\mathrm{d}=16\mathrm{d}$$

(3) 流水施工横道图如图 3-16 所示。

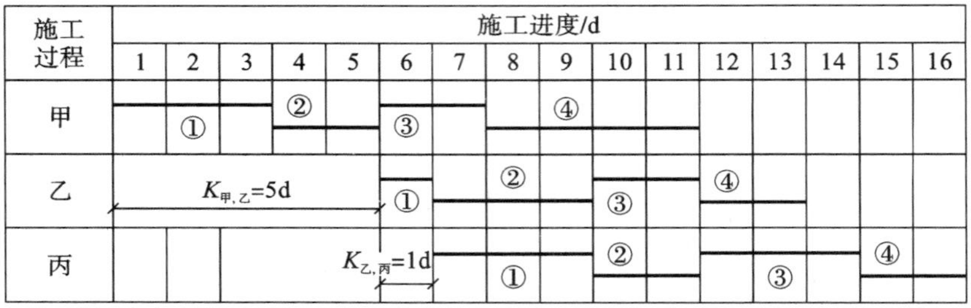

施工过程	施工进度/d															
	1	2	3	4	5	6	7	8	9	10	11	12	13	14	15	16
甲		①		②		③			④							
乙	$K_{甲,乙}=5\mathrm{d}$					①		②		③		④				
丙					$K_{乙,丙}=1\mathrm{d}$			①		②			③		④	

图 3-16 无层间关系的无节奏流水施工横道图

【例题 3-9】 某三层的分部工程可划分为 A、B、C 3 个施工过程，分 4 段组织施工，施工顺序为 A、B、C，各施工过程的流水节拍如表 3-3 所示，试组织流水施工。

表 3-3 某分部工程流水节拍 (单位:d)

施工过程 \ 施工段	1	2	3	4
A	1	3	2	2
B	1	1	1	1
C	2	1	2	3

【解】

(1) 确定流水步距。

①$K_{A,B}$。

$$\begin{array}{rrrrrr} & 1 & 4 & 6 & 8 & \\ - & & 1 & 2 & 3 & 4 \\ \hline & 1 & 3 & 4 & 5 & -4 \end{array}$$

计算得 $K_{A,B}=\max\{1\quad 3\quad 4\quad 5\quad -4\}\ d=5d$

②$K_{B,C}$。

$$
\begin{array}{rrrrrr}
 & 1 & 2 & 3 & 4 & \\
- & & 2 & 3 & 5 & 8 \\
\hline
 & 1 & 0 & 0 & -1 & -8
\end{array}
$$

计算得 $K_{B,C}=\max\{1\quad 0\quad 0\quad -1\quad -8\}\ d=1d$

③求施工过程 C 和第二层的施工过程 A 之间的流水步距 K'。

$$
\begin{array}{rrrrrr}
 & 2 & 3 & 5 & 8 & \\
- & & 1 & 4 & 6 & 8 \\
\hline
 & 2 & 2 & 1 & 2 & -8
\end{array}
$$

计算得 $K'=\max\{2\quad 2\quad 1\quad 2\quad -8\}\ d=2d$

（2）判别式。

$\max\sum t_i=8d=\sum K_{i,i+1}+K'+\sum Z_1+\sum G-\sum C=(5+1+2)d=8d$，则按层间工作面连续来安排下一层第一个施工过程，但只有具有 $\max\sum t_i$ 值的 A、C 两个施工过程的施工队可以连续作业，B 施工过程按已定步距流水施工。

（3）计算工期如下。

$$
\begin{aligned}
T &= j\left(\sum K_{i,i+1}+\sum Z_1+\sum G-\sum C\right)+(j-1)(K'+Z_2)+\sum t_n^h \\
&=3\times(5+1)+(3-1)\times 2+8=30d
\end{aligned}
$$

五、不同施工组织方式的对比

各种施工组织方式的对比情况见表 3-4。

表 3-4　各种施工组织方式的对比

<table>
<tr><th>组织方式
比较内容</th><th>等节奏流水施工</th><th>等步距异节奏流水施工</th><th>异步距异节奏流水施工</th><th>无节奏流水施工</th></tr>
<tr><td rowspan="2">流水节拍</td><td rowspan="2">所有的施工过程在各个施工段上的流水节拍均相等</td><td colspan="2">同一施工过程在各个施工段上的流水节拍均相等，不同施工过程之间的流水节拍不完全相等</td><td rowspan="2">同一施工过程在不同施工段上的流水节拍不完全相等，不同施工过程流水节拍也不完全相等</td></tr>
<tr><td>各施工过程的流水节拍等于或为其中最小流水节拍的整数倍</td><td>不存在整数关系</td></tr>
<tr><td>流水步距</td><td>各施工过程之间的流水步距均相等，且等于其流水节拍</td><td>流水步距都相等，等于其中最小的流水节拍，即 $K_b=t_{\min}$</td><td>流水步距不完全相等，用潘特考夫斯基法计算</td><td>流水步距不完全相等，用潘特考夫斯基法计算</td></tr>
</table>

续表

组织方式 比较内容	等节奏流水施工	等步距异节奏流水施工	异步距异节奏流水施工	无节奏流水施工
工作队数	等于施工过程数	不等于施工过程数	等于施工过程数	等于施工过程数
施工段数	如果没有层间关系，可按划分施工段原则的前6条确定施工段数 如果有层间关系，为使各施工队能够连续工作，则7条原则均应考虑，故全等节拍流水施工的施工段数还应满足：$m>n+(\sum Z_1+Z_2+\sum G-\sum C)/K$	同等节奏流水施工，施工段数公式为：$m>\sum b_i+(\sum Z_1+Z_2+\sum G-\sum C)/K$	按划分施工段原则的前6条确定施工段数	按划分施工段原则的前6条确定施工段数
流水工期	$T=(mj+n-1)K+\sum Z_1+\sum G-\sum C$ 式中，T为流水工期；K为流水步距；j为施工层数；n为施工过程数；$\sum Z_1$为技术间歇时间之和；$\sum G$为组织间歇时间之和；$\sum C$为搭接时间之和	$T=(mj+\sum b_i-1)K_b+\sum Z_1+\sum G-\sum C$ 式中，$\sum b_i$为专业工作队总数	无层间关系：$T=\sum K_{i,i+1}+\sum t_n^h+\sum Z_1+\sum G-\sum C$ 有层间关系： ①$\max\sum t_i\leqslant\sum K_{i,i+1}+K'+Z_2+\sum Z_1+\sum G-\sum C$，则$T=j(\sum K_{i,i+1}+\sum Z_1+\sum G-\sum C)+(j-1)(K'+Z_2)+\sum t_n^h$ 式中，$\sum K_{i,i+1}$为一个施工层各施工过程间流水步距之和；$\sum t_n^h$为最后一个施工过程在h个施工段上的流水节拍；K'为层间流水步距。 ②$\max\sum t_i>\sum K_{i,i+1}+K'+Z_2+\sum Z_1+\sum G-\sum C$，则$T=\sum K_{i,i+1}+\sum Z_1+\sum G-\sum C+(j-1)\max\sum t_i+\sum t_n^h$	

第5节　流水施工组织程序及排序优化

一、流水施工组织程序

1. 把工程对象划分为若干个施工阶段

每一拟建工程都可以根据其工程特点及施工工艺要求划分为若干个施工阶段（或分部工程），如建筑物可划分为基础工程、主体工程、围护结构工程和装饰工程等施工阶段。然后分别组织各施工阶段的流水施工。

2. 确定各施工阶段的主导施工过程并组织专业工作班组

组织一个施工阶段的流水施工时，往往可按施工顺序划分成许多个分项工程。组织某些由多个工种组成的分项工程流水施工时，往往按专业工种划分成若干个由专业工种（专业工作班组）进行施工的施工过程。

参加流水的施工过程的多少对流水施工的组织影响很大，组织流水施工时不可能也没有必要将所有分项工程都组织进去。每一个施工阶段总有几个对工程施工有直接影响的主导施工过程（如混合结构主体施工、砌墙和楼板施工等）。应首先将这些主导施工过程确定下来，其他施工过程则可根据实际情况与主导施工过程合并。在实际施工中，还应根据施工进度计划作用、分部（分项）工程施工工艺的不同来确定主导施工过程。

3. 划分施工段

（1）施工段可根据流水施工的原理和工程对象的特点来划分。

（2）在无层间施工时，施工段数与主导施工过程（或作业班组）数之间一般无约束关系，但组织等步距异节奏流水施工时，必须满足式 $b_{i,\max} \leqslant A \cdot N$ 的要求。

（3）对于有层间施工（如多、高层建筑）的流水施工，应考虑工作面的形成和保持作业班组的连续施工，所划分的施工段数必须满足式 $A \cdot N \geqslant n$ 的要求。当组织等步距异节奏流水施工时，由于同一施工过程可能有多个作业班组，式 $A \cdot N \geqslant n$ 中的施工过程数 n 的含意应转换成作业班组总数 $\sum b_i$。

（4）组织多层等节奏或等步距异节奏流水施工时，如需考虑技术间隙时间或组织间隙时间，所需的最少施工段数计算公式如下，并取整数。

$$A \cdot N \geqslant \sum b_i + \frac{\sum t_G + \sum t_Z}{K}$$

应该注意，“有层间”的含意并不单纯指多层建筑结构层之间的层间关系，即使在单层建筑中，某些施工过程也可能有层间关系。如单层工业厂房预制构件叠浇施工时，下层构件施工完毕后才能为上层构件施工提供工作面，组织预制构件的流水施工应按有层间关系来考虑，施工段主要以预制构件的多少来划分。

4. 确定施工过程的流水节拍

施工过程的流水节拍可按式 $t_i=\dfrac{Q_i}{S_iR_i}=\dfrac{Q_iZ_i}{R_i}=\dfrac{P_i}{R_i}$ 进行计算。流水节拍的大小对工期影响较大。从该式可知，减小流水节拍最有效的方法是提高劳动效率（即增大产量定额 S_i 或减小时间定额 Z_i）。增加工人数 R_i 也可减小流水节拍，但劳动人数增加到一定程度必然会达到最小工作面，此时的流水节拍即为最小的流水节拍，正常情况下不可能再缩短。同样，根据最小劳动组合可确定最大的流水节拍。据此就可确定出完成该施工过程最多可安排和至少应安排的工人数。然后根据现有条件和施工要求确定合适的人数求得流水节拍，该流水节拍在最大和最小流水节拍之间。

5. 确定施工过程间的流水步距

流水步距可根据流水形式来确定。流水步距的大小对工期影响也较大，在可能的情况下，组织搭接施工也是缩短流水步距的一种方法。在某些流水施工过程中，增大那些流水节拍较小的一般施工过程的流水节拍，或将次要施工过程组织成间断施工，反而能缩短流水步距，有时还能使施工更加合理。

6. 组织整个工程的流水施工

各施工阶段（分部工程）的流水施工都组织好之后，根据流水施工原理和各施工阶段之间的工艺关系，经综合考虑后，把它们综合组织起来就形成整个工程完整的流水施工，最后绘出流水施工进度计划表。

二、流水施工排序优化

工程排序优化是在施工过程排序固定的条件下，寻求施工项目或施工段的最优排列顺序，并使总工期最短。其实质就是加工对象和加工过程及其排列顺序的优化，也称为流程优化。它通常分为单项工程排序优化和双向工程排序优化两种。由于施工过程排序是固定不变的，施工项目排序是可变的，因此施工项目排序优化属于单向工程排序优化问题。工程排序优化的方法主要有穷举法、图解法和约翰逊规则等方法。

1. 基本排序

任何两个工程项目（或施工段）的排列顺序均称为基本排序。如 A 和 B 两个工程项目的基本排序有 A→B 和 B→A 两种。前者称为正基本排序，后者称为逆基本排序。

2. 基本排序流水步距

任何两个工程项目 A 和 B，先后投入第 i 个施工过程开始施工的时间间隔，称为基本排序流水步距，即工程 A 与 B 之间的流水步距，并以 $K_{i,i+1}$ 表示。如：A→B 基本排序流水步距记为 $K_{\mathrm{A,B}}$，B→A 基本排序流水步距记为 $K_{\mathrm{B,A}}$。

3. 工程排序模式

在组织工程排序时，若干工程项目（或施工段）排列顺序的全部可能组合模式均称为工程排序。

【例题 3-10】 某群体工程 A、B、C 三栋楼，它们都依次经过砌墙、支模、混凝土工程三个施工过程，各个工程项目在各个施工过程上的持续时间分别为甲（砌墙）：$t_A = 2d$、$t_B = 4d$、$t_C = 5d$；乙（支模）：$t_A = 3d$、$t_B = 4d$、$t_C = 3d$；丙（混凝土工程）：$t_A = 4d$、$t_B = 3d$、$t_C = 2d$。如以上工程项目排序顺序是可变的，那么如何安排它们的排列顺序，才能使计算总工期最短？

【解】

该工程应组织成无节奏流水施工。

条件中有 A、B、C 三栋楼及砌墙、支模、混凝土工程 3 个施工过程，可确定此工程可采用栋间流水施工，施工段数为 3，施工过程数为 3。由排列组合可知，施工段数的组合有 ABC、ACB、BAC、BCA、CAB、CBA 六种，本题基本排序项较少，所以可以采用穷举法计算六种情况的工期。分别求出全部工程项目各种可能基本排序的流水步距 $K_{i,i+1}$ 和工期 T。

（1）ABC 工程项目排列顺序。

①施工过程的流水步距。

$$\begin{array}{rrrrr} & 2 & 6 & 11 & \\ - & & 3 & 7 & 10 \\ \hline & 2 & 3 & 4 & -10 \end{array} \qquad \begin{array}{rrrrr} & 3 & 7 & 10 & \\ - & & 4 & 7 & 9 \\ \hline & 3 & 3 & 3 & -9 \end{array}$$

计算得 $K_{甲,乙} = \max\{2 \quad 3 \quad 4 \quad -10\}\, d = 4d$，$K_{乙,丙} = \max\{3 \quad 3 \quad 3 \quad -9\}\, d = 3d$

②计算工期。

$$T = \sum K_{i,i+1} + \sum t_n^h + \sum Z_1 + \sum G - \sum C = ((4+3)+(4+3+2))d = 16d$$

（2）ACB 工程项目排列顺序。

①施工过程的流水步距。

$$\begin{array}{rrrrr} & 2 & 7 & 11 & \\ - & & 3 & 6 & 10 \\ \hline & 2 & 4 & 5 & -10 \end{array} \qquad \begin{array}{rrrrr} & 3 & 6 & 10 & \\ - & & 4 & 6 & 9 \\ \hline & 3 & 2 & 4 & -9 \end{array}$$

计算得 $K_{甲,乙} = \max\{2 \quad 4 \quad 5 \quad -10\}\, d = 5d$，$K_{乙,丙} = \max\{3 \quad 2 \quad 4 \quad -9\}\, d = 4d$

②计算工期。

$$T = \sum K_{i,i+1} + \sum t_n^h + \sum Z_1 + \sum G - \sum C = ((5+4)+(4+3+2))d = 18d$$

（3）BAC 工程项目排列顺序。

①施工过程的流水步距。

$$\begin{array}{ccccc} & 4 & 6 & 11 & \\ - & & 4 & 7 & 10 \\ \hline & 4 & 2 & 4 & -10 \end{array} \qquad \begin{array}{ccccc} & 4 & 7 & 10 & \\ - & & 3 & 7 & 9 \\ \hline & 4 & 4 & 3 & -9 \end{array}$$

计算得 $K_{甲,乙}=\max\{4\quad 2\quad 4\quad -10\}\text{d}=4\text{d}$，$K_{乙,丙}=\max\{4\quad 4\quad 3\quad -9\}\text{d}=4\text{d}$

②计算工期。

$$T=\sum K_{i,i+1}+\sum t_n^h+\sum Z_1+\sum G-\sum C=((4+4)+(4+3+2))\text{d}=17\text{d}$$

(4) BCA 工程项目排列顺序。

①施工过程的流水步距。

$$\begin{array}{ccccc} & 4 & 9 & 11 & \\ - & & 4 & 7 & 10 \\ \hline & 4 & 5 & 4 & -10 \end{array} \qquad \begin{array}{ccccc} & 4 & 7 & 10 & \\ - & & 3 & 5 & 9 \\ \hline & 4 & 4 & 5 & -9 \end{array}$$

计算得 $K_{甲,乙}=\max\{4\quad 5\quad 4\quad -10\}\text{d}=5\text{d}$，$K_{乙,丙}=\max\{4\quad 4\quad 5\quad -9\}\text{d}=5\text{d}$

②计算工期。

$$T=\sum K_{i,i+1}+\sum t_n^h+\sum Z_1+\sum G-\sum C=((5+5)+(4+3+2))\text{d}=19\text{d}$$

(5) CAB 工程项目排列顺序。

①施工过程的流水步距。

$$\begin{array}{ccccc} & 5 & 7 & 11 & \\ - & & 3 & 6 & 10 \\ \hline & 5 & 4 & 5 & -10 \end{array} \qquad \begin{array}{ccccc} & 3 & 6 & 10 & \\ - & & 2 & 6 & 9 \\ \hline & 3 & 4 & 4 & -9 \end{array}$$

计算得 $K_{甲,乙}=\max\{5\quad 4\quad 5\quad -10\}\text{d}=5\text{d}$，$K_{乙,丙}=\max\{3\quad 4\quad 4\quad -9\}\text{d}=4\text{d}$

②计算工期。

$$T=\sum K_{i,i+1}+\sum t_n^h+\sum Z_1+\sum G-\sum C=((5+4)+(4+3+2))\text{d}=18\text{d}$$

(6) CBA 工程项目排列顺序。

①施工过程的流水步距。

$$\begin{array}{ccccc} & 5 & 9 & 11 & \\ - & & 3 & 7 & 10 \\ \hline & 5 & 6 & 4 & -10 \end{array} \qquad \begin{array}{ccccc} & 3 & 7 & 10 & \\ - & & 2 & 5 & 9 \\ \hline & 3 & 5 & 5 & -9 \end{array}$$

计算得 $K_{甲,乙}=\max\{5\quad 6\quad 4\quad -10\}\text{d}=6\text{d}$，$K_{乙,丙}=\max\{3\quad 5\quad 5\quad -9\}\text{d}=5\text{d}$

②计算工期。

$$T=\sum K_{i,i+1}+\sum t_n^h+\sum Z_1+\sum G-\sum C=((6+5)+(4+3+2))\text{d}=20\text{d}$$

经计算比较，按照 ABC 工程项目排列顺序时，$T=16\text{d}$，即工期最短，绘制的流水施工进度计划如图 3-17 所示。

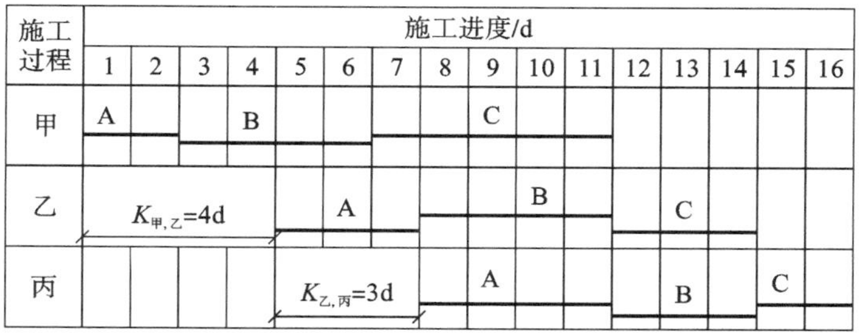

施工过程	施工进度/d															
	1	2	3	4	5	6	7	8	9	10	11	12	13	14	15	16
甲	A			B					C							
乙	$K_{甲,乙}=4\text{d}$					A				B			C			
丙					$K_{乙,丙}=3\text{d}$				A				B		C	

图 3-17　流水施工进度计划

第 6 节　流水施工组织案例分析

在土木工程施工中，流水施工是一种行之有效的科学组织施工的计划方法。编制施工进度计划时应根据施工对象的特点，选择适当的流水施工方式组织施工，以保证施工的节奏性、均衡性以及连续性。具体的做法是将单位工程先分解为分部工程，然后根据分部工程的各施工过程的劳动量的大小、施工班组人数来选择流水施工方式。若分部工程的施工过程数目不多(3～5 个)，可以通过调整班组人数使各施工过程的流水节拍相等，从而采用等节奏流水施工方式，这是一种较为理想、较为合理的流水方式。若分部工程的施工过程数目较多，要使其流水节拍相等较困难，则可考虑流水节拍的规律，选择等步距异节奏、异步距异节奏、无节奏流水施工方式。

某工程主体为九层现浇钢筋混凝土框架结构，采用筏板基础，各施工过程持续时间计算见表 3-5。

表 3-5　某工程各施工过程持续时间计算

序号	施工过程	单位	劳动量 P /工日或台班	班制 b	施工段数 m	流水节拍 t/d	人或机械数 R	计算过程	备注
基础工程									
1	机械挖土方	台班	10	2	1	5	1	$t=P/mRb$	不参与流水
2	CFG 桩处理地基	工日	79	2	1	4	10		不参与流水
3	褥垫层施工	工日	30	1	1	2	5		不参与流水
4	绑扎筏板基础钢筋	工日	109	1	3	3	12		

续表

序号	施工过程	单位	劳动量 P /工日或台班	班制 b	施工段数 m	流水节拍 t/d	人或机械数 R	计算过程	备注
5	支设筏板基础模板	工日	82	1	3	3	9	$t=P/mRb$	
6	浇筑筏板基础混凝土	工日	98	1	3	3	11		
7	回填土	工日	149	1	3	3	17		
结构工程									
8	搭设脚手架	工日	310	2	3	3	20	$t=P/mRb$	不参与流水
9	绑扎柱钢筋	工日	140	1	3	4	12		
10	支设柱、梁、板模板	工日	1300	2	3	9	25		
11	浇筑柱混凝土	工日	210	2	3	1	50		
12	绑扎梁、板钢筋	工日	743	2	3	5	25		
13	浇筑梁、板混凝土	工日	942	2	3	3	50		
14	拆模板	工日	370	1	3	5	25		不参与流水
15	砌筑墙体	工日	1200	1	3	8	50		不参与流水

（一）施工方案

本工程遵循的施工顺序为：先地下后地上，先主体后围护，先土建工程后安装设备，先结构工程后装饰工程。主体结构自下而上逐层分段流水施工。根据工程的施工条件，全工程分三个阶段进行施工：第一阶段为基础工程阶段；第二阶段为结构工程阶段；第三阶段为装饰工程阶段。

1. 基础工程阶段

基础工程阶段分为机械挖土方、CFG 桩处理地基、褥垫层施工、绑扎筏板基础钢筋、支设筏板基础模板、浇筑筏板基础混凝土、回填土七个施工过程。其中，机械挖土方、CFG 桩处理地基、褥垫层施工三个施工过程不参与流水。考虑到验槽工作的要求、处理地基后的静载试验的要求和垫层施工的特点，不能分段施工，也不能搭接施工（验槽、静载试验针对的是建筑物整体地基状况），因此以上三个施工工程不能纳入流水，可以进行依次施工。

(1) 基础工程流水工期。

七个施工过程中,只有绑扎筏板基础钢筋、支设筏板基础模板、浇筑筏板基础混凝土、回填土四个施工过程参与流水,即 $n=4$。由于基础施工不存在分施工层问题,所以 m、n 的关系不受限制,这里取 $m=3$;组织等节奏流水施工,$K=t=3$,工期计算如下。

$$T=(m+n-1)K+t_{挖土}+t_{CFG桩}+t_{垫层}=((3+4-1)\times3+5+4+2)\text{d}=29\text{d}$$

(2) 基础工程流水施工进度计划如图 3-18 所示。

序号	施工过程	劳动量P/工日或台班	班制b	施工段数m	流水节拍t/d	人或机械数量R	施工进度/d																												
							1	2	3	4	5	6	7	8	9	10	11	12	13	14	15	16	17	18	19	20	21	22	23	24	25	26	27	28	29
1	机械挖土方	10	2	1	5	1																													
2	CFG桩处理地基	89	2	1	4	10																													
3	褥垫层施工	30	1	1	2	15																													
4	绑扎筏板基础钢筋	109	1	3	3	12																													
5	支设筏板基础模板	82	1	3	3	9																													
6	浇筑筏板基础混凝土	98	1	3	3	11																													
7	回填土	149	1	3	3	17																													

图 3-18 基础工程流水施工进度计划

2. 结构工程阶段

结构工程阶段包括搭设脚手架,绑扎柱钢筋,支设柱、梁、板模板,浇筑柱混凝土,绑扎梁、板钢筋,浇筑梁、板混凝土,拆模板,砌筑墙体。其中,搭设脚手架、拆模板、砌筑墙体三个施工过程只根据工艺要求进行有效的穿插或搭接施工即可,不纳入流水。

所以八个施工工程中只有绑扎柱钢筋,支设柱、梁、板模板,浇筑柱混凝土,绑扎梁、板钢筋,浇筑梁、板混凝土五个施工过程参与流水。由于主体工程存在层间关系,所以要求 $m\geqslant n$,如果 $m\geqslant6$,将导致工作面太小,不利于提高劳动生产率,所以上述五个施工过程需要根据工艺特点进行施工过程的合并,绑扎柱钢筋和绑扎梁、板钢筋实际是一个施工队,支设柱模板和支设梁、板模板实际是一个施工队,现浇混凝土实际也是一个施工队,即对绑扎钢筋、支模板、浇筑混凝土三个施工过程组织流水施工即可。但是由于框架柱施工工艺是:绑扎钢筋→支模板→浇筑混凝土;而梁、板的施工工艺是:支模板→绑扎钢筋→浇筑混凝土;以上两种施工工艺顺序不一致。因此,可按图 3-19 组织施工。

3. 装饰工程阶段

按自上而下的施工顺序进行,要求工序搭接合理,并尽可能与主体结构工程安排交叉作业,以缩短工期,该装饰工程划分为 3 个施工段,9 个施工层,以保证相应的工作队在施工段与施工层间组织有节奏、连续、均衡的施工。其中第一施工段为 1~5 轴,第二施工段为 6~10 轴;第三施工段为 11~15 轴。

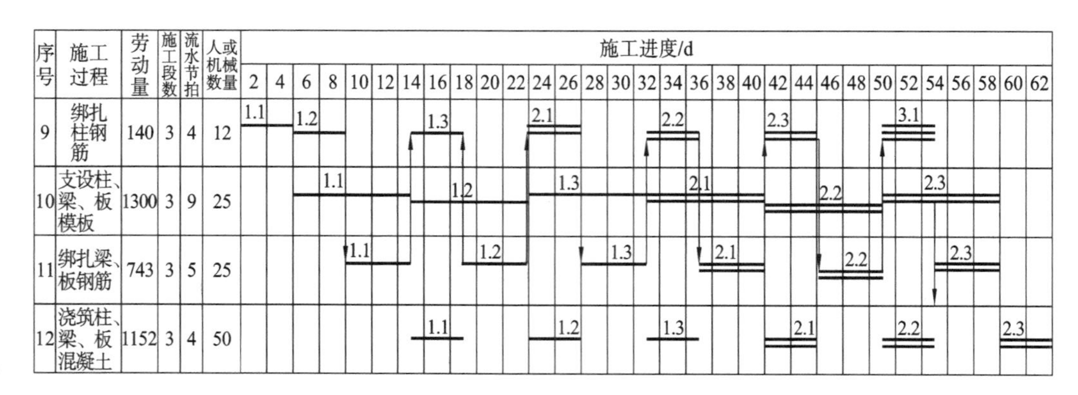

图 3-19 某框架结构工程阶段施工进度计划

（二）施工顺序

1. 基础工程

基础工程施工顺序为：放线→挖土→地基处理→做垫层→筏板基础→回填土。

2. 结构工程

结构工程阶段的工作包括搭设脚手架、绑扎钢筋、支模板、浇筑混凝土、墙体砌筑和门窗安装。主导工序为绑扎柱钢筋→支设柱、梁、板模板→绑扎梁、板钢筋→浇筑柱、梁、板混凝土。

3. 装饰工程

该阶段具有施工内容多、劳动量消耗大且手工操作多、消耗时间长等特点。屋面工程施工顺序为：保温层施工并找坡→找平层→卷材防水层。由于受劳动力最大限额的限制，装饰工程和屋面工程应搭接施工，遵循先湿后干的施工程序。为了保证装饰工程的施工质量，在主体完成至第5层时，楼地面、顶棚抹灰、内墙抹灰从第4层至第1层穿插进行立体交叉施工搭接流水施工，顺序为楼地面→顶棚抹灰→内墙抹灰。主体全部完成后开始外墙贴瓷砖施工并穿插进行从第9层到第5层的楼地面、顶棚抹灰、内墙抹灰施工，其中在抹灰前平行搭接门窗安装。完成楼梯瓷砖面层后进行玻璃、油漆、全部喷白工程。水电安装在装饰工程之间穿插进行。

◇思考与练习◇

1. 组织流水施工有哪些方式？各自有哪些特点？

2. 组织流水施工需要具备哪些条件？

3. 流水施工中，主要参数有哪些？分别阐述其含义。流水节拍的确定应考虑哪些因素？

4. 简述等节奏流水施工、等步距异节奏流水施工、异步距异节奏流水施工、无节奏流水施工四种施工组织方式的特点及工期计算方法。

5. 已知某工程任务划分为5个施工过程，分5段组织流水施工，流水节拍均为

2d,在第二个施工过程结束后有1天技术间歇时间,试计算其工期并绘制进度计划表。

6. 试根据表3-6的数据,解答以下问题:(1)计算各施工过程的流水步距和工期;(2)绘制流水施工进度表。

表3-6 各施工过程的流水节拍 (单位:d)

施工过程 \ 施工段	1	2	3	4	5	6
A	2	1	3	4	5	5
B	2	2	4	3	4	4
C	3	2	4	3	4	4
D	4	3	3	2	5	4

第4章　网络计划技术

第1节　网络计划技术概述

一、网络计划技术的起源与发展

网络计划技术是网络计划原理与方法的总称，它通过网络图这种严谨的图解模型来描述计划任务中各项工作之间的逻辑关系，以便寻求最优的方案，合理使用资源。

20世纪50年代末，为了适应科学研究和新的生产组织管理的需要，国外陆续出现了一些计划管理的新方法。1956年，美国杜邦公司研究创立了网络计划技术的关键线路法(CPM)。1958年，美国海军武器部在研制“北极星”导弹计划时，应用了计划评审技术(PERT)进行项目的计划安排、评价、审查和控制。20世纪60年代初期，网络计划技术在美国得到了迅速推广，一些新建工程全面采用这种计划管理的新方法。1965年，著名数学家华罗庚教授首先在我国的生产管理中推广和应用这些新的计划管理方法，由于该方法符合“统筹兼顾、全面规划”的特点，故将其命名为“统筹法”，随后在建筑、农业、国防和关系复杂的科学研究计划管理中得到普及和推广，取得了显著的效果。目前，网络计划技术已成为我国工程建设领域中工程项目管理和工程监理等方面必不可少的现代化管理方法。

二、网络计划技术的原理

网络计划技术的原理是：首先绘制工程施工网络图来表达各施工过程的开展顺序及其相互之间的逻辑关系，并通过网络计划时间参数的计算找出关键工作及关键线路；接着在有限资源条件的限制下，不断改善网络计划，寻求最优方案，在网络计划的具体实施过程中严格监督和控制，以保证工程能以最小的消耗取得最大的经济效益。

三、横道计划与网络计划的比较

横道计划与网络计划的区别主要体现在横道图和网络图的表示方法、优缺点的不同。横道图是以横向线条结合时间坐标表示各项工作施工的起始点和先后顺序的，整个计划由一系列的横道线条组成。网络图是以加注作业时间的箭线和节点组成的网状图形来表示工程施工进度的计划。

（一）横道计划

长期以来，在工程技术行业生产的组织和管理上，特别是在施工的进度安排方面，一直采用横道图的计划表达方式。它的特点是在列出每项后画出一条横道线，以表明进度的起止时间。横道图也称甘特图，是美国人甘特在20世纪初研究发明的。

1. 横道计划的优点

(1) 比较容易编制，简单明了、直观易懂，便于统计资源需要量。

(2) 结合时间坐标，各项工作的起止时间、作业持续时间、工程进度、总工期都能一目了然。

(3) 流水情况排列整齐有序，表示清楚。

2. 横道计划的缺点

(1) 只能表明已有的静态状况，不能反映出各项工作之间错综复杂、相互联系、相互制约的生产和协作关系。

(2) 不能明确反映关键线路，看不出可以灵活使用的时间，因而也就不容易抓住工作的重点，无法进行合理的组织安排和指导施工，难以缩短工期、降低成本及调整劳动力。

(3) 不能应用计算机计算各种时间参数，更不能对计划进行科学的调整与优化。

由于横道图存在着一些不足之处，对改进和加强施工管理工作是不利的，即使编制计划的人员开始也仔细地分析和考虑了一些问题，但是在横道图上反映不出来，特别是项目多、关系复杂时，横道图就很难充分反映工作之间的矛盾。在计划执行的过程中，某个项目完成的时间提前或拖后会对别的项目产生怎样的影响，从横道图上很难看清，不利于全面指挥生产。

（二）网络计划

1. 网络计划的优点

(1) 施工过程中的相关工作组成了一个有机的整体，能全面而明确地反映出各项工作之间相互依赖、相互制约的关系。

(2) 网络图通过时间参数的计算，可以反映出整个工程的整体情况，指出对全局性有影响的关键工作和关键线路，便于在施工中集中力量抓住主要工作，确保完工工期，避免盲目施工。

(3) 能显示机动时间，对于缩短工期和更好地使用人力和设备资源较为有利。在计划执行的过程中，当某一项工作提前或拖后时，能从网络计划中预见到它对后续工作及总工期的影响程度，便于采取措施。

(4) 能够利用计算机绘图、计算和跟踪管理。施工现场情况是多变的，利用计算机进行管理才能适应不断变化的局面，对复杂的网络计划进行调整与优化，实现计划管理的科学化。利用计算得出某些工作的机动时间，更好地利用和调配人力、物力，达到降低成本的目的。

(5) 在计划实施过程中能进行有效的控制与调整,保证以最小的消耗取得最大的经济效果。

2. 网络计划的缺点

(1) 流水施工的情况很难在网络计划上全面反映出来,不如横道图那么直观明了。

(2) 绘图较麻烦,表达不够直观,且不易显示资源平衡情况等。

四、网络计划的分类

网络计划的种类很多,按照不同的分类原则,可以将其分成不同的类型。

(一) 按表示方法分类

1. 单代号网络计划

单代号网络计划是以单代号表示法绘制的网络计划。图中,每个节点表示一项工作,箭线仅用来表示各项工作间相互制约、相互依赖的逻辑关系。计划评审技术和决策网络计划等就是采用的单代号网络计划。

2. 双代号网络计划

双代号网络计划是以双代号表示法绘制的网络计划。图中,箭线及其两端节点的编号表示工作。目前,工程中大多采用双代号网络计划。

(二) 按性质分类

1. 肯定型网络计划

肯定型网络计划是指工作、工作之间的逻辑关系,各项工作的持续时间都是确定的、单一的数值,整个网络计划有确定的计划总工期。

2. 非肯定型网络计划

非肯定型网络计划是指工作、工作之间的逻辑关系和工作持续时间,三者中一项或多项不肯定的网络计划。在这种网络计划中,各项工作的持续时间只能按概率方法确定出三个值,整个网络计划无确定的计划总工期。计划评审技术和图示评审技术就属于非肯定型网络计划。

(三) 按有无时间坐标分类

1. 时标网络计划

时标网络计划是指以时间坐标为尺度绘制的网络计划。图中,每项工作箭线的水平投影长度与其持续时间成正比,以虚箭线表示虚工作,以波形线表示工作与其紧后工作之间的时间间隔。

2. 非时标网络计划

非时标网络计划是指不按时间坐标绘制的网络计划。图中,工作箭线长度与持续时间无关,可按绘图需要绘制。通常绘制的网络计划都是非时标网络计划。

（四）按目标分类

1. 单目标网络计划

单目标网络计划是指只有一个终点节点的网络计划，即其网络图只有一个最终目标。如一个建筑物的施工进度计划只具有一个工期目标的网络计划。

2. 多目标网络计划

多目标网络计划是指终点节点不止一个的网络计划。此种网络计划具有若干个独立的最终目标。

（五）按工作衔接特点分类

1. 普通网络计划

普通网络计划是指各项工作间的关系均按首尾衔接关系绘制的网络计划，如单代号网络计划、双代号网络计划和概率网络计划。

2. 搭接网络计划

搭接网络计划是指按照各种规定的搭接时距绘制的网络计划，其网络图既能反映各种搭接关系，又能反映相互衔接关系，如前导网络计划。

3. 流水网络计划

流水网络计划是指充分反映流水施工特点的网络计划，包括横道流水网络计划、搭接流水网络计划和双代号流水网络计划。

（六）按层次分类

1. 总网络计划

总网络计划是以整个计划任务为对象编制的网络计划，如群体网络计划或单项工程网络计划。

2. 局部网络计划

局部网络计划是以计划任务的某一部分或某一施工阶段为对象编制的网络计划，如分部工程网络计划。

3. 单位工程网络计划

单位工程网络计划是以一个单位工程为对象编制的网络计划。

第2节　双代号网络计划

双代号网络计划在国内应用较为普遍，它是一种以箭线及两端节点的编号来表示工作的网络图，易于绘制成带有时间坐标的网络计划而便于优化和使用，但逻辑关系表达比较复杂，常需要使用虚工作。

一、双代号网络计划的组成

双代号网络计划由箭线（工作）、节点和线路三个基本要素组成，如图4-1、图4-2

所示。

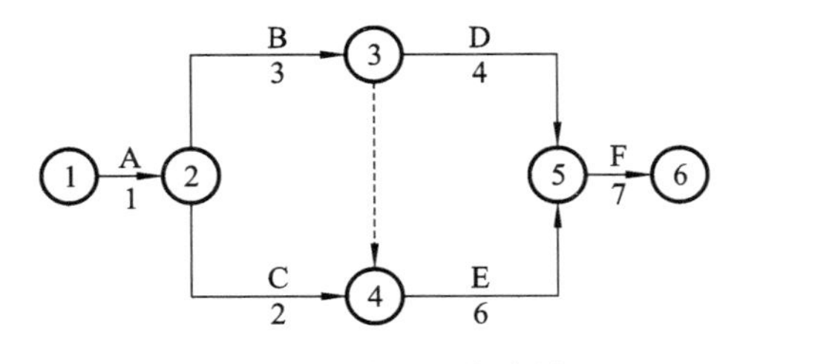

图 4-1　双代号网络计划

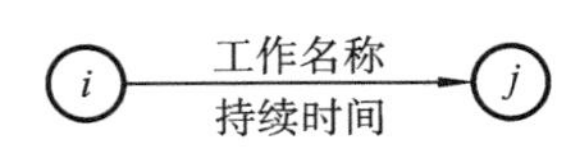

图 4-2　双代号网络计划的基本单元

（一）箭线（工作）

1. 实箭线

（1）对于一项工作或一个施工过程，其工作名称标注在箭线上方，如图 4-3(a)所示。箭线表示的工作可大可小，如挖土、垫层、基础、回填土各是一项工作，也可以把上述四项工作结合为一项工作，叫作基础工程，如图 4-3(b)所示。如何确定一项工作的范围取决于所绘制的网络计划的作用。

（2）一项工作所消耗的时间或资源可用数字标注在箭线的下方，且采用实箭线表示，如图 4-3(c)所示。一般而言，每项工作的完成都要消耗一定的时间及资源。对于只消耗时间不消耗资源的施工过程（如混凝土养护、砂浆找平层干燥等），若单独考虑，也应作为一项工作来对待。

（3）箭线的方向表示工作进行的方向和前进的路线，箭尾表示工作的开始，箭头表示工作的结束。

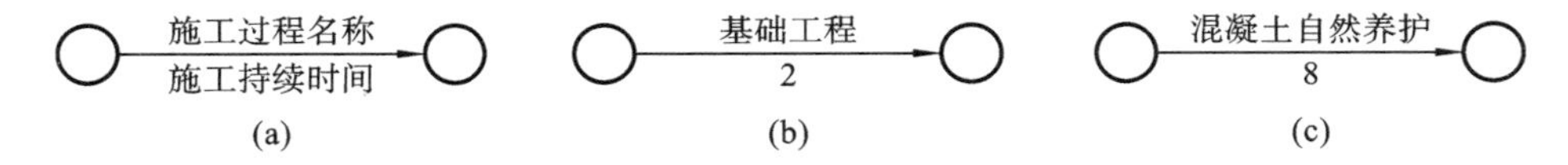

图 4-3　双代号网络计划的工作示意图

2. 虚箭线

虚箭线是指网络图中一端带箭头的虚线。在双代号网络计划中，它表示一项虚拟工作，实际工程中并不存在。因此，它不占用时间，不消耗资源，其作用是正确表达相关工作的逻辑关系，具有联系、区分和断路的作用。

在双代号网络计划的绘制过程中，虚箭线的正确使用是关键，也是绘制的难点，需要认真掌握。为使网络图简洁，网络图中不宜有多余的虚箭线。

在无时间坐标网络计划中，箭线的长短与时间长短无关，箭线的方向应始终保持从左向右的方向，且在双代号网络计划中不得逆向。

（二）节点

在双代号网络计划中的圆圈表示工作之间的联系，称为节点。在时间上，节点表示指向某节点的工作全部完成后，该节点后面的工作才能开始的瞬间，它反映双代号网络计划中箭线的出发和交接点，在双代号网络计划中节点又称事件，并具有以下特征。

（1）在双代号网络计划中，节点只标志着工作的结束和开始的瞬间，具有承上启下的衔接作用，而不需要消耗时间或资源。图中的一项工作可以用其前后两个节点的编号表示。

（2）节点根据其位置不同可以分为起点节点、终点节点、中间节点。起点节点是网络图的第一个节点，它表示一项计划（或工程）的开始。终点节点是网络图的终止节点，它表示一项计划（或工程）的结束。中间节点是网络图中的任意一个位置的节点，它既表示紧前工作的结束，又表示其紧后工作的开始，如图 4-4 所示。

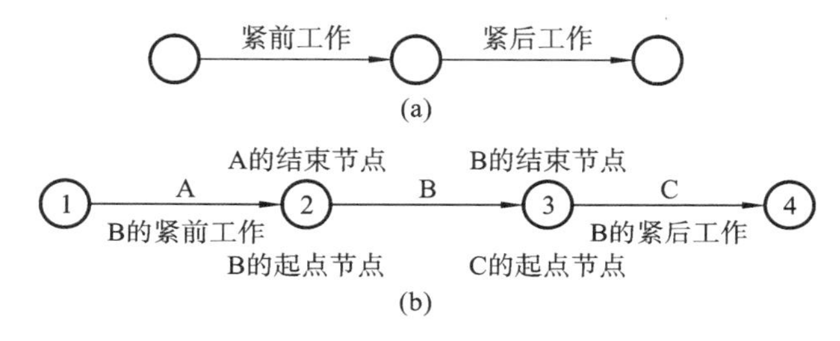

图 4-4 起点节点和终点节点

（3）每根箭线前后两个节点的编号表示一项工作。如图 4-4(b)中，①→②表示工作 A。

（4）对一个节点而言，可以有许多箭线通向该节点，这些箭线称为“内向箭线”或“内向工作”，同样也可以有许多箭线从同一节点出发，这些箭线称为“外向箭线”或“外向工作”，如图 4-5 所示。

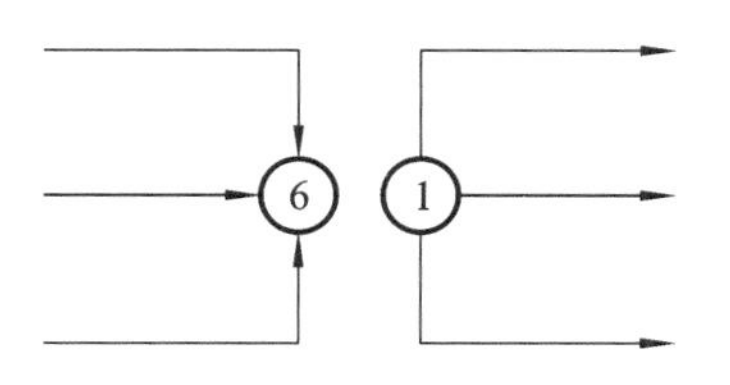

图 4-5 内向箭线和外向箭线

（三）线路

1. 线路的概念

线路是从起点节点开始，沿箭头方向顺序通过一系列箭线与节点，最后到达终点节点的通路。线路既可依次用该线路上的节点编号表示，也可依次用该线路上的工作名称来表示。

2. 关键线路和关键工作

（1）关键线路。在关键线路法（CPM）中，线路上所有工作的持续时间的总和称为该线路的总持续时间。总持续时间最长的线路称为关键线路，关键线路长度就是网络计划的总工期。当计划工期大于合同工期时，关键线路上存在负时差；当计划工期小于合同工期时，关键线路上存在正时差，即有机动时间。但无论如何，关键线路上的时差是最小的，工期是最长的。当计划工期等于合同工期时，关键线路上的时差为零。此外，关键线路可能不止一条，而且在网络计划执行过程中，关键线路还会发生转移。

（2）关键工作。关键线路上的工作称为关键工作，关键工作在网络图上常用黑粗线或双线箭杆表示。在网络计划的实施过程中，关键工作的实际进度提前或拖后，均会对总工期产生影响。

二、双代号网络计划的绘制方法

正确绘制双代号网络计划是网络计划技术应用的关键，绘图时必须正确表示各项逻辑关系，遵守绘图的基本规则和选择恰当的绘图排列方法。

（一）网络图的逻辑关系

网络计划技术应用于工程项目管理中，主要用来编制工程项目进度计划，并通过计划进行项目进度控制。因此，网络图必须正确表达工程项目各项工作之间的逻辑关系，即各项工作进行时客观上存在的一种相互制约或相互依赖的关系，也就是先后顺序关系。

1. 逻辑关系的分类

逻辑关系分为两类：一类是施工工艺关系，称为工艺逻辑关系；另一类是施工组织关系，称为组织逻辑关系。

（1）工艺逻辑关系。生产性工作之间由工艺过程决定的、非生产性工作之间由工作程序决定的一种先后顺序关系称为工艺逻辑关系，简称工艺关系。如现浇混凝土梁板的施工应该在支模板、绑扎钢筋的工序完成后才能进行。

（2）组织逻辑关系。工作之间由于组织安排需要或资源调配的需要而规定的先后顺序关系称为组织逻辑关系，简称组织关系。如同一施工过程在不同施工段上施工的先后顺序不存在工艺上的制约关系，这时所遵循的先后顺序即是按照组织关系确定的。

2. 各种逻辑关系的正确表示方法

各种逻辑关系的正确表示方法见表 4-1。

表 4-1　各种逻辑关系的正确表示方法

序号	各工作之间的逻辑关系	应用双代号网络计划的表达方式
1	A 完成后进行 B、C	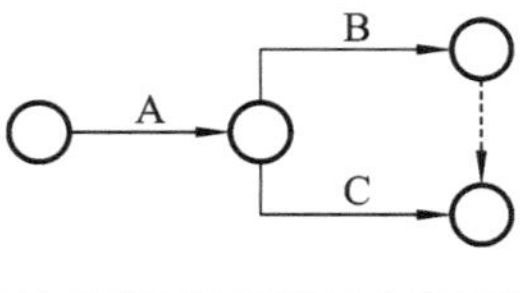 A B C
2	A、B 完成后，进行 C	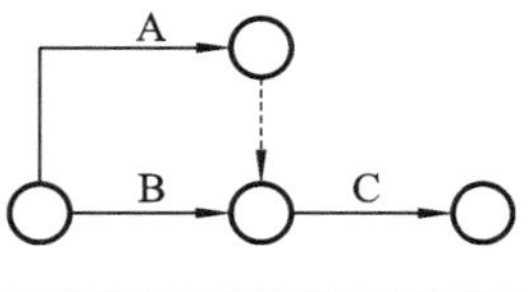 A B C

续表

序号	各工作之间的逻辑关系	应用双代号网络计划的表达方式
3	A、B 完成后，进行 C、D	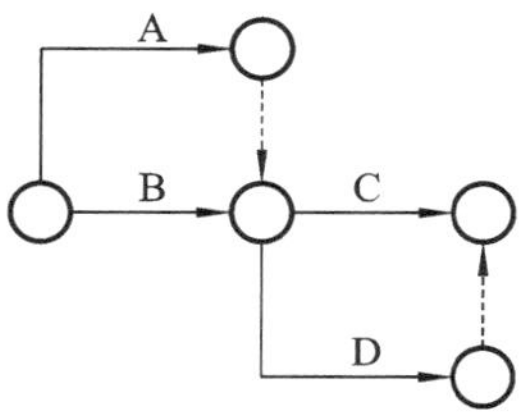
4	A 完成后进行 B，B、C 完成后进行 D	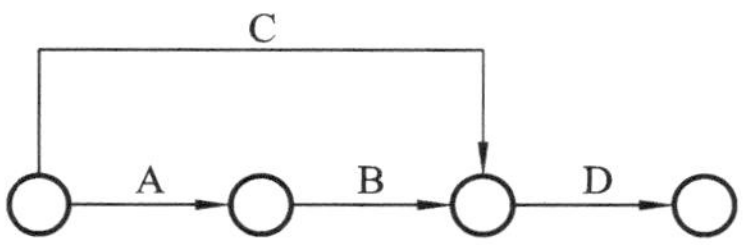
5	A 完成后，进行 C，A、B 完成后进行 D	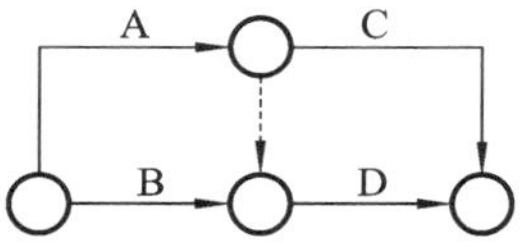
6	A、B 完成后进行 D，A、B、C 完成后进行 E，D、E 完成后进行 F	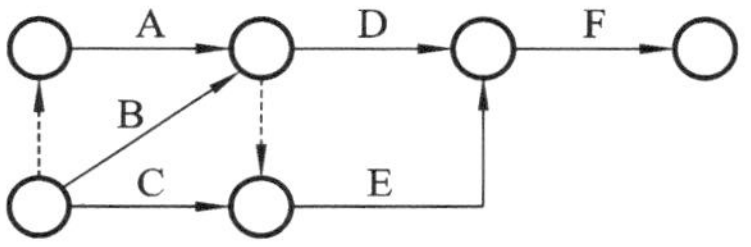
7	A、B 各分成三个施工段，A_1 完成后进行 A_2、B_1，A_2 完成后进行 A_3，A_2、B_1 完成后进行 B_2，A_3、B_2 完成后进行 B_3	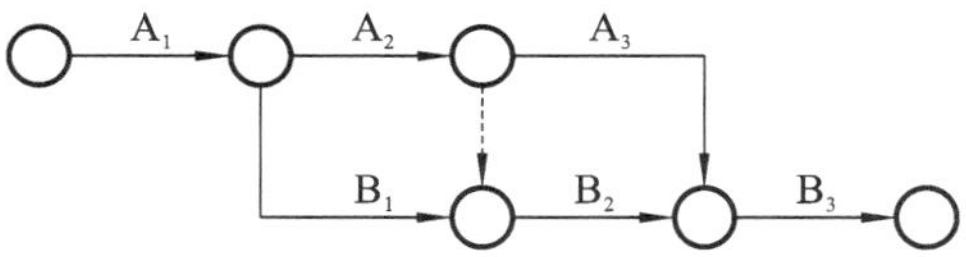

（二）虚箭线在双代号网络计划中的应用

1. 在工作的逻辑连接方面的应用

在分析工作的紧前或紧后工作时，如果节点之间存在虚箭线，应逆箭线方向或顺箭线方向找到一个实箭线，即可找到该工作的紧前或紧后工作。如图 4-6 所示，工作 A 结束后可同时进行 B、D 两项工作，工作 C 结束后进行工作 D。从这四项工作的逻辑关系可以看出，工作 A 的紧后工作就是工作 B 和工作 D；反过来，工作 D 的紧前工作就是工作 C 和工作 A。为了把 A、D 两项工作的紧前或紧后关系表达出来，就需要引入虚箭线，因虚箭线的持续时间是零，虽然 A、D 间隔一条虚箭线，又有两个节点，但二者的关系仍然是工作 A 完成后，工作 D 才可以开始。

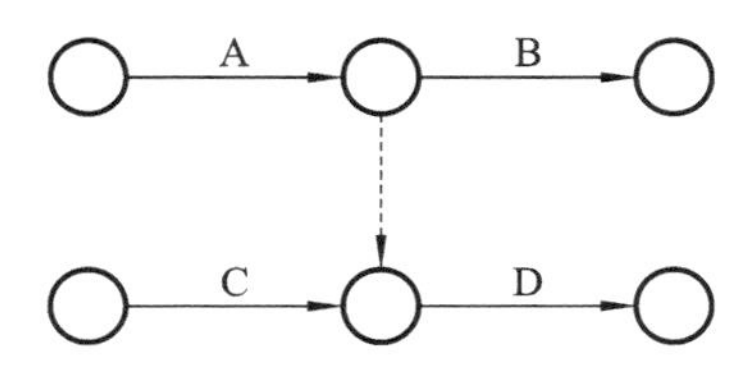

图 4-6　虚箭线的应用之一

在图 4-7 中，③---►⑤、⑥---►⑧中的两个虚箭线就起到了连接的作用，分别表示支模板 2 与绑扎钢筋 2、绑扎钢筋 2 与浇筑混凝土 2 之间工艺关系的连接作用。

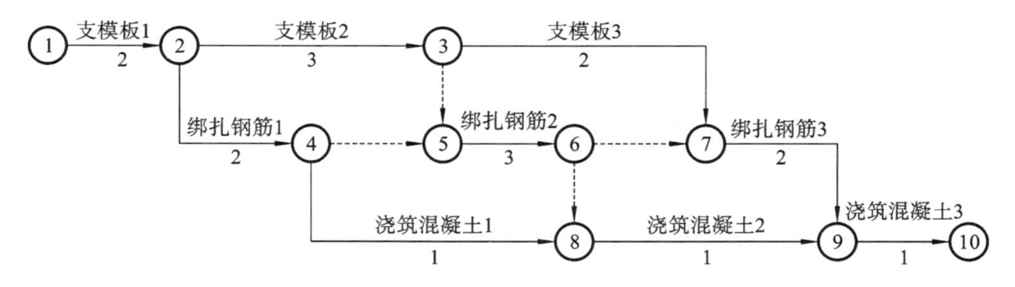

图 4-7　虚箭线的连接作用

2. 在两项或两项以上的工作同时开始和同时完成时的区分应用

两项或两项以上的工作同时开始和同时完成时，必须引入虚箭线加以区分，以免造成混乱。

图 4-8 中，A、B 两项工作同时开始和结束，如果采用图 4-8(a)的表达方式，A、B 两项工作共用①、②两个节点，①→②既表示工作 A，又表示工作 B，代号不清，就会在工作中造成混乱。而在图 4-8(b)中，在②---►③中引入了虚箭线，这样①→②表示 B 工作，①→③表示工作 A，仍然符合了 A、B 两项工作同时开始和结束的要求。

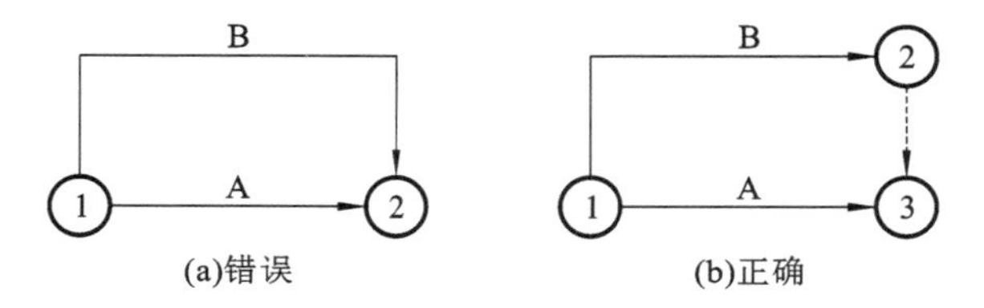

图 4-8　虚箭线的应用之二

3. 在工作的逻辑"断路"方面的应用

绘制双代号网络计划时，最容易产生的错误是把原来没有逻辑关系的工作联系起来，使网络图发生逻辑上的错误。这时就必须使用虚箭线加以处理，以隔断不应有的工作联系。用虚箭线隔断网络图中无逻辑关系的各项工作的方法称为断路法。产生错误的地方总是在同时有多条内向和外向箭线的节点处，绘图时应特别注意。

在绘制双代号网络计划时，虚箭线的使用是非常重要的，使用要恰当，因为每增加一条虚箭线，一般就要增加相应节点，这样就会增加绘图工作量，还会增加计算工作量。因此，虚箭线的数量应以必不可少为限度，以减少不必要的虚箭线。在增加虚箭线后，要全面检查一下有关工作的逻辑关系是否会出现新的错误，不要顾此失彼。

（三）绘制网络图的基本原则

(1) 网络图中的所有节点都必须编号，所编的数码称为代号，代号必须标注在节点内(图 4-9)。代号严禁重复，应使箭尾号码小于箭头号码。

(2) 网络图必须按照已定的逻辑关系绘制。

(3) 网络图中严禁出现从一个节点出发,沿箭线方向又回到原出发点的循环回路(图 4-9)。

(4) 网络图中的箭线应保持自左向右的方向,不应出现箭头自右向左的水平箭线或左向的斜向线,以避免出现循环回路现象。

(5) 网络图中严禁出现双向箭头和无箭头的连线。

(6) 网络图中严禁出现没有箭尾节点号码或没有箭头节点号码的箭线(图 4-10)。

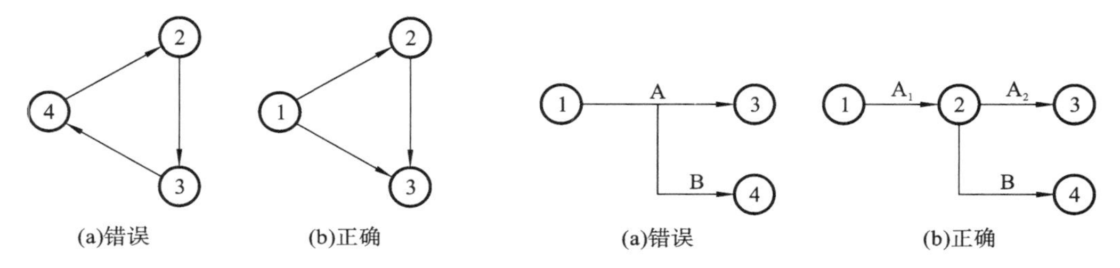

图 4-9　循环回路示意图　　图 4-10　无开始节点工作示意图

(7) 当网络图的起点节点有多条外向箭线或终点节点有多条内向箭线时,为使图形简洁,可用母线法绘图(图 4-11)。

(8) 绘制网络图时,宜避免箭线交叉;当交叉不可避免时,可用过桥法或指向法表示(图 4-12)。

(9) 网络图应只有一个起点节点和一个终点节点。除起点节点和终点节点以外,不允许出现没有内向箭线的节点和没有外向箭线的节点。

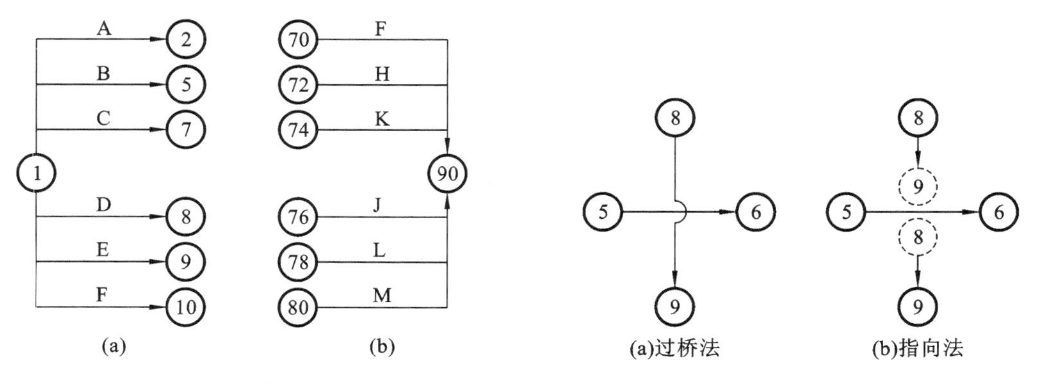

图 4-11　母线法绘图　　图 4-12　箭线交叉的表示方法

(四) 双代号网络图的编号

按照各项工作的逻辑关系顺序将网络图绘制完成以后,即可进行编号。编号的目的是赋予每项工作一个代号,并便于对网络图进行时间参数的计算。当采用计算机进行计算时,工作代号是绝对必要的。节点的编号一般以正整数表示,而且 0 不参与编号。

1. 网络图节点编号的原则

(1) 一项工作的箭头节点编号必须大于箭尾节点编号(即 $i<j$),编号时号码由小到大,箭头节点编号必须在其前面的所有箭尾节点都已编号之后进行。图 4-13(a)中,要给节点③编号,就必须先给①、②节点编号。如果在节点①编号后就给节点③编号为②,那原来节点②就只能编为③(图 4-13(b)),这样就会出现③→②(即 $i>j$),以后在进行计算时就很容易出现错误。

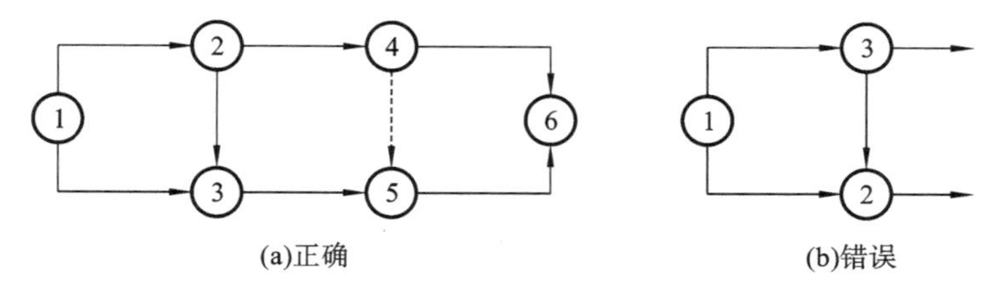

图 4-13 网络图编号

一种有效的编号做法是,首先对网络图的起点节点进行编号,然后去除其所有外向箭线,再对没有内向箭线的节点进行编号,根据工作前进的方向按此做法逐个编号,直至终点节点编号。

(2) 在一个网络图中,所有的节点都不能出现重复编号。有时考虑到可能在网络图中会增添或改动某些工作,故在节点编号时,可预先留出备用的节点号,即采取不连续的编号方法以便于调整,避免以后由于中间增加一项或几项工作而改动整个网络图的节点编号。

2. 网络图节点编号的方法

网络图的节点编号除应遵循上述原则外,在编排方法上可采用水平编号法和垂直编号法等。

(1) 水平编号法就是从起点节点开始由上到下逐行进行编号,每行则自左到右按顺序编排,如图 4-14(a)所示。

(2) 垂直编号法就是从起点节点开始从左到右逐列进行编号,每列则根据编号规则的要求或自上而下,或自下而上,或先上下后中间,或先中间后上下来编号,如图 4-14(b)所示。

(五) 绘制网络图的注意事项

1. 层次分明、重点突出

绘制网络图时,首先应遵循网络图的绘制规则,绘出一张符合工艺和组织逻辑关系的网络草图,然后检查、整理出一幅条理清楚、层次分明、重点突出的网络图。

2. 构图形式要简洁、易懂

绘制网络图时,通常的箭线应以水平线为主,竖线为辅,如图 4-15(a)所示。应尽量避免用曲线。如图 4-15(b)所示。

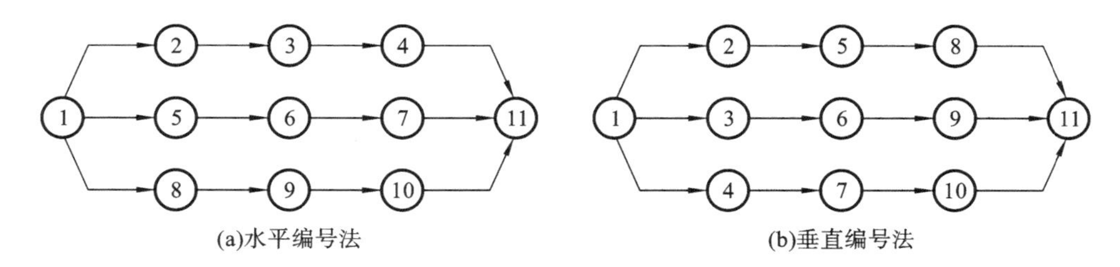

图 4-14　编号编排方法

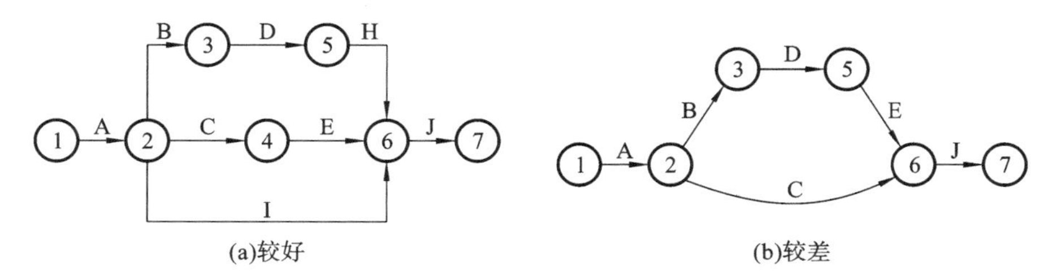

图 4-15　构图形式

3. 正确应用虚箭线

绘制网络图时，正确应用虚箭线可以使各项工作的逻辑关系更加明确、清楚。在网络图中，虚箭线起到“断”和“连”的作用。

(1) 用虚箭线切断逻辑关系。图 4-16(a)所示的 A、B 工作的紧后工作为 C、D，如果要切断工作 A 与工作 D 的关系，那么就要增加节点，如图 4-16(b)所示。

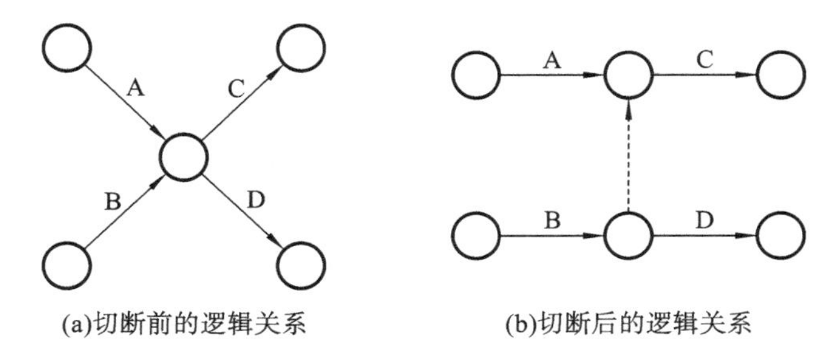

图 4-16　用虚箭线切断逻辑关系

(2) 用虚箭线连接逻辑关系。图 4-17(a)中工作 B 的紧前工作是工作 A，工作 D 的紧前工作是工作 C。若工作 D 的紧前工作不仅有工作 C 而且还有工作 A，那么连接 A 与 D 的关系就要使用虚箭线，如图 4-17(b)所示。

三、网络计划时间参数的计算

时间参数是指网络计划、工作及节点所具有的各种时间值。网络计划时间参数计算的目的是为网络计划的执行、调整和优化提供必要的时间参数依据。计算应在确定各项工作的持续时间之后进行，虚工作可视同工作进行计算，其持续时间应为

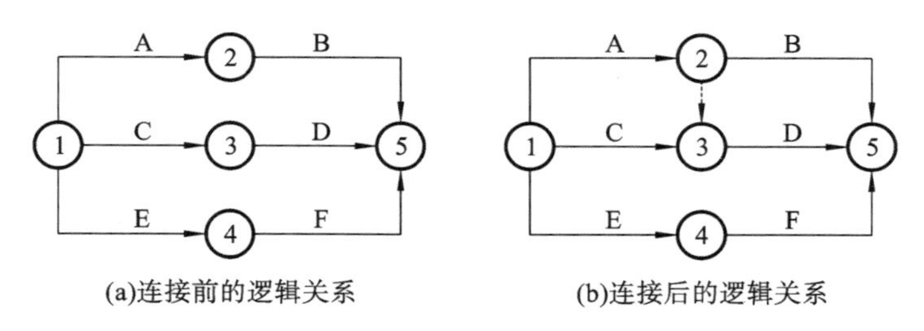

图 4-17 用虚箭线连接逻辑关系

零。

双代号网络计划的时间参数的计算有工作计算法、节点计算法、图上计算法、表上计算法、标号法等，各种方法计算的原理基本相同。

（一）工作计算法

1. 时间参数的概念及其符号

（1）工作持续时间（D_{i-j}）。

工作持续时间是指一项工作从开始到完成的时间。

（2）工期（T）。

工期泛指完成任务所需要的时间，一般有以下三种。

①计算工期，根据网络计划时间参数计算出来的工期，用 T_c 表示。

②要求工期，任务委托人所要求的工期，用 T_r 表示。

③计划工期，根据要求工期和计算工期所确定的作为实施目标的工期，用 T_p 表示。

网络计划的计划工期 T_p 应按下列情况分别确定。

当已规定了要求工期时，$T_p \leqslant T_r$；当未规定要求工期时，可令计划工期等于计算工期：$T_p = T_c$。

（3）网络计划中工作的六个时间参数。

①最早开始时间（ES_{i-j}），是指在各紧前工作全部完成后，工作 $i-j$ 可能开始的最早时刻。

②最早完成时间（EF_{i-j}），是指在各紧前工作全部完成后，工作 $i-j$ 可能完成的最早时刻。

③最迟开始时间（LS_{i-j}），是指在不影响整个任务按期完成的前提下，工作 $i-j$ 必须开始的最迟时刻。

④最迟完成时间（LF_{i-j}），是指在不影响整个任务按期完成的前提下，工作 $i-j$ 必须完成的最迟时刻。

⑤总时差（TF_{i-j}），是指在不影响总工期的前提下，工作 $i-j$ 可以利用的机动时间。

⑥自由时差（FF_{i-j}），是指在不影响其紧后工作最早开始的前提下，工作 $i-j$ 可

以利用的机动时间。

按工作计算法计算网络计划中各时间参数，其计算结果应标注在箭线之上，如图 4-18 所示。

ES_{i-j}	LS_{i-j}	TF_{i-j}
EF_{i-j}	LF_{i-j}	FF_{i-j}

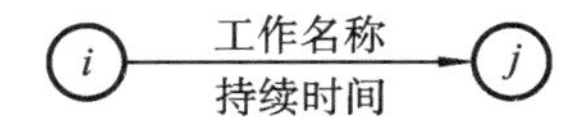

图 4-18　工作计算法的标注

2. 时间参数的计算步骤

(1) 最早开始时间和最早完成时间的计算。

工作最早开始时间受到紧前工作的约束，故其计算顺序应从起点节点开始，顺着箭线方向依次逐项计算。以网络计划的起点节点为开始节点的工作最早开始时间为零。如网络计划起点节点的编号为 1，则 $ES_{i-j}=0\ (i=1)$。

①最早完成时间等于最早开始时间加上其持续时间，即：$EF_{i-j}=ES_{i-j}+D_{i-j}$。

②最早开始时间等于各紧前工作最早完成时间 EF_{h-i} 的最大值，即：$ES_{i-j}=\max\{EF_{h-i}\}$或者 $ES_{i-j}=\max\{ES_{h-i}+D_{i-j}\}$。

(2) 确定计算工期 T_c。

计算工期等于以网络计划的终点节点为箭头节点的各个工作的最早完成时间的最大值。当网络计划终点节点的编号为 n 时，计算工期为：$T_c=\max\{EF_{i-n}\}$；当无要求工期的限制时，取计划工期等于计算工期，即取 $T_p=T_c$。

(3) 最迟开始时间和最迟完成时间的计算。

工作最迟开始时间受到紧后工作的约束，故其计算顺序应从终点节点起，逆着箭线方向依次逐项计算。

以网络计划的终点节点 $(j=n)$ 为箭头节点的工作的最迟完成时间等于计划工期，即 $LF_{i-n}=T_p$。

①最迟开始时间等于最迟完成时间减去其持续时间，即：$LS_{i-j}=LF_{i-j}-D_{i-j}$。

②最迟完成时间等于各紧后工作的最迟开始时间 LS_{j-k} 的最小值，即：$LF_{i-j}=\min\{LS_{j-k}\}$或 $LF_{i-j}=\min\{LF_{i-k}-D_{i-j}\}$。

(4) 工作总时差的计算。

总时差等于其最迟开始时间减去最早开始时间，或等于最迟完成时间减去最早完成时间，即 $TF_{i-j}=LS_{i-j}-ES_{i-j}$ 或 $TF_{i-j}=LF_{i-j}-EF_{i-j}$。

(5) 计算工作自由时差。

当工作 $i-j$ 有紧后工作 $j-k$ 时，其自由时差应为 $FF_{i-j}=ES_{j-k}-EF_{i-j}$ 或 $FF_{i-j}=ES_{j-k}-ES_{i-j}-D_{i-j}$。

以网络计划的终点节点 $(j=n)$ 为箭头节点的工作，其自由时差 FF_{i-n} 应根据网络计划的计划工期 T_p 来确定，即 $FF_{i-n}=T_p-EF_{i-n}$。

3. 关键工作和关键线路的确定

(1) 关键工作。

网络计划中总时差最小的工作是关键工作。

(2) 关键线路。

自始至终全部由关键工作组成的线路为关键线路，或线路上总的工作持续时间最长的线路为关键线路。网络图上的关键线路可用双线或粗线标注。

（二）节点计算法

节点计算法是指先计算网络计划中各个节点的最早时间和最迟时间，然后再据此计算各项工作的时间参数和网络计划的计算工期。

1. 按节点计算法确定计划工期

（1）当已规定了要求工期时，计划工期不应超过要求工期，即 $T_p \leqslant T_r$。

（2）当未规定要求工期时，可令计划工期等于计算工期，即 $T_p = T_c$。

2. 按节点计算法计算节点的最早时间

节点最早时间的计算应从网络计划的起点节点开始，顺着箭线方向依次进行。其计算步骤如下。

（1）对于网络计划的起点节点，如未对其最早时间进行规定，取其值等于 0，即 $ET_1 = 0$。

（2）其他节点的最早时间应按下式进行计算。

$$ET_j = \max\{ET_i + D_{i-j}\}$$

式中，ET_j ——工作 $i-j$ 的完成节点 j 的最早时间；

ET_i ——工作 $i-j$ 的开始节点 j 的最早时间；

D_{i-j} ——工作 $i-j$ 的持续时间。

（3）网络计划的计算工期等于网络计划终点节点的最早时间，即

$$T_c = ET_n$$

式中，T_c——网络计划的计算工期；

ET_n ——网络计划终点节点 n 的最早时间。

3. 按节点计算法计算节点的最迟时间

节点最迟时间的计算应从网络计划的终点节点开始，逆着箭线方向依次进行。其计算步骤如下。

（1）网络计划终点节点的最迟时间等于网络计划的计划工期，即有

$$LT_n = T_p$$

式中，LT_n ——网络计划终点节点 n 的最迟时间。

T_p ——网络计划的计划工期。

（2）其他节点的最迟时间应按下式进行计算。

$$LT_i = \min\{LT_j - D_{i-j}\}$$

式中，LT_i ——工作 $i-j$ 的开始节点 i 的最迟时间；

LT_j ——工作 $i-j$ 的完成节点 j 的最迟时间；

D_{i-j} ——工作 $i-j$ 的持续时间。

4. 按节点计算法计算工作的最早开始时间和最早完成时间

（1）工作最早开始时间等于该工作开始节点的最早时间，即 $ES_{i-j} = ET_i$。

（2）工作的最早完成时间等于该工作开始节点的最早时间与该工作持续时间之和，即 $EF_{i-j} = ET_i + D_{i-j}$。

5. 按节点计算法计算工作的最迟完成时间和最迟开始时间

（1）工作的最迟完成时间等于该工作完成节点的最迟时间，即 $LF_{i-j} = LT_j$。

（2）工作的最迟开始时间等于该工作完成节点的最迟时间与该工作持续时间之差，即 $LS_{i-j} = LT_j - D_{i-j}$。

6. 按节点计算法计算工作的总时差、自由时差、公共时差、独立时差

（1）工作总时差简称总时差，它是各项工作在不影响工作总工期（但可能影响前后工作结束或开始时间）的前提下，所具有的机动时间（富余时间）。工作从最早开始时间或最迟开始时间开始，均不会影响工期，其调剂利用范围是从最早开始时间到最迟完成时间。总时差等于开始节点最迟时间减去完成节点最早时间再减去本工作持续时间，或等于紧前公共时差加上紧后公共时差再加上独立时差。计算工作总时差的公式如下。

$$TF_{i-j} = LT_j - ET_i - D_{i-j} \quad 或 \quad TF_{i-j} = PF_i + PF_j + IF_{i-j}$$

（2）自由时差就是各项工作在不影响紧后工作最早开始时间的条件下所具有的机动时间。其具有以下特点：一是自由时差包含独立时差，且小于或等于总时差；二是以关键线路的节点为结束点的工作，其自由时差与总时差相等。自由时差计算公式如下。

$$FF_{i-j} = \min\{ES_{j-k} - ES_{i-j} - D_{i-j}\} = \min\{ES_{j-k}\} - ES_{i-j} - D_{i-j}$$
$$= \min\{ET_j\} - ET_i - D_{i-j}$$

需要注意的是，如果本工作与其各紧后工作之间存在虚工作，其中的 ET_j，应为本工作紧后工作开始节点的最早时间，而不是本工作完成节点的最早时间。

（3）公共时差就是本工作能与紧前工作或紧后工作共同利用的机动时间，用符号 PF_i 或 PF_j 表示。本工作与紧前工作共同利用的机动时间称为紧前公共时差，本工作与紧后工作共同利用的机动时间称为紧后公共时差。在利用公共时差时，一般首先利用紧前公共时差，因为这样不影响其后工作的开工时间，其次才利用紧后公共时差。紧前公共时差或紧后公共时差等于紧前节点或紧后节点的最迟时间与最早时间之差。计算公式如下。

$$PF_i = LT_i - ET_i \quad 或 \quad PF_j = LT_j - ET_j$$

（4）独立时差就是非关键工作在其开始节点最迟时间与完成节点最早时间二者范围之内可以提前或推后作业的机动时间。它纯粹属于本工作所用的机动时间，不能被前后工作调整利用。所以在优化网络计划时，要首先利用非关键工作的独立时差，其次才考虑利用公共时差。独立时差等于完成节点最早时间减去开始节点最迟时间再减去持续时间。当独立时差出现负值时，说明本项工作若按开始节点最迟时间开工，会影响后项工作的最早开工时间，比如独立时差等于 -1，说明影响后项工作最早开工时间为 1d。

独立时差具有如下特点：一是其属于本工作单独使用的机动时间，并小于或等于自由时差和总时差；二是其工作前后节点均为关键节点时，其独立时差与总时差相等；三是使用独立时差对后续工作没有影响，后续工作仍可按最早开始时间进行。独立时差计算公式如下。

$$\mathrm{IF}_{i-j} = \mathrm{ET}_j - \mathrm{LT}_i - D_{i-j}$$

7. 双代号网络计划中关键线路和关键工作的确定

在双代号网络计划中，关键线路上的节点称为关键节点，总时差最小的工作称为关键工作，关键工作连成的自始至终的线路即是关键线路。关键工作两端的节点必为关键节点，但两端为关键节点的工作不一定是关键工作。关键节点的最迟时间与最早时间的差值最小。特别是当网络计划的计划工期等于计算工期时，关键节点的最早时间与最迟时间必然相等。

当利用关键节点判别关键线路和关键工作时，还要满足下列判别式。

$$\mathrm{ET}_i + D_{i-j} = \mathrm{ET}_j \quad \text{或} \quad \mathrm{LT}_i + D_{i-j} = \mathrm{LT}_j$$

式中，ET_i ——工作 $i-j$ 的开始节点（关键节点）i 的最早时间；

D_{i-j} ——工作 $i-j$ 的持续时间；

ET_j ——工作 $i-j$ 的完成节点（关键节点）j 的最早时间；

LT_i ——工作 $i-j$ 的开始节点（关键节点）i 的最迟时间；

LT_j ——工作 $i-j$ 的完成节点（关键节点）j 的最迟时间。

如果两个关键节点之间的工作符合上述判别式，则该工作必然为关键工作，它应该在关键线路上。否则，该工作就不是关键工作，关键线路也就不会从此处通过。

8. 关键节点的特性

关键线路的特点如下。

(1) 若合同工期等于计划工期，关键线路上的工作总时差等于零。

(2) 关键线路是从网络计划起点节点到结束节点之间持续时间最长的线路。

(3) 关键线路在网络计划中不一定只有一条，有时存在两条以上。

(4) 关键线路以外的工作称非关键工作，如果使用了总时差，非关键线路就变成关键线路；在非关键线路上的工作时间延长超过它的总时差时，关键线路就变成非关键线路。

在工程进度管理中，应把关键工作作为重点进行管理，保证各项工作如期完成，同时要注意挖掘非关键工作的潜力，合理安排资源，节省工程费用。

(5) 开始节点和完成节点均为关键节点的工作，不一定是关键工作。

(6) 以关键节点为完成节点的工作，其总时差和自由时差必然相等。

(7) 当两个关键节点间有多项工作，且工作间的非关键节点无其他内向箭线和外向箭线时，两个关键节点间各项工作的总时差均相等。

(8) 当两个关键节点间有多项工作，且工作间的非关键节点有外向箭线而无其他内向箭线时，两个关键节点间各项工作的总时差不一定相等。

【例题 4-1】 图 4-19 为某工程的网络图，试计算该工程网络计划的时间参数，并分析各类时差的关系。

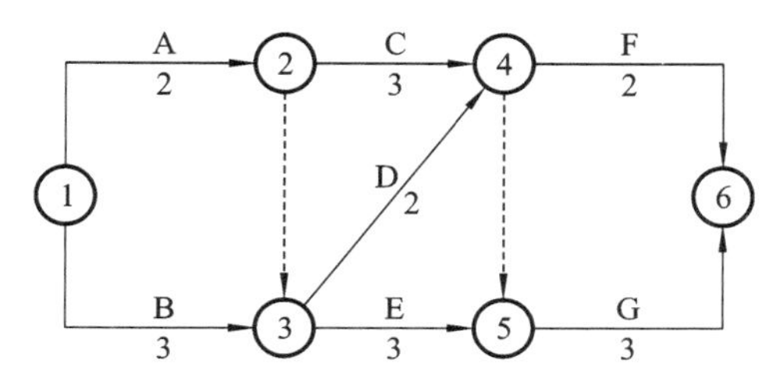

图 4-19　某工程的网络图

【解】

(1) 节点最早时间(ET_i)。按公式 $ET_1=0$ 及公式 $ET_j=\max\{ET_i+D_{i-j}\}$计算，过程见表 4-2。

表 4-2　节点最早时间计算

节点	计算过程($ET_j=\max\{ET_i+D_{i-j}\}$)	节点最早时间(ET_j)
①	0	0
②	max{(0+2)}	2
③	max{(0+3),(0+2)}	3
④	max{(2+3),(3+2)}	5
⑤	max{(5+0),(3+3)}	6
⑥	max{(6+3),(5+2)}	9

(2) 节点最迟时间(LT_i)。按公式 $LT_n=ET_n$ 及 $LT_i=\min\{LT_j-D_{i-j}\}$计算，过程见表 4-3。

表 4-3　节点最迟时间计算

节点	计算过程($LT_i=\min\{LT_j-D_{i-j}\}$)	节点最迟时间(LT_i)
⑥	9	9
⑤	(9−3)	6
④	min{(6−0),(9−2)}	6
③	min{(6−2),(6−3)}	3
②	min{(3−0),(6−3)}	3
①	min{(3−3),(3−2)}	0

(3) 工作最早开始时间(ES_{i-j})。按公式 $ES_{i-j}=ET_i$ 计算得出各工作的最早开始时间，见表 4-4。

表 4-4 工作最早开始时间计算

工作名称	开始节点最早时间(ET_i)	工作最早开始时间(ES_{i-j})
A	0	0
B	0	0
C	2	2
D	3	3
E	3	3
F	5	5
G	6	6

(4) 工作最早完成时间(EF_{i-j})。按公式 $EF_{i-j} = ES_{i-j} + D_{i-j} = ET_i + D_{i-j}$ 计算,计算过程见表 4-5。

表 4-5 工作最早完成时间计算

工作名称	工作最早开始时间(ES_{i-j})	持续时间(D_{i-j})	计算过程($EF_{i-j} = ES_{i-j} + D_{i-j}$)	工作最早完成时间(EF_{i-j})
A	0	2	0+2=2	2
B	0	3	0+3=3	3
C	2	3	2+3=5	5
D	3	2	3+2=5	5
E	3	3	3+3=6	6
F	5	2	5+2=7	7
G	6	3	6+3=9	9

(5) 工作最迟完成时间 (LF_{i-j})。按公式 $LF_{i-j} = LT_j$ 计算,其过程见表 4-6。

表 4-6 工作最迟完成时间计算

工作名称	完成节点最迟时间 (LT_j)	工作最迟完成时间(LF_{i-j})
A	3	3
B	3	3
C	6	6
D	6	6
E	6	6
F	9	9
G	9	9

(6) 工作最迟开始时间 (LS_{i-j})。按公式 $LS_{i-j} = LF_{i-j} - D_{i-j} = LT_j - D_{i-j}$ 计算，其过程见表 4-7。

表 4-7　工作最迟开始时间计算

工作名称	工作最迟完成时间 (LF_{i-j})	持续时间 (D_{i-j})	计算过程 ($LS_{i-j} = LF_{i-j} - D_{i-j}$)	工作最迟开始时间 (LS_{i-j})
A	3	2	3−2=1	1
B	3	3	3−3=0	0
C	6	3	6−3=3	3
D	6	2	6−2=4	4
E	6	3	6−3=3	3
F	9	2	9−2=7	7
G	9	3	9−3=6	6

(7) 公共时差(PF_i)。按公式 $PF_i = LT_i - ET_i$ 或 $PF_j = LT_j - ET_j$ 计算，其过程见表 4-8。

表 4-8　公共时差的计算

节点	节点最早时间 (ET_i)	节点最迟时间 (LT_i)	计算过程 ($PF_i = LT_i - ET_i$)	公共时差 (PF_i)
1	0	0	0−0=0	0
2	2	3	3−2=1	1
3	3	3	3−3=0	0
4	5	6	6−5=1	1
5	6	6	6−6=0	0
6	9	9	9−9=0	0

(8) 自由时差(FF_{i-j})。按公式 $FF_{i-j} = ET_j - ET_i - D_{i-j}$ 计算，其过程见表 4-9。

表 4-9　自由时差的计算

工作名称	完成节点最早时间(ET_j)	开始节点最早时间(ET_i)	持续时间 (D_{i-j})	自由时差(计算过程) ($FF_{i-j} = ET_j - ET_i - D_{i-j}$)	自由时差 (FF_{i-j})
A	2	0	2	2−0−2=0	0
B	3	0	3	3−0−3=0	0
C	5	2	3	5−2−3=0	0
D	5	3	2	5−3−2=0	0
E	6	3	3	6−3−3=0	0

续表

工作名称	完成节点最早时间(ET_j)	开始节点最早时间(ET_i)	持续时间(D_{i-j})	自由时差(计算过程)($FF_{i-j}=ET_j-ET_i-D_{i-j}$)	自由时差(FF_{i-j})
F	9	5	2	9−5−2=2	2
G	9	6	3	9−6−3=0	0

(9) 独立时差(IF_{i-j})。按公式 $IF_{i-j}=ET_j-LT_i-D_{i-j}$ 计算,其过程见表4-10。

表4-10 独立时差的计算

工作名称	完成节点最早时间(ET_j)	开始节点最迟时间(LT_i)	持续时间(D_{i-j})	独立时差(计算过程)($IF_{i-j}=ET_j-LT_i-D_{i-j}$)	独立时差(IF_{i-j})
A	2	0	2	2−0−2=0	0
B	3	0	3	3−0−3=0	0
C	5	3	3	5−3−3=−1	−1
D	5	3	2	5−3−2=0	0
E	6	3	3	6−3−3=0	0
F	9	6	2	9−6−2=1	1
G	9	6	3	9−6−3=0	0

(10) 总时差(TF_{i-j})。按公式 $TF_{i-j}=LT_j-ET_i-D_{i-j}$ 或 $TF_{i-j}=PF_i+PF_j+IF_{i-j}$ 计算,其过程见表4-11。

表4-11 总时差的计算

工作名称	紧前公共时差(PF_i)	紧后公共时差(PF_j)	独立时差(IF_{i-j})	总时差(计算过程)($PF_i+PF_j+IF_{i-j}$)	总时差(TF_{i-j})
A	0	1	0	0+1+0=1	1
B	0	0	0	0+0+0=0	0
C	1	1	−1	1+1+(−1)=1	1
D	0	1	0	0+1+0=1	1
E	0	0	0	0+0+0=0	0
F	1	0	1	1+0+1=2	2
G	0	0	0	0+0+0=0	0

(11) 各类时差的关系。

独立时差用于控制工程实施过程的中间进度或形象进度;公共时差一般用于控制总工期;总时差是上述二者之和。其相互关系如图4-20所示。

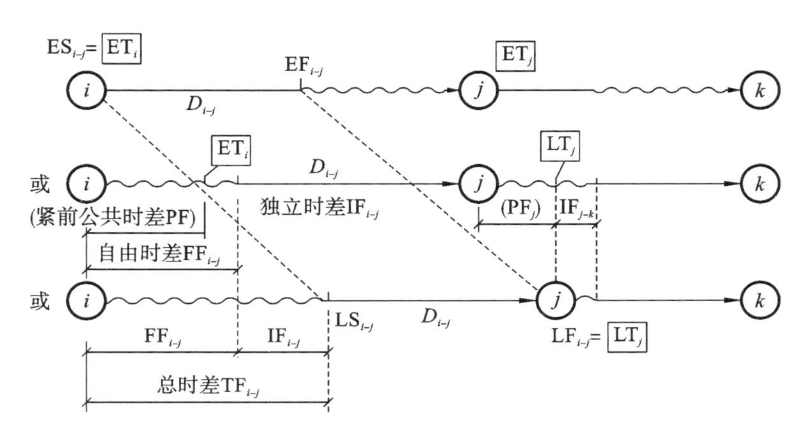

图 4-20　三种时差关系图

（三）图上计算法

1. 图上计算法的标注与计算公式

（1）图上计算法一般采用“六时标注法”，如图 4-21 所示。

ES_{i-j}	EF_{i-j}	TF_{i-j}
LS_{i-j}	LF_{i-j}	FF_{i-j}

i —— 工作名称 / 持续时间 ——→ j

图 4-21　六时标注法

（2）网络图中各个时间参数的计算公式见表 4-12。

表 4-12　网络图中各个时间参数的计算公式

最早时间	最迟时间	总时差	自由时差
$ES_{i-j}=\max\{EF_{h-i}\}=\max\{ES_{h-i}+D_{h-i}\}$ $EF_{i-j}=ES_{i-j}+D_{i-j}$	$LF_{l-n}=T_p$ $LF_{i-j}=\min\{LS_{j-k}\}=\min\{LF_{j-k}-D_{j-k}\}$ $LS_{i-j}=LF_{i-j}-D_{i-j}$	$TF_{i-j}=LS_{i-j}-ES_{i-j}=LF_{i-j}-EF_{i-j}$	$FF_{i-j}=ES_{j-k}-EF_{i-j}=ES_{j-k}-ES_{i-j}-D_{i-j}$
式中，工作 $h-i$ 表示以 i 为结束节点的所有工作，即工作 $i-j$ 所有的紧前工作；$ES_{i-j}=\max\{EF_{h-i}\}$ 表示某一工作的最早可能开始时间等于其紧前工作最早可能完成时间的最大值；当工作 $i-j$ 的紧前工作只有一项时，$ES_{i-j}=EF_{h-i}$	式中，当 n 为网络计划的终点节点时，则以 n 为结束节点的所有工作 $l-n$ 的最迟完成时间 LF_{l-n} 等于该工程的计划工期 T_p；$LF_{i-j}=\min\{LS_{j-k}\}$ 表示某一工作的最迟完成时间等于其紧后工作最迟开始时间的最小值；当工作 $i-j$ 的紧后工作只有一项时，$LF_{i-j}=LS_{j-k}$	式中，工作最迟开始时间与最早开始时间之差，或工作最迟完成时间与最早完成时间之差，即为工作所有总时差；若工作的移动超过这一时差，计划的工期即会受到影响	式中，紧后工作的最早开始时间与该工作最早完成时间之差即为该工作的自由时差；若该工作的移动超过这一时差，其紧后工作的开始时间就会受到影响

2. 计算例题解释

根据表 4-13 所给出的某工程项目各工作逻辑关系，可绘制出图 4-22 所示的网络图。以此图为例解释双代号网络计划的图上计算法，计算结果如图 4-23 所示，计算步骤如下。

表 4-13 某工程项目各工作逻辑关系

工作	A	B	C	D	E	F	G	H	I	J	K
持续时间/d	5	4	10	2	4	6	8	4	3	3	2
紧前工作	—	A	A	A	B	B、C	C、D	D	E、F	G、H、F	I、J

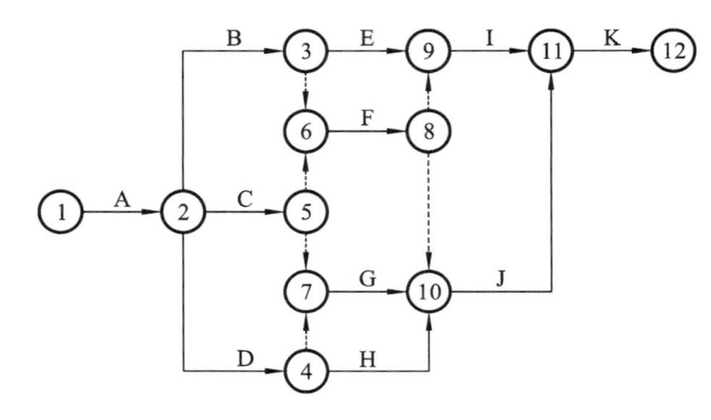

图 4-22 某工程项目的网络图

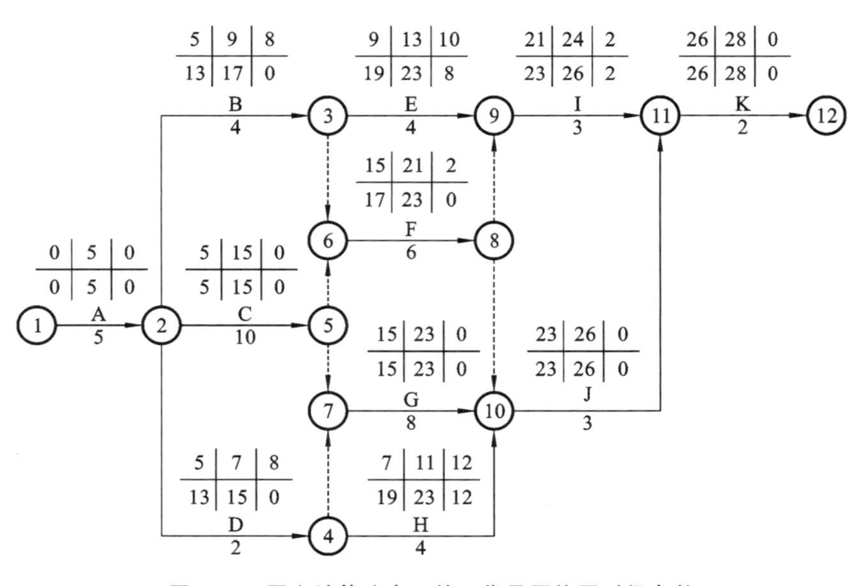

图 4-23 图上计算法表示的双代号网络图时间参数

（1）步骤一：计算工作的最早开始时间与最早完成时间（简称最早时间）。

①最早时间的计算顺序是从左向右，即从网络计划的起始节点向终点节点进行计算。

②如果没有特殊说明，以起始节点为开始节点的工作的最早开始时间为0。

③其他各项工作的最早开始时间取紧前工作的最早完成时间的最大值。

结合表4-12与图4-22可知，工作A的最早开始时间 $ES_A=0$，则其最早完成时间 $EF_A=0+5=5$；工作B、C、D的紧前工作只有一项工作A，则B、C、D的最早开始时间 $ES_B=ES_C=ES_D=EF_A=5$，相应的最早完成时间为：$EF_B=5+4=9$，$EF_C=5+10=15$，$EF_D=5+2=7$。

同样，工作E的紧前工作只有工作B，则 $ES_E=EF_B=9$，$EF_E=9+4=13$。

工作F的紧前工作有工作B和工作C，$ES_F=\max\{EF_B,EF_C\}=\max\{9,15\}=15$，$EF_F=15+6=21$。

工作G的紧前工作有工作C和工作D，$ES_G=\max\{EF_C,EF_D\}=\max\{15,7\}=15$，$EF_G=15+8=23$。

工作I的紧前工作有工作E和工作F，$ES_I=\max\{EF_E,EF_F\}=\max\{13,21\}=21$，$EF_I=21+3=24$。

工作H的紧前工作只有工作D，则 $ES_H=EF_D=7$，$EF_H=7+4=11$。

工作J的紧前工作有工作G、F和H，$ES_J=\max\{EF_F,EF_G,EF_H\}=\max\{21,23,11\}=23$，$EF_J=23+3=26$。

工作K的紧前工作只有工作I和工作J，$ES_K=\max\{EF_I,EF_J\}=\max\{24,26\}=26$，$EF_K=26+2=28$。

由于工作K为最后一项工作，则 EF_K 为该工程项目的计算工期，即 $T_c=28$。

（2）步骤二：计算工作的最迟开始时间与最迟完成时间（简称最迟时间）。

①最迟时间的计算顺序是从右向左，即从网络计划的终点节点向起始节点进行计算。

②如果没有特殊说明，以终点节点为结束节点的工作的最迟完成时间为计划工期 T_p，如果没有特殊说明，取计划工期 T_p 等于计算工期 T_c。

③其他各项工作的最迟完成时间取紧后工作的最迟开始时间的最小值。

结合所给图表及以上计算数据，工作K的最迟完成时间 $LF_K=T_c=28$，最迟开始时间 $LS_K=28-2=26$。应注意，如果规定了要求工期，应取 $LF_K=T_r$。

工作I、J的紧后工作只有一项工作K，则取 $LF_I=LF_J=LS_K=26$，$LS_I=26-3=23$，$LS_J=26-3=23$。

工作E的紧后工作只有一项工作I，则取 $LF_E=LS_I=23$，$LS_E=23-4=19$。

工作F的紧后工作有I、J两项工作，则 $LF_F=\min\{LS_I,LS_J\}=\min\{23,23\}=23$，$LS_F=23-6=17$。

工作G、H的紧后工作只有一项工作J，则取 $LF_G=LF_H=LS_J=23$，$LS_G=23-8$

$=15$，$LS_H=23-4=19$。

工作 B 的紧后工作有 E、F 两项工作，则 $LF_B=\min\{LS_E,LS_F\}=\min\{19,17\}=17$，$LS_B=17-4=13$。

工作 C 的紧后工作有 F、G 两项工作，则 $LF_C=\min\{LS_F,LS_G\}=\min\{17,15\}=15$，$LS_C=15-10=5$。

工作 D 的紧后工作有 G、H 两项工作，则 $LF_D=\min\{LS_G,LS_H\}=\min\{15,19\}=15$，$LS_D=15-2=13$。

工作 A 的紧后工作有 B、C、D 三项工作，则 $LF_A=\min\{LS_B,LS_C,LS_D\}=\min\{13,5,13\}=5$，$LS_A=5-5=0$。

（3）步骤三：计算各项工作的总时差。

根据工作总时差的概念可知，当某项工作的最早开始时间与最早完成时间向后移动时，如果移动的时间超过该项工作的总时差，则该网络计划的工期就会受到影响。

从工作最迟时间的计算中可以看出，各项工作的最迟开始与完成时间都是根据工期一步一步反推出来的，因此每项工作的最迟时间与最早时间之差即为该工作的总时差。

根据网络图时间参数表中总时差的计算公式，各项工作的总时差为：$TF_A=0$，$TF_B=8$，$TF_C=0$，$TF_D=8$，$TF_E=10$，$TF_F=2$，$TF_G=0$，$TF_H=12$，$TF_I=2$，$TF_J=0$，$TF_K=0$。

以上各项工作的总时差中，工作 A、C、G、J、K 的总时差都为 0，因此其为该网络计划的关键工作，①→②→⑤→⑦→⑩→⑪→⑫为关键线路，用粗箭线或双箭线表示。

当网络计划的计划工期等于计算工期时，总时差为 0 的工作为关键工作；当网络计划的计划工期不等于计算工期时，总时差等于计划工期与计算工期之差的工作为关键工作。计划工期与计算工期之差大于 0，关键工作的总时差大于 0；计划工期与计算工期之差小于 0，关键工作的总时差小于 0。网络计划中总时差最小的工作为关键工作。

（4）步骤四：计算各项工作的自由时差。

工作的自由时差即为紧后工作的最早开始时间的最小值减去本工作的最早完成时间。则各项工作的自由时差为：$FF_A=\min\{ES_B,ES_C,ES_D\}-EF_A=\min\{5,5,5\}-5=0$，$FF_B=\min\{ES_E,ES_F\}-EF_B=\min\{9,15\}-9=0$，$FF_C=0$，$FF_D=0$，$FF_E=8$，$FF_F=0$，$FF_G=0$，$FF_H=12$，$FF_I=2$，$FF_J=0$，$FF_K=T_p-EF_K=28-28=0$。

（四）表上计算法

网络计划的时间参数计算也可以借助表格进行，这种计算形式速度比较慢，但对于大型复杂的网络计划，相关数据有序列出，不容易出错。对于图 4-24 所示的网络计划，可以将工作的节点编号和持续时间列成表格（见表 4-14），然后就在表上按前面的分析方法直接对时间参数进行计算。

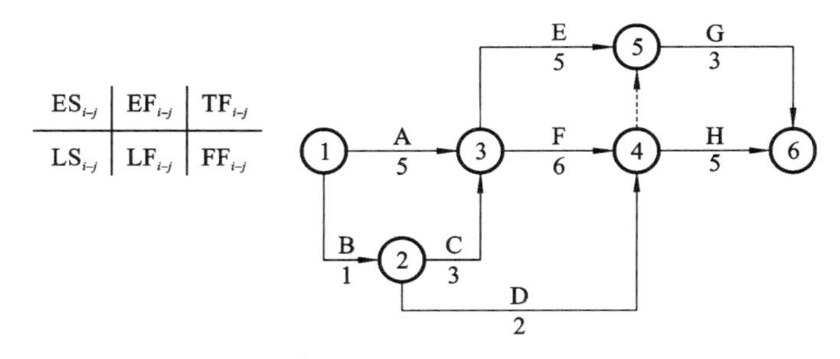

图 4-24　双代号网络计划

表 4-14　表格计算时间参数

工作名称	紧前工作数/紧后工作数	工作序号 $(i-j)$	持续时间 (D_{i-j})	最早开始时间 (ES_{i-j})	最早完成时间 (EF_{i-j})	最迟开始时间 (LS_{i-j})	最迟完成时间 (LF_{i-j})	总时差 (TF_{i-j})	自由时差 $(FF_{(i-j)})$	关键工作 $TF_{i-j}=0$
A	0/2	1－3	5	0	0＋5＝5	5－5＝0	5	0－0＝0	5－5＝0	√
B	0/2	1－2	1	0	0＋1＝1	2－1＝1	2	1－0＝1	1－1＝0	
C	1/2	2－3	3	1	1＋3＝4	5－3＝2	5	2－1＝1	5－4＝1	
D	1/2	2－4	2	1	1＋2＝3	11－2＝9	11	9－1＝8	11－3＝8	
E	2/1	3－5	5	5	5＋5＝10	13－5＝8	13	8－5＝3	11－10＝1	
F	2/2	3－4	6	5	5＋6＝11	11－6＝5	11	5－5＝0	11－11＝0	√
G	3/0	5－6	3	11	11＋3＝14	16－3＝13	16	13－11＝2	16－14＝2	
H	2/0	4－6	5	11	11＋5＝16	16－5＝11	16	11－11＝0	16－16＝0	√

注：表中 ES_{i-j} 从上而下进行加法计算，LS_{i-j} 从下而上进行减法计算，而且关键工作一般不会单独出现。

（五）标号法

标号法是一种快速计算出网络计划的工期和确定关键线路的方法。它是按最早时间参数的计算顺序和方法，对每一个节点进行标号，利用标号值确定网络计划的计算工期并确定关键线路。

【例题 4-2】　图 4-25 为某网络计划的示意图，试用标号法确定其工期和关键线路。

【解】

(1) 对节点进行标号。

①网络计划起点节点的标号值为 0。在本例中，节点①的标号值为 0，即 $b_1=0$。

②其他节点的标号值应根据公式 $b_j=\max\{b_i+D_{i-j}\}$，按节点编号从小到大的顺序逐个进行计算，即有 $b_2=b_1+D_{1-2}=0+6=6$，$b_3=b_1+D_{1-3}=0+4=4$；

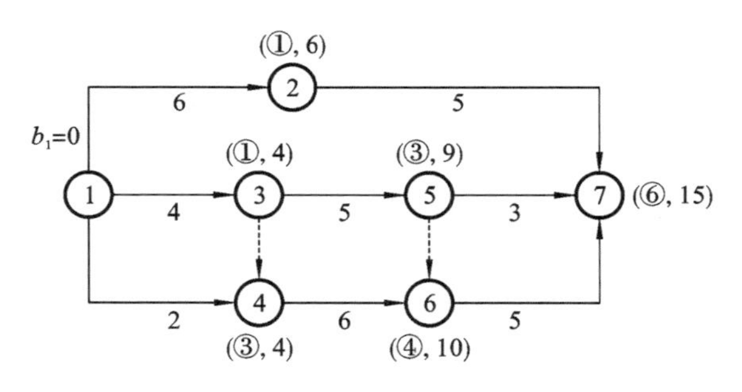

图 4-25 网络计划及标号

$b_4 = \max\{b_1 + D_{1-4}, b_3 + D_{3-4}\} = \max\{0+2, 4+0\} = 4$。

按此原理逐个进行计算。

(2) 计算工期的确定。

网络计划的计算工期就是网络计划终点节点的标号值。本例中终点节点⑦的标号值是 15，所以计算工期 $T_c = 15$。

(3) 标源节点号。

源节点号是对应于节点计算标号值时的来源节点号，即该节点的标号值的数据取值是由哪个节点计算所得，那么该节点号就是源节点号。

如果源节点号有多个，应将所有源节点号标出。

本例中，源节点号应用括号内第一个值表示。

(4) 确定关键线路。

将网络计划中的所有节点都标号后，从终点节点开始逆箭线方向按源节点号进行确定。

本例中，从终点节点⑦开始，逆着箭线方向按源节点可以找出关键线路为：①→③→④→⑥→⑦。

第 3 节 单代号网络计划

单代号网络计划又称单代号网络图或工作节点网络图，是用一个圆圈或方框代表一项工作，将工作代号、工作名称和完成工作所需的时间写在圆圈或方框里面，箭线仅用来表示工作之间的顺序关系，并按这种方式把一项计划中的所有工作，依先后顺序，将其相互之间的逻辑关系表示出来(图 4-26)。

单代号网络计划与双代号网络计划相比，具有以下特点。

(1) 工作之间的逻辑关系容易表达，且不用虚箭线，故绘图较简单。

(2) 网络图便于检查和修改。

(3) 由于工作持续时间表示在节点之中，没有长度，故不够直观。

(4) 表示工作之间逻辑关系的箭线可能产生较多的纵横交叉现象。

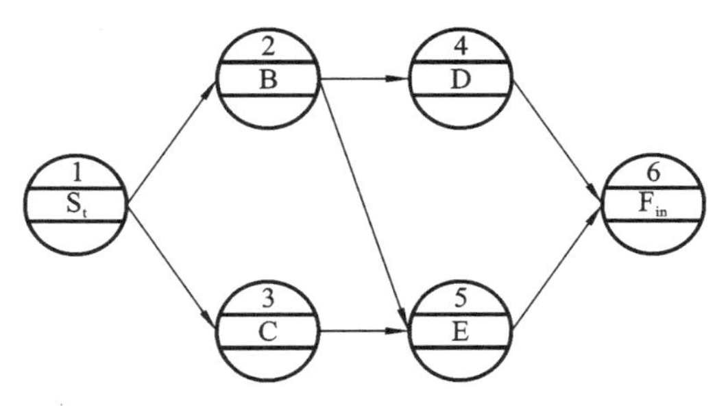

图 4-26 单代号网络计划

注：1、2、3、4、5、6—节点编号；B、C、D、E—工作名称；S_t—虚拟工作起点；F_{in}—虚拟工作终点

一、单代号网络计划的组成

单代号网络计划由节点、箭线、线路三个基本要素组成，如图 4-27 所示。

（一）节点

单代号网络计划中的每一个节点表示一项工作（或活动、施工过程），节点宜用圆圈或矩形表示。节点所表示的工作名称、持续时间和工作代号均应标注在节点内，如图 4-27 所示。

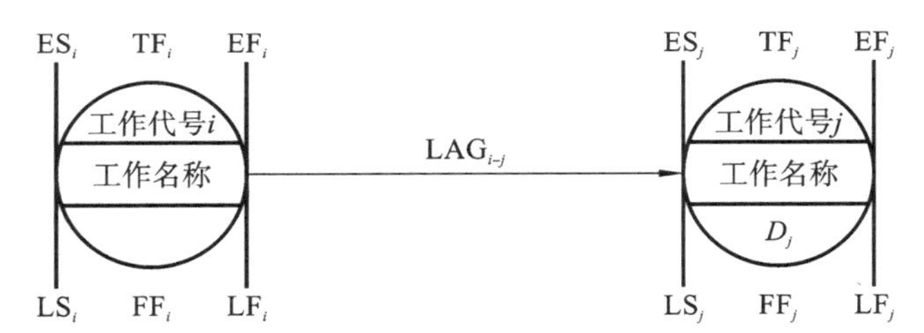

图 4-27 单代号网络计划的工作及时间参数表示方法

（二）箭线

单代号网络计划中相邻工作之间的逻辑关系用实箭线表示，它既不占用时间，又不消耗资源，只表示前后各工作之间的逻辑关系。单代号网络计划中没有虚箭线。对于箭尾和箭头来说，箭尾节点称为紧前工作，箭头节点称为紧后工作。箭线应画成水平直线、折线或斜线。箭线水平投影的方向应自左向右，表示工作的行进方向。工作之间的逻辑关系包括工艺关系和组织关系，在网络图中均表现为工作之间的先后顺序。

（三）线路

线路是由网络图的起点节点出发，顺着箭线方向到达终点，中间经由一系列节点和箭线所组成的通道。同双代号网络计划一样，线路也分为关键线路和非关键线路，其性质和线路时间的计算方法均与双代号网络计划相同。

单代号网络计划中，各条线路应用该线路上的节点编号从小到大依次表述。

二、单代号网络计划的绘制方法

（一）单代号网络计划的基本逻辑关系

单代号网络计划的逻辑关系表达方法见表 4-15。

表 4-15 单代号网络计划逻辑关系表达方法

序号	逻辑关系		单代号网络计划的表达方式
	紧前	紧后	
1	A	B	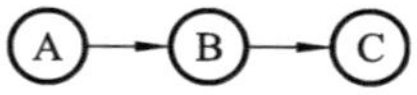
	B	C	
2	A	C	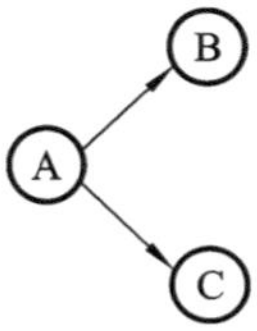
		B	
3	A	C	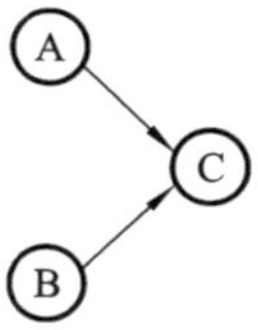
	B		
4	A，B	C，D	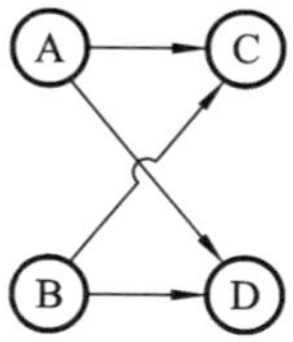
5	—	A，B	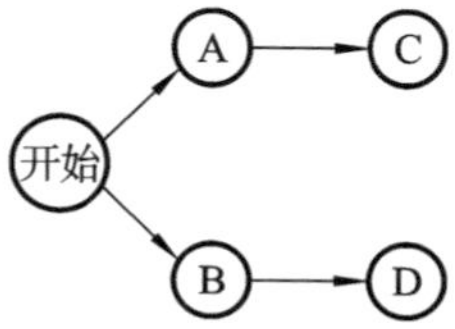 开始
	A	C	
	B	D	
6	A	C，D	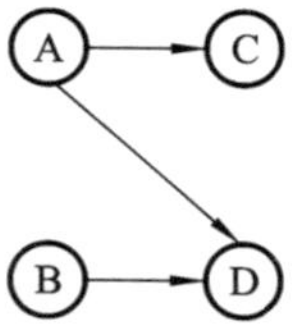
	B	D	

续表

<table>
<tr><th rowspan="2">序号</th><th colspan="2">逻辑关系</th><th rowspan="2">单代号网络计划的表达方式</th></tr>
<tr><th>紧前</th><th>紧后</th></tr>
<tr><td rowspan="2">7</td><td>A</td><td>B,C</td><td rowspan="2">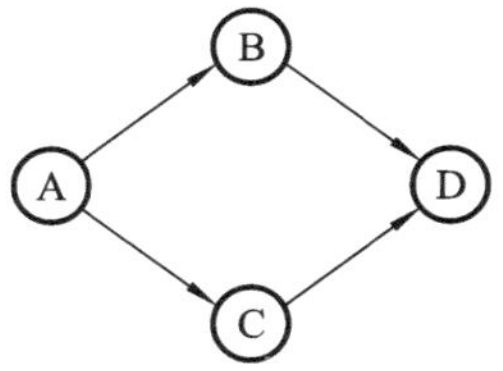
</td></tr>
<tr><td>B,C</td><td>D</td></tr>
<tr><td rowspan="4">8</td><td>A</td><td>B,C</td><td rowspan="4">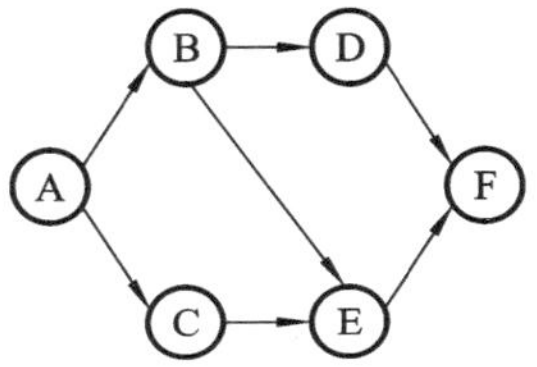
</td></tr>
<tr><td>B</td><td>D,E</td></tr>
<tr><td>C</td><td>E</td></tr>
<tr><td>D,E</td><td>F</td></tr>
<tr><td rowspan="7">9</td><td>A</td><td>B,C</td><td rowspan="7">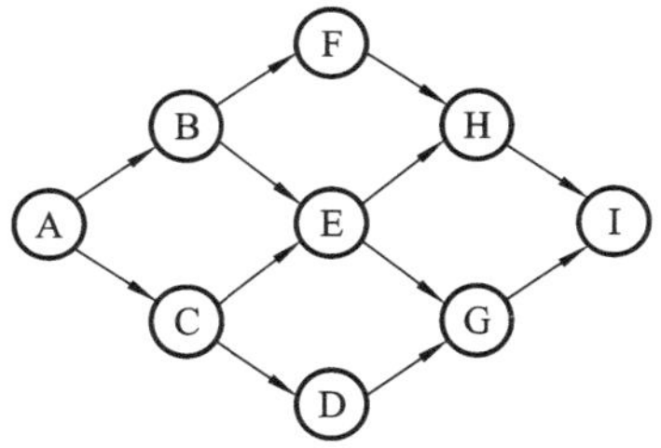
</td></tr>
<tr><td>B</td><td>E,F</td></tr>
<tr><td>C</td><td>D,E</td></tr>
<tr><td>D</td><td>G</td></tr>
<tr><td>E</td><td>G,H</td></tr>
<tr><td>F</td><td>H</td></tr>
<tr><td>G,H</td><td>I</td></tr>
<tr><td rowspan="8">10</td><td>A_1</td><td>A_2,B_1</td><td rowspan="8">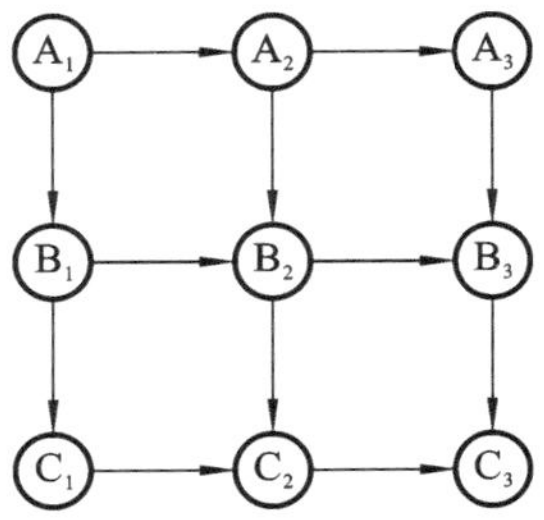
</td></tr>
<tr><td>A_2</td><td>A_3,B_2</td></tr>
<tr><td>A_3</td><td>B_3</td></tr>
<tr><td>B_1</td><td>B_2,C_1</td></tr>
<tr><td>B_2</td><td>B_3,C_2</td></tr>
<tr><td>B_3</td><td>C_3</td></tr>
<tr><td>C_1</td><td>C_2</td></tr>
<tr><td>C_2</td><td>C_3</td></tr>
</table>

（二）单代号网络计划的绘制规则

单代号网络计划的绘制规则如下。

(1) 应正确表达已定的逻辑关系。

(2) 不得出现回路。

(3) 不得出现双向箭头或无箭头的连线。

(4) 不得出现没有箭尾节点的箭线和没有箭头节点的箭线。

(5) 箭线不宜交叉，当交叉不可避免时，可采用过桥法或指向法绘制。

(6) 单代号网络计划应只有一个起点节点和一个终点节点，当网络图中有多个起点节点或多个终点节点时，应在网络图的两端分别设置一项虚拟节点，作为该网络图的起点节点(S_t)和终点节点(F_{in})。虚拟节点的持续时间为零，不占用资源，虚拟起点节点与无内向箭线的节点相连，虚拟终点节点与无外向箭线的节点相连。

三、单代号网络计划时间参数的计算

单代号网络计划的时间参数计算应在确定各项工作持续时间之后进行。单代号网络计划的计算项目、计算方法与双代号网络计划的基本一致，包括节点最早时间、节点最迟时间、工作最迟开始时间、工作最迟完成时间、工作自由时差、工作总时差等。但是在单代号网络计划中，用节点表示工作，箭线仅表示前后两节点工作之间的顺序关系，因此产生了时间间隔(描述相邻两项工作之间时间关系的参数)，使得单代号网络计划的计算和双代号网络计划的计算有所不同；另外，单代号网络计划也不像双代号网络计划那样要区分节点和工作时间。

计算单代号网络计划的时间参数的方法有分析计算法、图上计算法、表上计算法、矩阵计算法、电算法等。

(一) 分析计算法

单代号网络计划的分析计算是按公式进行的，为了便于理解，计算公式采用下列符号进行表示。

1. 常用符号

ES_i ——工作 i 最早开始时间　　EF_i ——工作 i 最早完成时间

LS_i ——工作 i 最迟开始时间　　LF_i ——工作 i 最迟完成时间

FF_i ——工作 i 的自由时差　　TF_i ——工作 i 的总时差

2. 各种时间参数的计算

(1) 计算工作(或节点)的最早开始时间(ES_i)。

首先假定整个网络计划的开始时间为0，然后从左向右递推计算。除起点节点外，任意一项工作(或节点)的最早开始时间等于它的各紧前工作的最早完成时间的最大值。其计算公式如下。

$$ES_s=0\text{(虚拟起点节点时)}$$

$$ES_i=\max\{EF_h\}\ (h<i)$$

式中，EF_h ——工作 i 的各项紧前工作 h 的最早完成时间。

(2) 计算工作(或节点)的最早完成时间(EF_i)。

工作(或节点)的最早完成时间等于其最早开始时间和本工作持续时间之和，计算公式如下。

$$EF_i=ES_i+D_i$$

$$EF_n = ES_n = \max\{EF_i\}\text{（虚拟终点节点时）}$$

（3）计算工作（或节点）的最迟完成时间（LF_i）。

工作（或节点）的最迟完成时间等于其紧后工作最迟开始时间的最小值，计算公式如下。

$$LF_n = T\text{（当工期规定为 }T\text{ 时）}$$

$$LF_n = ES_n = T_c\text{（当工期等于计算工期 }T_c\text{ 时）}$$

$$LF_i = \min\{LS_j\}(i < j)$$

式中，LS_j ——工作 i 的各项紧后工作 j 的最迟开始时间。

（4）计算工作（或节点）的最迟开始时间（LS_i）。

工作（或节点）的最迟开始时间等于其最迟完成时间减去本工作持续时间，计算公式如下。

$$LS_i = LF_i - D_i$$

（5）计算相邻两项工作之间的时间间隔（LAG_{i-j}）。

相邻两项工作 i 和 j 之间的时间间隔等于其紧后工作最早开始时间减去本项工作的最早完成时间。按网络计划的计划工期 T_p 确定时，计算公式如下。

$$LAG_{i-j} = T_p - EF_i\text{（终点节点为虚拟节点时）}$$

$$LAG_{i-j} = ES_j - EF_i(i < j)$$

（6）计算工作自由时差（FF_i）。

工作的自由时差等于紧后工作最早开始时间减去本工作最早完成时间，若紧后工作有两项以上，应取最小值，计算公式如下。

$$FF_i = \min\{ES_j - EF_i\}(i < j)\quad\text{或}\quad FF_i = \min\{LAG_{i-j}\}$$

（7）计算工作总时差（TF_i）。

工作的总时差等于工作的最迟开始时间减去工作最早开始时间，计算公式如下。

$$TF_i = LS_i - ES_i$$

【例题 4-3】 根据图 4-28 的已知条件，按相应的计算公式计算各种时间参数，并标出关键线路。

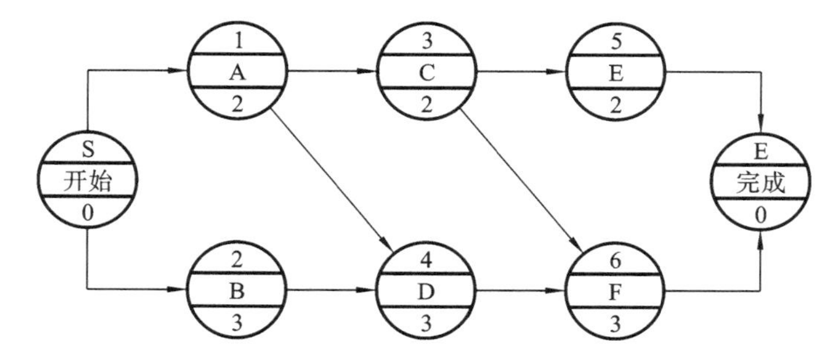

图 4-28　某工程单代号网络计划

【解】

(1) 计算工作(或节点)最早开始时间和最早完成时间。

按公式 $ES_s=0$(虚拟起点节点时)、$ES_i=\max\{EF_h\}$ $(h<i)$、$EF_i=ES_i+D_i$、$EF_n=ES_n=\max\{EF_i\}$(虚拟终点节点时)计算,计算过程见表 4-16。

表 4-16 计算工作(或节点)最早开始时间和最早完成时间

工作名称(i)	紧前工作的最早完成时间(EF_h)	本工作的最早开始时间(ES_i)	本工作持续时间(D_i)	本工作的最早完成时间(计算过程,EF_i)
开始	—	0	0	0
A	0	0	2	0+2=2
B	0	0	3	0+3=3
C	2	2	2	2+2=4
D	2(A),3(B)	取最大值 3	3	3+3=6
E	4	4	2	4+2=6
F	4(C),6(D)	取最大值 6	3	6+3=9
完成	6(E),9(F)	取最大值 9	0	9+0=9

(2) 计算工作(或节点)最迟完成时间和最迟开始时间。

按公式 $LF_n=ES_n=T_c$(当工期等于计算工期 T_c 时)、$LF_i=\min\{LS_j\}$ $(i<j)$、$LS_i=LF_i-D_i$ 计算,计算过程见表 4-17。

表 4-17 计算工作(或节点)最迟完成时间和最迟开始时间

工作名称(i)	紧后工作最迟开始时间(LS_j)	本工作最迟完成时间(LF_i)	本工作持续时间(D_i)	本工作最迟开始时间(计算过程,LS_i)
完成	9	9	0	9−0=9
F	9	9	3	9−3=6
E	9	9	2	9−2=7
D	6	6	3	6−3=3
C	7(E),6(F)	取最小值 6	2	6−2=4
B	3	3	3	3−3=0
A	4(C),3(D)	取最小值 3	2	3−2=1
开始	1(A),0(B)	取最小值 0	0	0−0=0

(3) 计算工作自由时差和两项工作之间的时间间隔。

按公式 $FF_i=\min\{ES_j-EF_i\}$ $(i<j)$ 或 $FF_i=\min\{LAG_{i-j}\}$和 $LAG_{i-j}=T_p-EF_i$(终点节点为虚拟节点时)、$LAG_{i-j}=ES_j-EF_i(i<j)$ 计算,计算过程见表4-18。

表 4-18　计算工作自由时差和两项工作之间的时间间隔

工作名称(i)	紧后工作最早开始时间(ES_j)	本工作最早完成时间(EF_i)	两项工作之间时间间隔(计算过程)(LAG_{i-j})	自由时差(计算过程,FF_i)
A	2(C),3(B)	2	2－2＝0 3－2＝1	2－2＝0
B	3(D)	3	3－3＝0	3－3＝0
C	4(E),6(F)	4	4－4＝0 6－4＝2	4－4＝0
D	6(F)	6	6－6＝0	6－6＝0
E	9(完成)	6	9－6＝3	9－6＝3
F	9(完成)	9	9－9＝0	9－9＝0

(4) 计算工作的总时差。

按公式 $TF_i = LS_i - ES_i$ 计算,计算过程见表 4-19。

表 4-19　计算工作的总时差

工作名称(i)	本工作最迟开始时间(LS_i)	本工作最早开始时间(ES_i)	总时差(计算过程,TF_i)
A	1	0	1－0＝1
B	0	0	0－0＝0
C	4	2	4－2＝2
D	3	3	3－3＝0
E	7	4	7－4＝3
F	6	6	6－6＝0

(5) 确定关键线路。

总时差最小的工作为关键工作,关键工作连成的线路就是关键线路。本工作的关键线路为 S→B→D→F→E,用双线表示。

(二) 图上计算法

图上计算法,即网络计划的时间参数直接在网络图上计算的一种方法,其计算依据是分析计算法中的计算公式,将各参数计算的结果直接填在网络图中对应的标注位置上。该计算方法直观、简便、易掌握,适于简单网络图的手算。

例题 4-3 除采用以上所述的分析计算法外,还可直接应用图上计算法将结果标注在网络图中,如图 4-29～图 4-32 所示。

在图 4-32 中找出总时差最小的工作就是关键工作,从起点节点到终点节点由关键工作连成的线路就是关键线路,用双线标注,如图 4-33 所示。

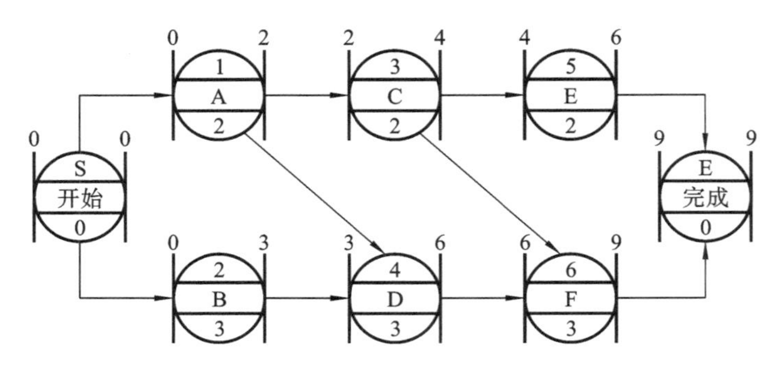

图 4-29 计算工作最早开始时间和最早完成时间(图上计算法)

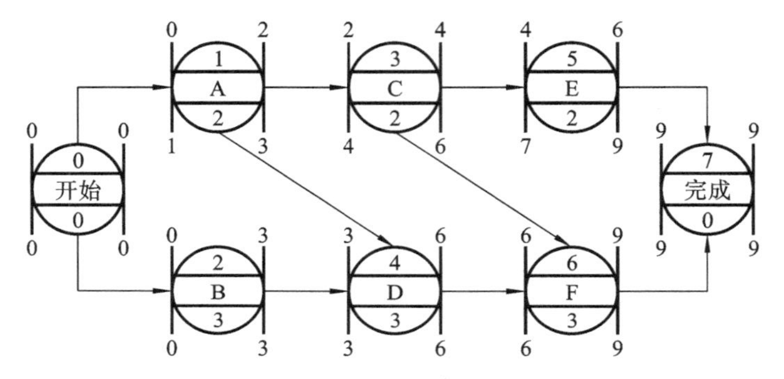

图 4-30 工作的最迟完成时间和最迟开始时间

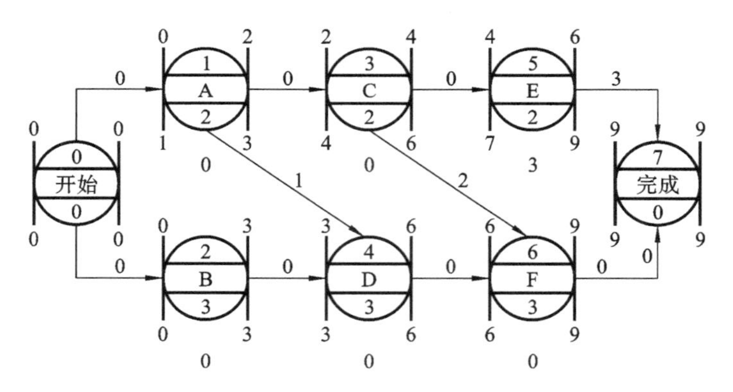

图 4-31 工作的自由时差

(三) 表上计算法

表上计算法就是以分析计算法的基本公式为依据，直接在表格中进行计算的一种方法。该法条理清楚，格式规整，但比较抽象，其计算步骤和方法与分析计算法或图上计算法大致相同，此处不再赘述。

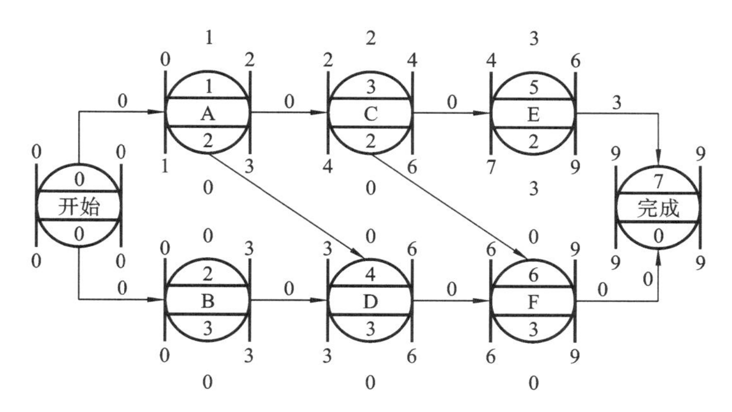

图 4-32　工作的总时差

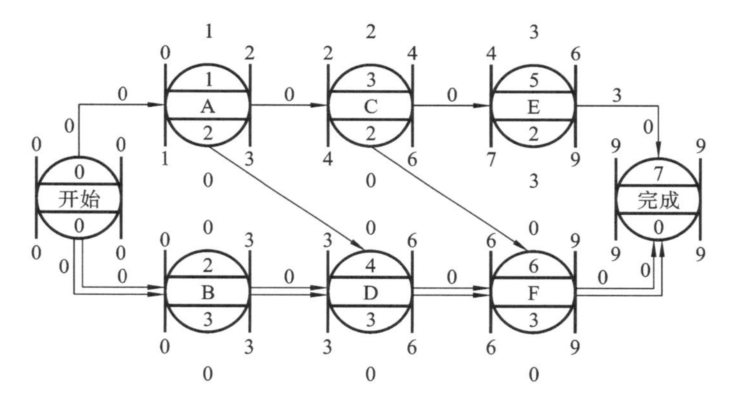

图 4-33　关键线路(用双线表示)

第 4 节　双代号时标网络计划

双代号时标网络计划简称时标网络计划，是以时间坐标为尺度，表示箭线长度的双代号网络计划。在时标网络计划中，节点位置及箭线的长短表示工作的时间进程，在编制过程中既能看清前后工作之间的逻辑关系，表达形式又比较直观，能一目了然地看出各项工作的开始时间和完成时间，兼有横道图的直观性和网络图的逻辑性。

【例题 4-4】　图 4-34 为某基础工程双代号网络计划，请将该图改成时标网络图。

【解】

根据以上条件，可得到如图 4-35 所示的时标网络图。

一、双代号时标网络计划的特点及适用范围

（一）双代号时标网络计划的特点

(1) 不会产生闭合回路。

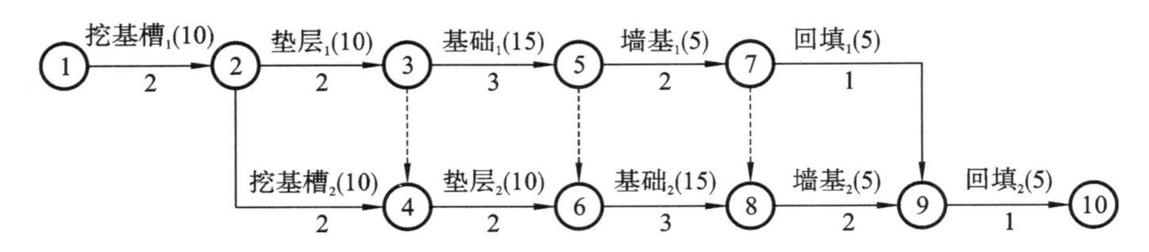

图 4-34 某基础工程双代号网络计划

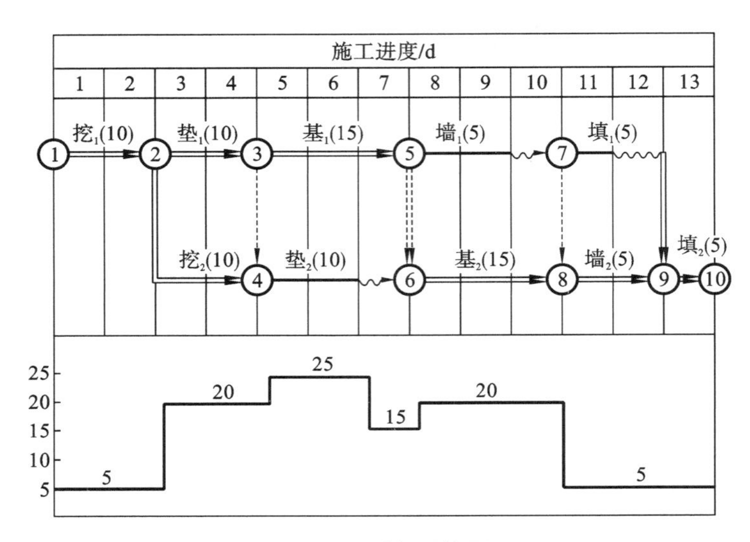

图 4-35 时标网络图

(2) 箭线的长短与时间有关。

(3) 便于进行网络计划的优化。

(4) 网络计划的调整比较麻烦。

(5) 可直接在坐标下面绘出资源动态图。

(6) 可直接在图上看出时间参数和关键线路，而不必计算。

(7) 将网络计划和水平进度计划相结合，形象表明计划的进度。

(二) 双代号时标网络计划的适用范围

(1) 工作项目较少且工艺过程较简单的施工计划。

(2) 待优化或执行中需在图上直接调整的网络计划。

(3) 年、季度、月等周期性网络计划。

(4) 若为了便于在图上直接表示每项工作的进程，可将已绘制并计算好的网络计划再转换成时标网络计划，这项工作可应用电脑软件来完成。

(5) 对于大型复杂工程，可以先用时标网络图的形式绘制各局部工程的网络计划，然后再综合起来绘制出较简明的总网络计划；也可以先绘制一个总的施工网络计划，以后每隔一段时间，对下一时段的工程绘制详细的时标网络计划，时段的长短则根据工程的性质、所需的详细程度和工程的复杂性决定。这样，在执行计划过程中，如果某阶段内时间有变动，则不必改动整个网络计划，而只对这一阶段的时标网络计划进行修订即可。

(6) 使用实际进度前锋线进行管理的网络计划。实际进度前锋线是指在检查网络计划的进度时，将所检查工作的实际进度标注在其工作箭线上(即为实际进度点)，然后从检查时刻的上时标点起始，将检查时刻正在进行工作的实际进度点从上向下依次连接起来，至下时标点所形成的一条折线，即为实际进度前锋线。绘制实际进度前锋线是比较工程实际进度与计划进度的一种方法，即按实际进度前锋线与箭线交点的位置判定工程实际进度与计划进度的偏差。

二、双代号时标网络计划的基本符号

时标网络计划需绘制在时标计划表上。时标计划表的时间单位根据需要在编制时标网络计划之前确定，可以是小时、天、周、旬、月、季或年等，时标可标注在时标表的顶部，也可标注在时标表的底部，必要时还可以上、下同时标注，也可加注日历日。时标表中的刻度线宜为细线，为了使图清晰，刻度线的中间部分可以去掉，只画上、下部分。时标网络计划中的工作用实箭线表示，虚工作仍用虚箭线表示，但只能垂直绘制。当实箭线之后有波形线且其末端有垂直部分时，其垂直部分仍用实线绘制；当虚箭线有波形线且其末端有垂直部分时，其垂直部分仍用虚线绘制，如图4-36所示。

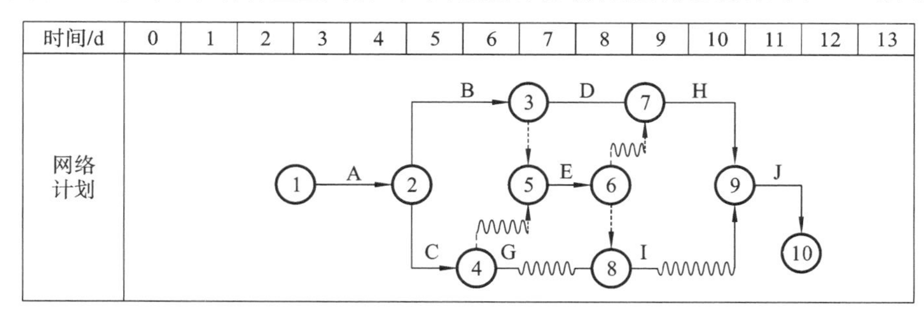

图4-36　时标网络计划的表示

三、双代号时标网络计划的编制原则

编制双代号时标网络计划的基本原则如下。

(1) 双代号时标网络计划应以水平时间坐标为尺度来表示工作时间。时标的时间单位应根据需要在编制网络计划之前确定，可为小时、天、周、旬、月、季或年等。

(2) 双代号时标网络计划应以实箭线表示工作，以虚箭线表示虚工作，无论哪一种箭线，均应在其末端绘出箭头。

(3) 双代号时标网络计划应以波形线表示工作的自由时差。工作中有自由时差时，按图4-37(a)的方式表达；若虚箭线中有自由时差，也应用图4-37所示的波形线表示，而不允许在波形线之后画实线。

图 4-37　双代号时标网络计划中自由时差的表示方法

(4) 双代号时标网络计划中所有符号在时间坐标上的水平投影位置都必须与其时间参数对应。节点中心必须对准相应的时标位置，将时间坐标上的水平投影长度看成 0。虚工作必须以垂直方向的虚箭线表示，有自由时差时应用波形线表示。

四、双代号时标网络计划的绘制方法

双代号时标网络计划宜按最早时间来绘制。按工作最早时间绘制的网络计划，其时差出现在最早完成时间之后，这样可为时差应用带来灵活性，并具有实用价值。时标网络计划也可按最迟时间绘制，此时时差应画在最迟开始时间之后，但该工作失去了时差使用价值。当使用了该时差时，该工作即变成关键工作。所以，工程网络计划不宜按最迟时间绘制时标网络计划。

绘制时标网络计划之前，应先按已确定的时间单位绘出时标计划表（表 4-20）。时标可标注在时标计划表的顶部或底部，且必须注明时标的长度单位。必要时，可在顶部时标之上或底部时标之下加注日历的对应时间。时标计划表的格式宜符合相关规定。

表 4-20　时标计划表

日历坐标体系																
工作日坐标体系	1	2	3	4	5	6	7	8	9	10	11	12	13	14	15	16
时标网络计划																

时标计划表中部的刻度线宜为细线。为使图面清楚，此线也可以不画或少画。

绘制时标网络计划应先绘制无时标网络计划草图，然后用直接绘制法或间接绘制法绘制时标网络计划。

（一）间接绘制法

间接绘制法是先计算网络计划的时间参数，再根据时间参数绘制时标网络计划。这种方法便于对计算结果进行分析与对比，具体步骤如下。

(1) 绘制一般双代号网络计划。

(2) 计算网络计划各工作或各节点的最早开始时间，标注在时标网络计划上，确定计算工期。

(3) 按确定的时间单位和计算工期绘出时间坐标，并在时间坐标的顶部或底部标注时标和时标的长度单位。

(4) 按各工作的最早开始时间确定各节点在时间坐标上的位置。

(5) 用水平实箭线按各工作的时间长度绘出各工作的实际工作时间，用波形线绘出自由时差，将实线和其紧后工作的开始节点连接，用垂直虚箭线绘出各虚工作。

(二) 直接绘制法

直接绘制法是不计算网络计划的时间参数而直接在时间坐标上按草图绘制时标网络计划的方法。这种方法可节省绘图时间，但不便于对绘制的结果进行检查和调整，具体步骤如下。

(1) 绘制一般双代号时标网络计划。

(2) 将起点节点定位在时间坐标的起点刻度线上。

(3) 用水平实箭线按各工作的时间长度，绘出所有起点节点的外向箭线。

(4) 按所有内向箭线中实线最长处的时刻来确定其他节点的位置。

(5) 用波形线将实线和该工作的完成节点相连接。

(6) 用垂直虚箭线绘出各虚工作。

【例题 4-5】 网络计划的资料见表 4-21，试用直接绘制法绘制双代号时标网络计划。

表 4-21　网络计划的资料

工作名称	紧前工作	持续时间/d
A	—	3
B	—	4
C	—	7
D	A	5
E	A、B	2
F	D	5
G	C、E	3
H	C	5
J	D、G	4

【解】

(1) 将网络计划的起点节点定位在时标计划表的起始刻度线位置上，起点节点编号为①。

(2) 画出节点①的外向箭线，即按各工作的持续时间画出无紧前工作的 A、B、C 三项工作，并确定节点②、③、④的位置。

(3) 依次画出节点②、③、④的外向箭线工作 D、E、H，并确定节点⑤、⑥的位置。节点⑥的位置定位在其两条内向箭线的最早完成时间的最大值处，即定位在时标值 7 的位置，工作 E 的箭线长度达不到⑥节点，则用波形线补足。

(4) 按上述步骤直到画出全部工作，确定出终点节点⑧的位置，时标网络计划绘制完毕，如图4-38所示。

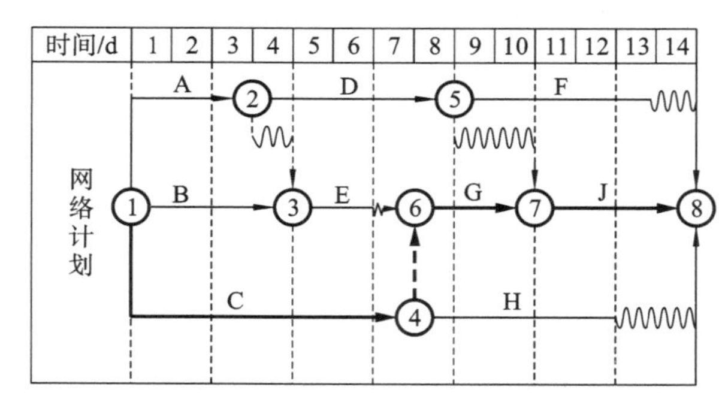

图4-38 双代号时标网络计划

五、双代号时标网络计划相关参数的确定

（一）关键线路和工期的确定

1. 关键线路的确定

时标网络计划关键线路的确定应自终点节点逆箭线方向朝起点节点逐次进行判定，从终点到起点不出现波形线的线路即为关键线路。在这条线路上，所有工作没有自由时差，没有机动的余地，工作的最早开始时间和最迟开始时间相同，可用粗线、双线或彩色线表示。

2. 工期的确定

时标网络计划的工期是终点节点和起点节点所在位置的时标值之差，也就是终点节点所对应的时间位置。

（二）时标网络计划时间参数的确定

1. 最早时间参数的确定

按最早开始时间绘制时标网络计划，最早时间参数可以从图上直接确定。

（1）最早开始时间 ES_{i-j}。

每条实箭线左端箭尾节点（i 节点）中心所对应的时标值即为该工作的最早开始时间。

（2）最早完成时间 EF_{i-j}。

如果箭头右端无波形线，则该箭线完成节点（j 节点）中心所对应的时标值即为该工作的最早开始时间。如箭线右端有波形线，则实箭线右端末所对应的时标值即为该工作的最早完成时间。

2. 自由时差的确定

时标网络计划中各工作的自由时差值应为表示该工作的箭线中波形线部分在坐标轴上的水平投影长度。

3. 总时差的确定

时标网络计划中工作的总时差的计算应自右向左进行，且符合下列规定。

(1) 以终点节点 ($j = n$) 为箭头节点的工作的总时差 (TF_{i-n}) 应按网络计划的计划工期 T_p 计算确定，即：$TF_{i-n} = T_p - EF_{i-n}$。

(2) 其他工作的总时差等于其紧后工作 $j-k$ 总时差的最小值与本工作的自由时差之和，即，$TF_{i-j} = \min\{TF_{j-k}\} + FF_{i-j}$。

4. 最迟时间参数的确定

时标网络计划中工作的最迟开始时间和最迟完成时间可按以下公式计算。

$$LS_{i-j} = ES_{i-j} + TF_{i-j} \quad LF_{i-j} = EF_{i-j} + TF_{i-j}$$

由此类推，可计算出各项工作的最迟开始时间和最迟完成时间。由于所有工作的最早开始时间、最早完成时间和总时差均为已知，故计算比较简单。

第 5 节　单代号搭接网络计划

在一般的网络计划(单代号网络计划或双代号网络计划)中，工作之间的关系只能表示成依次衔接的关系，即任何一项工作都必须在它的紧前工作全部结束后才能开始，也就是必须按照施工工艺顺序和施工组织的先后顺序进行施工。但是在实际施工过程中，有时为了缩短工期，只要紧前工作开始一段时间并能为紧后工作提供一定的开工条件，紧后工作就可以提前插入与紧前工作同时施工，这种工作之间的关系称为搭接关系。

【例题 4-6】 某分部工程有 A、B、C、D、E、F、G 七项工作(表 4-22)，试绘制单代号搭接网络图。

表 4-22　某分部工程的七项工作及搭接关系

工作名称	紧前工作	搭接关系	持续时间/d
A	开始	一般搭接	6
B	A	STS=2	7
C	A	STS=7	10
D	A	一般搭接	10
	B	FTS=3	
E	B	FTF=10	15
F	C	FTF=15	20
G	D	FTF=2,STS=3	10
	E	一般搭接	
	F	STS=2	

【解】

根据条件绘制的单代号搭接网络计划如图 4-39 所示。

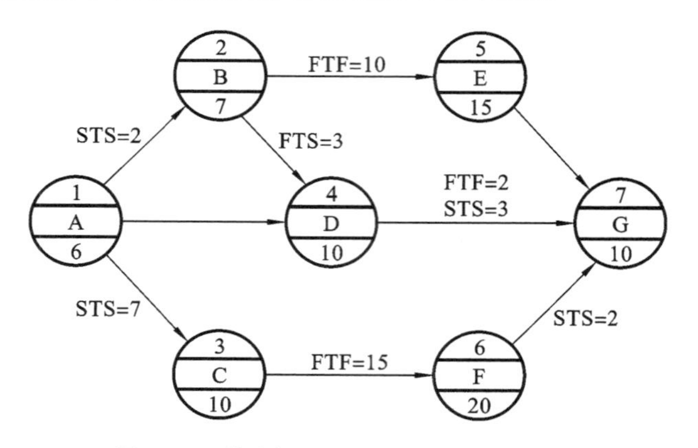

图 4-39 某分部工程单代号搭接网络计划

单代号搭接网络计划是用节点表示工作，而箭线及其上面的时距符号表示相邻工作之间的逻辑关系，用这种网络图(单代号搭接网络图)表示工作之间的搭接关系比较简单。它的优点是能表示一般网络计划中不能表达的多种搭接关系，缺点是计算过程相对比较复杂。

一、搭接关系

单代号搭接网络计划的搭接关系主要是通过两项工作之间的时距来表示的。时距表示时间的重叠和间歇，时距的产生和大小取决于工艺要求和施工组织上的需要。用以表示搭接关系的时距有五种，分别是：结束到开始的关系、开始到开始的关系、结束到结束的关系、开始到结束的关系和混合搭接关系。

(一) 结束到开始的关系(FTS 搭接关系)

结束到开始的关系是通过前项工作结束到后项工作开始之间的时距(FTS)来表达的，如图 4-40 所示。

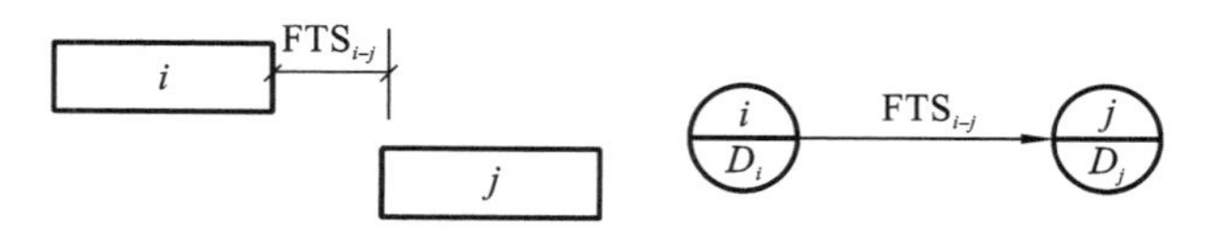

图 4-40 FTS **型时间参数示意图**

FTS 搭接关系的时间参数计算公式如下。

$$ES_j = EF_i + FTS_{i-j}$$

$$LS_j = LF_i + FTS_{i-j}$$

当 FTS=0 时，表示两项工作之间没有时距，即为普通网络图中的逻辑关系。

例如，某混凝土现浇楼板工程在楼板浇筑后要求养护一段时间，然后才可从事其后续工作的施工。若用横道图和单代号网络图表示，可参照图 4-41。

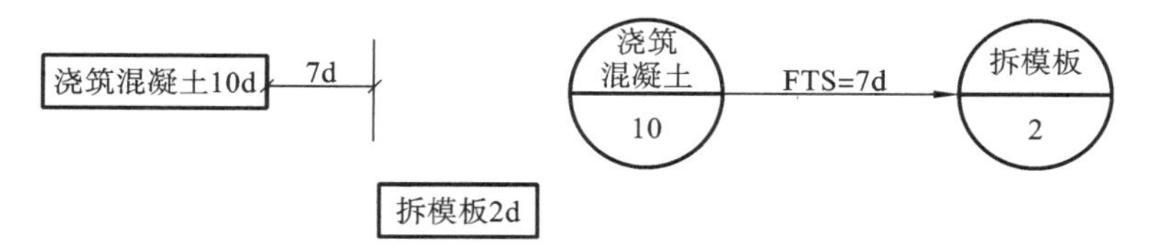

图 4-41　FTS 型时间参数表示

（二）开始到开始的关系（STS 搭接关系）

开始到开始的关系是通过前项工作开始到后项工作开始之间的时距（STS）来表达的，表示在工作 A 开始经过一个规定的时距（STS）后，工作 B 才能开始进行，采用横道图和单代号网络图表达，如图 4-42 所示。

图 4-42　STS 型时间参数示意图

STS 搭接关系的时间参数计算公式如下。

$$ES_j = ES_i + STS_{i-j}$$

$$LS_j = LS_i + STS_{i-j}$$

例如，对于某道路工程中的铺设路基和浇筑路面，当路基工作开始一定时间且为路面工作创造一定条件后，路面工程才可以开始进行。铺设路基与浇筑路面之间的搭接关系就是开始到开始（STS）关系，如图 4-43 所示。

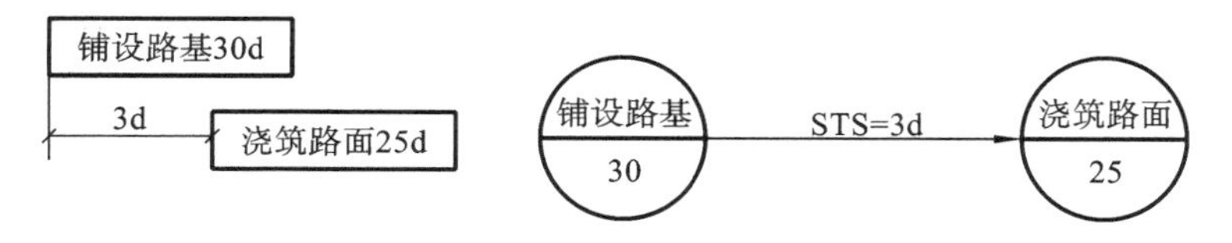

图 4-43　STS 型时间参数表示

（三）结束到结束的关系（FTF 搭接关系）

结束到结束关系是通过前项工作结束到后项工作结束之间的时距（FTF）来表达的，表示在工作 A 结束后，工作 B 才可结束。可用横道图和单代号网络图表示（图 4-44）。

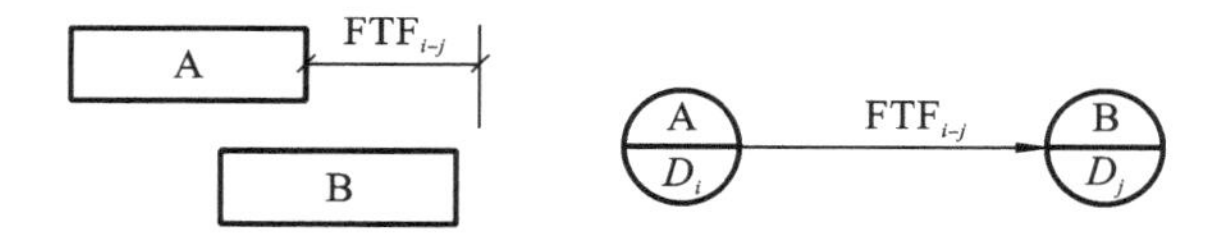

图 4-44　FTF 型时间参数示意图

FTF 搭接关系的时间参数计算公式如下。

$$EF_j = EF_i + FTF_{i-j}$$
$$LF_j = LF_i + FTF_{i-j}$$

例如，基坑排水工作结束一定时间后，浇筑混凝土工作才能结束，其时间参数表示如图 4-45 所示。

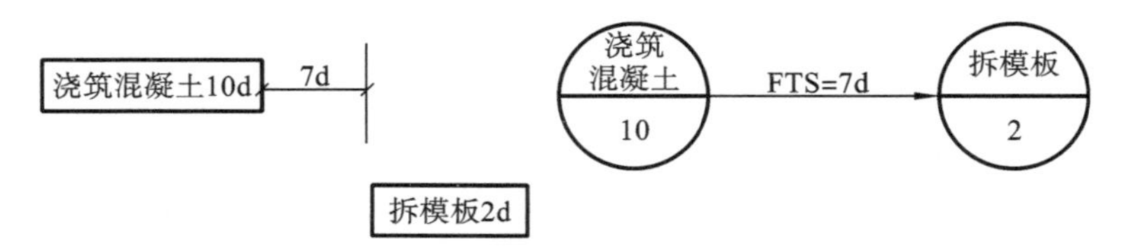

图 4-45　FTF 型时间参数表示

（四）开始到结束的关系（STF 搭接关系）

开始到结束的关系是通过前项工作开始到后项工作结束之间的时距（STF）来表达的，它表示 A 工作开始一段时间（STF）后，B 工作才可结束，用横道图和单代号网络图表示（图 4-46）。

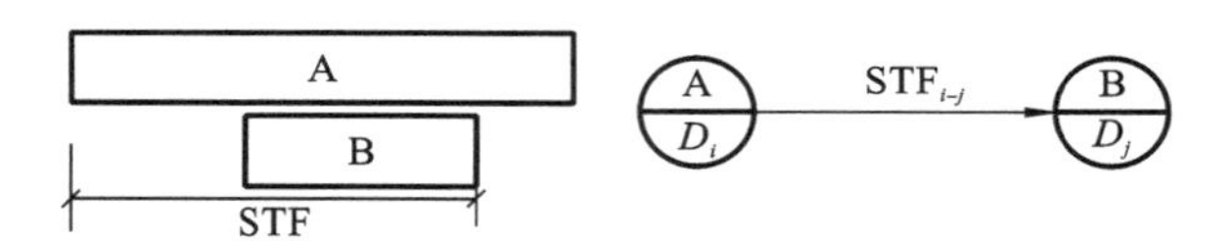

图 4-46　STF 型时间参数示意图

STF 搭接关系的时间参数计算公式如下。

$$EF_j = ES_i + STF_{i-j}$$
$$LF_j = LS_i + STF_{i-j}$$

例如，当基坑开挖工作进行到一定时间后，就应开始进行降低地下水的工作，直至地下水水位降低至设计位置，如图 4-47 所示。

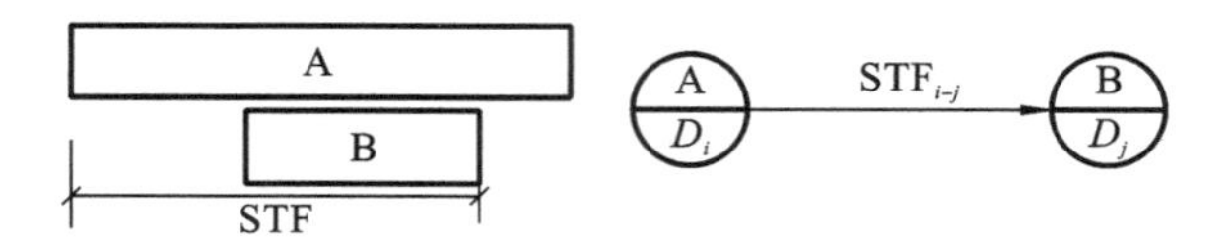

图 4-47　STF 型时间参数表示

（五）混合搭接关系

混合搭接关系是指两项工作之间同时存在上述四种关系中的两种关系时，这种具有双重约束的工作关系即构成混合搭接关系。常见的混合搭接关系有以下四种。

（1）同时存在 STS 和 FTF 搭接关系。即两项工作之间的相互关系是通过前项工作 i 的开始到后项工作 j 的开始（STS），及前项工作 i 的结束到后项工作 j 的结束（FTF）双重时距来控制的。两项工作的开始时间必须保持一定的时距要求，而且两者结束时间也必须保持一定的时距要求，其关系如图 4-48 所示。

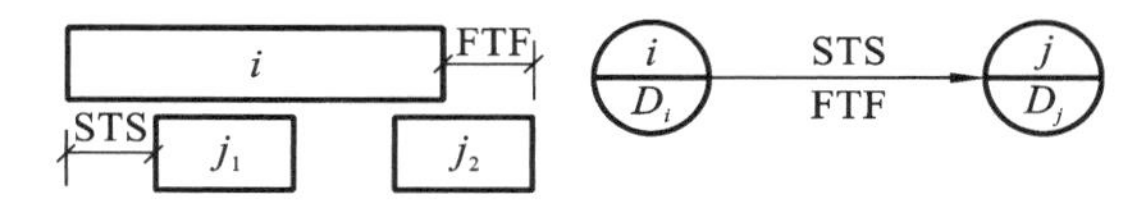

图 4-48 STS 和 FTF 混合型时间参数示意图

该种混合搭接关系中的时间参数计算关系如下。

①按 STS 搭接关系。

$$ES_j = ES_i + STS_{i-j}$$
$$LS_j = LS_i + STS_{i-j}$$

②按 FTF 搭接关系。

$$EF_j = EF_i + FTF_{i-j}$$
$$LF_j = LF_i + FTF_{i-j}$$

在利用上式计算最早时间时，选取其中最大者作为工作 j 的最早时间；计算最迟时间时，选取其中最小者作为工作 j 的最迟时间。

【例题 4-7】 某修筑道路工程，工作 i 是修筑路基，工作 j 是修筑路面层，在组织这两项工作时，要求路基工作至少开始一定时距（STS＝4d）以后，才能开始修筑路面层；而且面层工作不允许在路基工作完成之前结束，必须延后于路基完成一个时距（FTF＝2d）才能结束，如图 4-49 所示。试问路面工作的 ES_j 和 EF_j 各是多少？

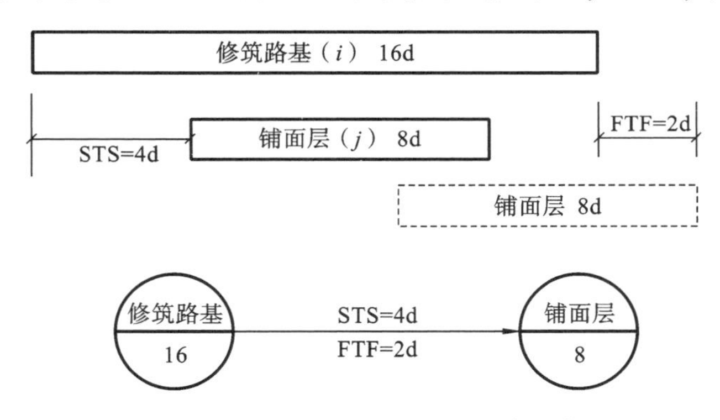

图 4-49 STS 和 FTF 混合型时间参数表示

【解】

①按 STS 搭接关系。

$$ES_j = ES_i + STS_{i-j} = (0+4)\text{d} = 4\text{d}$$
$$EF_j = ES_j + D_j = (4+8)\text{d} = 12\text{d}$$

②按 FTF 搭接关系。

$$EF_j = EF_i + FTF_{i-j} = (16+2)\text{d} = 18\text{d}$$
$$ES_j = EF_j - D_j = (18-8)\text{d} = 10\text{d}$$

若要同时满足上述两者关系，必须选择其中的最大值，即 $ES_j = 10\text{d}$，$EF_j = 18\text{d}$。

对于混合搭接关系，由于工作之间的制约关系，可能会出现工作不连续的情况。这时，要按间断型算法来计算。

(2) 同时存在 STF 和 FTS 搭接关系。即两项工作之间的相互关系是通过前项工作 i 的开始到后项工作 j 的结束(STF)，以及前项工作 i 的结束到后项工作 j 的开始(FTS)双重时距来控制的，其横道图和单代号网络图如图 4-50 所示。

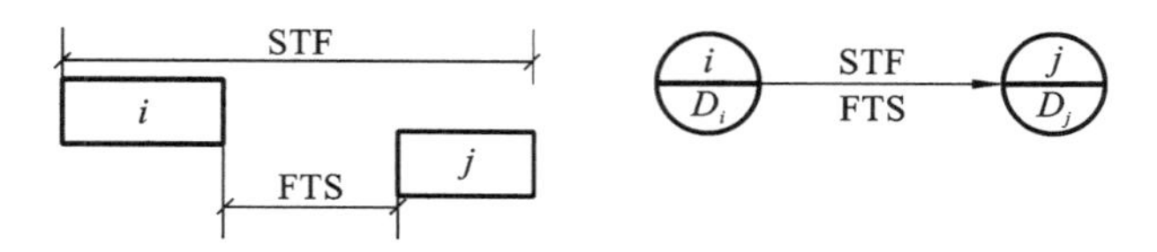

图 4-50　STF 和 FTS 混合型时间参数示意图

该种混合搭接关系中的时间参数计算关系如下。

①按 STF 搭接关系。

$$EF_j = ES_i + STF_{i-j}$$
$$LF_j = LS_i + STF_{i-j}$$

②按 FTS 搭接关系。

$$ES_j = EF_i + FTS_{i-j}$$
$$LS_j = LF_i + FTS_{i-j}$$

在利用上式计算最早时间时，选取其中最大者作为工作 j 的最早时间；计算最迟时间时，选取其中最小者作为工作 j 的最迟时间。

(3) 同时存在 STS 和 STF 搭接关系。即两项工作之间的相互关系是通过前项工作 i 的开始到后项工作 j 的开始(STS)，以及前项工作 i 的开始到后项工作 j 的结束(STF)双重时距来控制的，其横道图和单代号网络图如图 4-51 所示。

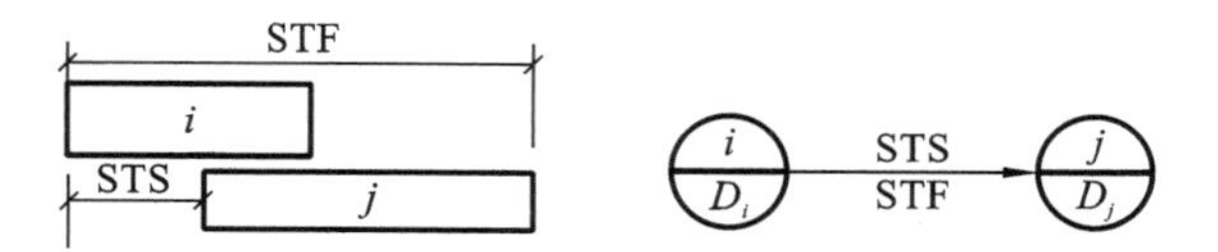

图 4-51　STS 和 STF 混合型时间参数示意图

该种混合搭接关系中的时间参数计算关系如下。

①按 STS 搭接关系。

$$ES_j = ES_i + STS_{i-j}$$
$$LS_j = LS_i + STS_{i-j}$$

②按 STF 搭接关系。

$$EF_j = ES_i + STF_{i-j}$$
$$LF_j = LS_i + STF_{i-j}$$

在利用上式计算最早时间时，选取其中最大者作为工作 j 的最早时间；计算最迟时间时，选取其中最小者作为工作 j 的最迟时间。

(4) 同时存在 FTS 和 FTF 搭接关系。即两项工作之间的相互关系是通过前项工作 i 的结束到后项工作 j 的开始(FTS),以及前项工作 i 的结束到后项工作 j 的结束(FTF)双重时距来控制的,其横道图和单代号网络图如图 4-52 所示。

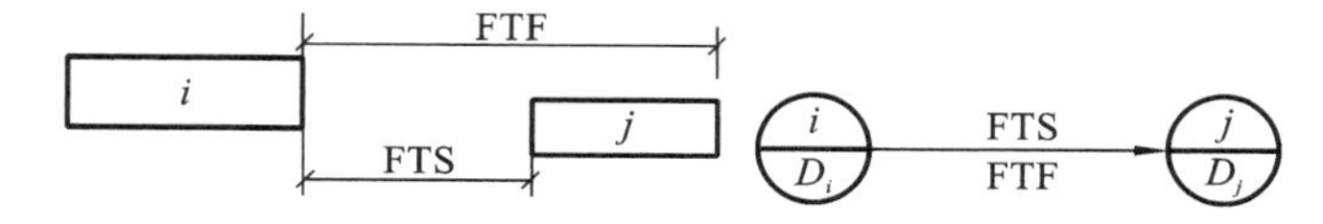

图 4-52　FTS 和 FTF 混合型时间参数示意图

该种混合搭接关系中的时间参数计算关系如下。

①按 FTS 搭接关系。

$$ES_j = ES_i + FTS_{i-j}$$
$$LS_j = LF_i + FTS_{i-j}$$

②按 FTF 搭接关系。

$$EF_j = EF_i + FTF_{i-j}$$
$$LF_j = LF_i + FTF_{i-j}$$

在利用上式计算最早时间时,选取其中最大者作为工作 j 的最早时间;计算最迟时间时,选取其中最小者作为工作 j 的最迟时间。

二、单代号搭接网络计划时间参数的计算

单代号搭接网络计划时间参数的计算应在确定各工作持续时间和各项工作之间的时距关系之后进行。计算的主要参数也是工作时间和机动时间,其总体计算思路同单代号网络计划。但由于相邻工作之间增加了搭接关系,且有多种搭接形式,与之相对应的相邻工作之间工作参数较多,计算也较为复杂。

(一) 计算工作最早时间

(1) 计算最早时间参数必须从起点节点开始依次进行,只有紧前工作计算完毕,才能计算本工作。

(2) 工作最早开始时间应按下列步骤进行。

①起点节点的工作最早开始时间都应为 0,即 $ES_i = 0$ (i = 起点节点编号)。

②其他工作 j 的最早开始时间 (ES_j) 根据时距按下列公式计算:

a. 相邻时距为 STS_{i-j} 时,$ES_j = ES_i + STS_{i-j}$;

b. 相邻时距为 FTF_{i-j} 时,$ES_j = ES_i + D_i + FTF_{i-j} - D_j$;

c. 相邻时距为 STF_{i-j} 时,$ES_j = ES_i + STF_{i-j} - D_j$;

d. 相邻时距为 FTS_{i-j} 时,$ES_j = ES_i + D_i + FTS_{i-j}$。

(3) 当出现最早开始时间为负值时,应将该工作 j 与起点节点用虚箭线相连接,并确定其时距 $STS_{起点节点,j} = 0$。

(4) 工作 j 的最早完成时间按公式 $EF_j = ES_j + D_j$ 计算。

(5) 当有两种以上的时距(有两项或两项以上紧前工作)限制工作之间的逻辑关系时,应分别计算其最早时间,取其最大值。

(6) 搭接网络计划中,如果中间工作 k 的最早完成时间为所有工作中的最大值,则该中间工作 k 应与终点节点用虚箭线相连接,并确定其时距 $FTF_{k,终点节点}=0$。

(7) 搭接网络计划计算工期 T_c 由与终点相联系的工作的最早完成时间的最大值决定。

(8) 网络计划的计划工期 T_p 的计算应按下列情况分别确定。

①当已规定了要求工期 T_r 时,$T_p<T_r$。

②当未规定要求工期时,$T_p=T_c$。

(二) 计算时间间隔

相邻两项工作 i 和 j 之间在满足时距之外,还存在时间间隔 LAG_{i-j},应按下式计算。

$$LAG_{i-j}=\min\left\{\begin{array}{l}ES_j-EF_i-FTS_{i-j}\\ES_j-ES_i-STS_{i-j}\\EF_j-EF_i-FTF_{i-j}\\EF_j-ES_i-STF_{i-j}\end{array}\right\}$$

(三) 计算工作总时差

工作 i 的总时差应从网络计划的终点节点开始逆着箭线方向依次逐项计算。当部分工作分期完成时,有关工作的总时差必须从分期完成的节点开始逆向逐项计算。

(1) 终点节点所代表的工作 n 的总时差 TF_n 值应为:$TF_n=T_p-EF_n$。

(2) 其他工作 i 的总时差 TF_i 应为:$TF_i=\min\{TF_j+LAG_{i-j}\}$。

(四) 计算工作自由时差

(1) 终点节点所代表的工作 n 的自由时差 FF_n 应为:$FF_n=T_p-EF_n$。

(2) 其他工作 i 的自由时差 FF_i 应为:$FF_i=\min\{LAG_{i-j}\}$。

(五) 计算工作最迟完成时间

工作 i 的最迟完成时间应从网络计划的终点节点开始逆着箭线方向依次逐项计算。当部分工作分期完成时,有关工作的最迟完成时间应从分期完成的节点开始逆向逐项计算。

(1) 终点节点所代表的工作 n 的最迟完成时间 LF_n 应按网络计划的计划工期 T_p 确定,即 $LF_n=T_p$。

(2) 其他工作 i 的最迟完成时间 LF_i 应为:$LF_i=EF_i+TF_i$。

(六) 计算工作最迟开始时间

工作 i 的最迟开始时间 LS_i 应按以下公式计算。

$$LS_i=LF_i-D_i \quad 或 \quad LS_i=ES_i+TF_i$$

（七）关键工作和关键线路的确定

1. 确定关键工作

关键工作是总时差最小的工作。搭接网络计划中工作总时差最小的工作，即具有的机动时间最小的工作，如果延长其持续时间就会影响计划工期，因此为关键工作。当计划工期等于计算工期时，工作的总时差最小为零。当有要求工期且要求工期小于计算工期时，总时差最小值为负值；当要求工期大于计算工期时，总时差最小值为正值。

2. 确定关键线路

关键线路是自始至终全部由关键工作组成的线路或线路上总的工作持续时间最长的线路。该线路在网络图上应用粗线、双线或彩色线标注。在单代号搭接网络计划中，从起点节点开始到终点节点均为关键工作，且所有工作的时间间隔均为 0 的线路应为关键线路。

【例题 4-8】　计算图 4-53 所示的单代号搭接网络计划的时间参数。

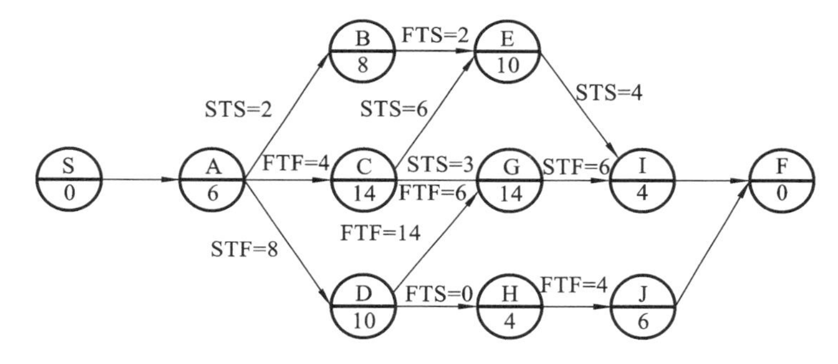

图 4-53　单代号搭接网络计划

【解】

根据单代号搭接网络计划的计算方法，在已知的各种时距的基础上，分步骤计算工作的最早时间、最迟时间、相邻工作之间的时间间隔、工作时差。计算结果如图 4-54 所示。

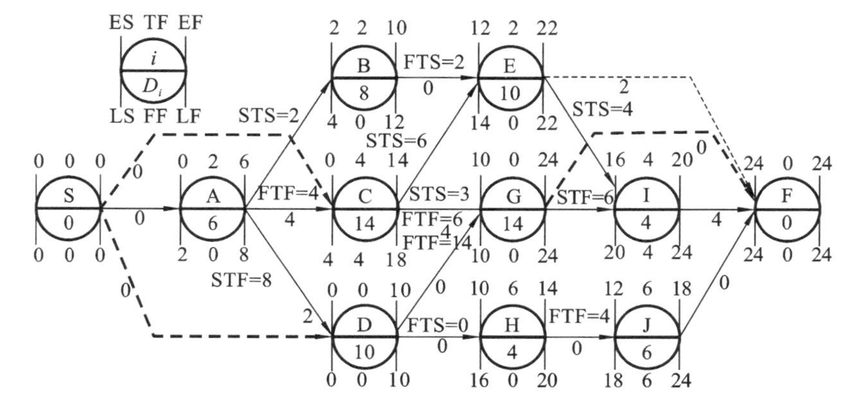

图 4-54　单代号搭接网络计划时间参数的计算结果

第6节 网络计划的优化

网络计划的优化是指通过不断改善网络计划的初始方案，在满足既定约束条件下，利用最优化原理按照某一衡量指标（时间、成本、资源等）来寻求满意方案。由于网络计划一般用于大中型的计划，其施工过程和节点较多，优化时需进行大量繁琐的计算，因而要真正实现网络的优化，有效地指导实际工程，必须借助计算机。

网络计划的优化目标按计划任务的需要和条件可分为三个方面：工期目标、费用目标和资源目标。根据优化目标的不同，网络计划的优化相应分为工期优化、费用优化和资源优化三种。

一、工期优化

工期优化也称时间优化，其目的是当网络计划计算工期不能满足要求工期时，通过不断压缩关键线路上关键工作的持续时间等措施，达到缩短工期、满足要求的目的。

（一）选择优化对象应考虑的因素

（1）缩短持续时间对质量和安全影响不大的工作。

（2）有备用资源的工作。

（3）缩短持续时间时应增加的资源、费用最少的工作。

（二）工期优化的步骤

（1）找出网络计划的关键线路并计算出工期。

（2）按要求工期计算应缩短的时间。

（3）选择应优先缩短持续时间的关键工作。

（4）将应优先缩短持续时间的关键工作压缩至合理的持续时间，并重新确定关键线路。

（5）若计算工期仍超过要求工期，则重复上述步骤，直到满足工期要求或已不能再缩短为止。

（6）当所有关键工作的持续时间都已达到最短持续时间而工期仍不能满足要求时，应对计划的技术、组织方案进行调整，或对要求工期重新审定。

【例题4-9】 某网络计划如图4-55所示。箭线上括号外的数字为工作正常持续时间，括号内的数字为工作压缩后的最短持续时间，计划工期为100d。试对该网络计划进行工期优化。

【解】

按照工期优化的步骤进行优化。

（1）计算并找出网络计划的计算工期、关键线路及关键工作。

用工作的正常持续时间计算节点的最早时间和最迟时间，计算结果如图4-56所示，关键线路用粗箭线表示。

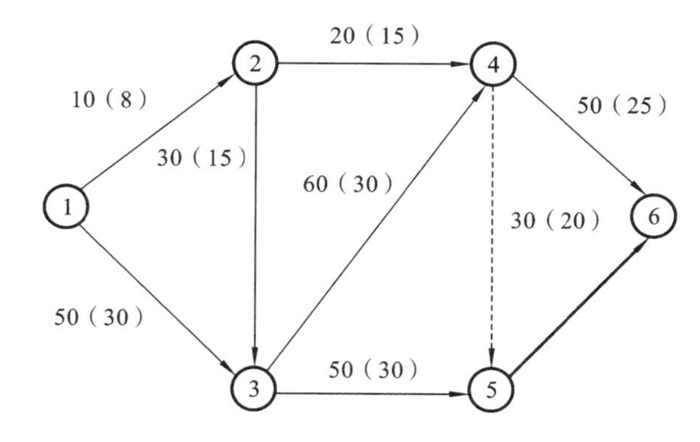

图 4-55 网络计划

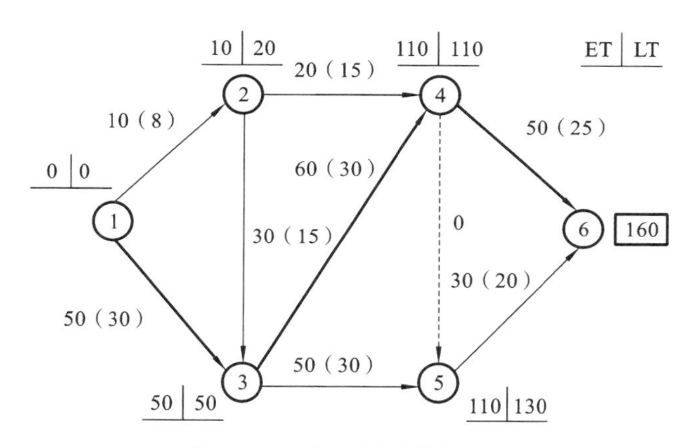

图 4-56 网络计划的节点时间

从图 4-56 可以看出，关键线路为①→③→④→⑥，关键工作为①－③、③－④、④－⑥。

(2) 按要求工期计算应缩短的时间。

计算工期为 160d，计划工期为 100d，则应缩短的工期为 60d。

(3) 确定关键工作能缩短的持续时间。

关键工作的最短持续时间如图 4-56 中括号内数字所示。关键工作①－③可缩短 20d，③－④可缩短 30d，④－⑥可缩短 25d，共计可缩短 75d，但考虑工期优化的原则，因缩短工作④－⑥后增加的劳动力较多，故仅缩短 10d。

(4) 重新计算网络计划的计算工期。

重新计算的网络计划工期如图 4-57 所示，图中的关键线路为①→②→③→⑤→⑥，关键工作为①－②、②－③、③－⑤、⑤－⑥，工期为 120d。

(5) 因计算工期仍然超过计划工期，继续压缩关键线路上的关键工作的持续时间。

按计划工期要求尚需压缩 20d，选择工作②－③、③－⑤较宜。用最短工作持续

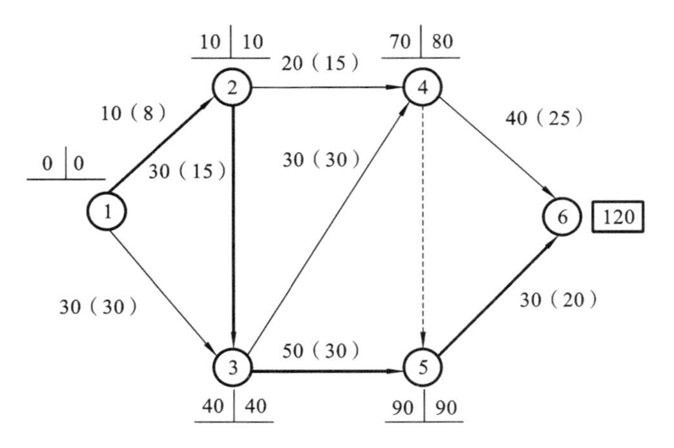

图 4-57　网络计划第一次调整结果

置换工作②—③和工作③—⑤的正常持续时间，重新计算网络计划，如图 4-58 所示，经计算，关键线路为①→③→④→⑥，工期 100d，满足要求。

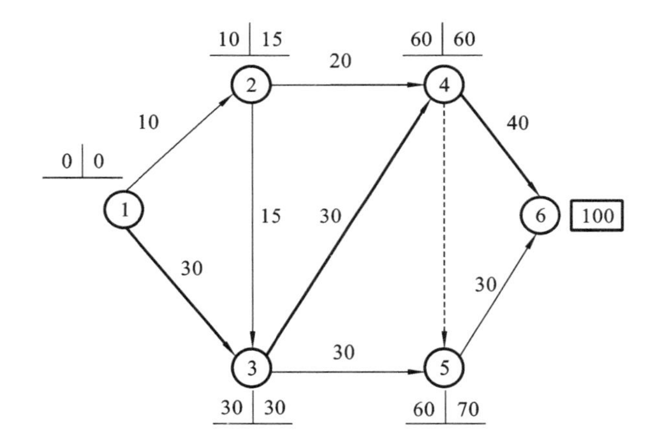

图 4-58　优化后的网络计划

二、费用优化

工程的成本和工期是相互联系和制约的。在生产效率一定的条件下，要缩短工期（与正常工期相比）、提高施工速度，就必须投入更多的人力、物力和财力，使工程某些方面的费用增加，却又能使诸如管理费等一些费用减少，因此应用网络计划进行费用优化需要同时考虑这两方面的因素，寻求最佳组合。

工期-费用优化又称为工期-成本优化，是通过对不同工期时的工程总费用进行比较分析，从中寻求工程总费用最低时的最优工期。

（一）优化应考虑的原则

（1）在既定工期的前提下，确定项目的最低费用。

(2) 在既定的最低费用限额下完成项目计划，确定最佳工期。

(3) 若需要缩短工期，则考虑如何使增加的费用最小。

(4) 若新增一定数量的费用，则应考虑可将工期缩短到多少。

(二) 费用优化的步骤

(1) 按工作正常持续时间找出关键工作和关键线路。

(2) 计算各项工作的费用率。

①双代号网络计划按下式计算。

$$C_{i-j} = \frac{\mathrm{CC}_{i-j} - \mathrm{CN}_{i-j}}{\mathrm{DN}_{i-j} - \mathrm{DC}_{i-j}}$$

式中，C_{i-j} ——工作 $i-j$ 的费用率；

CC_{i-j} ——将工作 $i-j$ 的持续时间缩短为最短持续时间后，完成该工作所需的直接费用；

CN_{i-j} ——在正常条件下完成工作 $i-j$ 所需的直接费用；

DN_{i-j} ——工作 $i-j$ 的正常持续时间；

DC_{i-j} ——工作 $i-j$ 的最短持续时间。

②单代号网络计划按下式计算。

$$C_i = \frac{\mathrm{CC}_i - \mathrm{CN}_i}{\mathrm{DN}_i - \mathrm{DC}_i}$$

式中，C_i ——工作 i 的费用率；

CC_i——将工作 i 的持续时间缩短为最短持续时间后，完成该工作所需的直接费用；

CN_i——在正常条件下完成工作 i 所需的直接费用；

DN_i——工作 i 的正常持续时间；

DC_i——工作 i 的最短持续时间。

(3) 在网络计划中找出费用率(或组合费用率)最低的一项关键工作或一组关键工作(把这种工作组合称为“最小切割”)，将“最小切割”作为缩短持续时间的对象。

(4) 缩短“最小切割”的持续时间，其缩短值必须符合以下几个原则。

①不能将缩短时间的工作压缩成非关键工作。

②缩短后其持续时间不小于最短持续时间。

(5) 计算相应增加的总费用 C_i。

(6) 考虑工期变化带来的间接费及其他损益，在此基础上计算总费用。

(7) 重复上述(3)～(6)的步骤，一直计算到总费用最低为止。

三、资源优化

资源优化是指通过改变工作的开始时间和完成时间，使资源按照时间的分布符合优化目标。通常分两种模式：资源有限、工期最短的优化，工期固定、资源均衡的优化。

（一）资源优化的前提条件

(1) 优化过程中，不改变网络计划中各项工作之间的逻辑关系。

(2) 优化过程中，不改变网络计划中各项工作的持续时间。

(3) 网络计划中各工作单位时间所需资源数量为合理常量。

(4) 除明确可中断的工作外，优化过程中一般不允许中断工作，应保持其连续性。

（二）资源有限、工期最短的优化模式

该优化是指在资源有限时，保持各个工作的日资源需要量(即强度)不变，寻求工期最短的施工计划。其优化步骤如下。

(1) 计算网络计划每个时间单位的资源需用量。

(2) 从计划开始日期起，逐个检查每个时间单位资源需用量是否超过资源限量，如果在整个工期内每个时间单位均能满足资源限量的要求，则方案就编制完成，否则必须进行计划调整。

(3) 分析超过资源限量的时段，按公式计算 $D_{m'-n',i'-j'}$，依据它确定新的安排顺序。

①对双代号网络计划，计算公式如下。

$$D_{m'-n',i'-j'}=\min\{D_{m-n,i-j}\}$$

$$D_{m-n,i-j}=\mathrm{EF}_{m-n}-\mathrm{LS}_{i-j}$$

式中，$D_{m'-n',i'-j'}$——在各种顺序安排中，最佳顺序安排所对应的工期延长时间的最小值；

$D_{m-n,i-j}$——在资源冲突中的诸工作中，工作 $i-j$ 安排在工作 $m-n$ 之后进行，工期所延长的时间。

②对单代号网络计划，计算公式如下。

$$D_{m',i'}=\min\{D_{m,i}\}$$

$$D_{m,i}=\mathrm{EF}_{m}-\mathrm{LS}_{i}$$

式中，$D_{m',i'}$——在各种顺序安排中，最佳顺序安排所对应的工期延长时间的最小值；

$D_{m,i}$——在资源冲突中的诸工作中，工作 i 安排在工作 m 之后进行，工期所延长的时间。

(4) 在最早完成时间（$\mathrm{EF}_{m'-n'}$ 或 $\mathrm{EF}_{m'}$）最小值和最迟开始时间（$\mathrm{LS}_{i'-j'}$ 或 $\mathrm{LS}_{i'}$）最大值同属一个工作时，应找出最早完成时间（$\mathrm{EF}_{m'-n'}$ 或 $\mathrm{EF}_{m'}$）值为次小、最迟开始时间（$\mathrm{LS}_{i'-j'}$ 或 $\mathrm{LS}_{i'}$）为次大的工作，分别组成两个顺序方案，再从中选取较小者进行调整。

(5) 绘制调整后的网络计划，重复上述步骤，直到满足要求。

(三) 工期固定、资源均衡的优化模式

该优化模式是在保持工期不变的前提下，使资源分布尽量均衡，即在资源需要量的动态曲线上，尽可能不出现短时间的高峰和低谷，力求每个时段的资源需用量接近于平均值。

工期固定、资源均衡优化的方法有削高峰法、均方差优化法，下面介绍削高峰法。削高峰法是利用时差降低资源高峰值，从而获得资源消耗量尽可能均衡的优化方案。用削高峰法进行优化的步骤如下。

(1) 计算网络计划每个时间单位的资源需用量。

(2) 确定削高峰目标，其值等于每个时间单位资源需用量的最大值减一个单位资源量。

(3) 找出高峰时段的最后时间（T_h）及有关工作的最早开始时间（ES_{i-j} 或 ES_i）和总时差（TF_{i-j} 或 TF_i）。

(4) 按下列公式计算有关工作的时间差值（ΔT_{i-j} 或 ΔT_i）。

①对双代号网络计划，计算公式如下。

$$\Delta T_{i-j} = TF_{i-j} - (T_h - ES_{i-j})$$

②对单代号网络计划，计算公式如下。

$$\Delta T_i = TF_i - (T_h - ES_i)$$

应优先以时间差值最大的工作为调整对象，使其最早开始时间等于 T_h。

(5) 当峰值不能再减少时，即得到优化方案。否则，重复进行以上步骤。

第7节 网络计划的控制

在施工项目实施的过程中，为了有效进行施工控制，应经常跟踪检查施工实际进度情况，搜集有关数据资料进行统计整理和对比分析，确定施工实际进度与计划进度是否有偏差及偏差值的大小，提出施工项目的进度控制报告。网络计划的控制是一个发现问题、分析问题和解决问题的连续的系统过程。

一、网络计划的检查

网络计划的检查是网络计划控制的主要环节，对网络计划的实施应进行定期检查，检查周期的长短时应根据计划工期的长短和管理的需要决定。首先应在网络图上对计划的执行情况进行记录，然后根据记录结果进行分析，判断进度的实际状况，并对未来的进度进行预测，为网络调查提供信息。常用的检查方法有前锋线比较法、列表比较法、S形曲线比较法、香蕉形曲线比较法、切割线法等。

(一) 前锋线比较法

当采用时标网络计划时，可用实际进度前锋线（简称前锋线）记录计划执行情况。其主要方法是从检查时刻的时标点出发，自上而下用直线依次连接其相邻的工作箭线的实际进展位置点，将检查时刻正在进行的点都依次连接起来，直至达到最下方的时间刻度线为止，即可组成一条一般为折线的前锋线。按此前锋线与计划工作箭线交点的位置判定工作实际进度与计划进度的偏差。简而言之，前锋线比较法就是通过工程项目实际进度前锋线来比较工程实际进度与计划进度偏差的方法，其检查步骤如下。

（1）绘制时标网络计划。工程项目实际进度前锋线是在时标网络计划上标示的，为清楚起见，可在时标网络计划的上方和下方各设一个时间坐标。

（2）绘制实际进度前锋线。一般从时标网络计划上方时间坐标的检查日期开始绘制，依次连接相邻工作的实际进展位置点，最后与时标网络计划下方坐标的检查日期相连接。工作实际进展位置的标定方法有以下两种。

①按照工作已经完成任务量的比例进行标定。假设工程项目中各项工作均为匀速进展，根据实际进度检查时刻该工作已完任务量占其计划完成总任务量的比例，在工作箭线上从左到右按照相同的比例标定其实际进展位置点。

②按照尚需作业时间进行标定。当某工作的持续时间难以按事物量来计算而只能凭经验估算时，可以先估算出检查时刻到该工作全部完成尚需作业时间，然后在该工作箭线上从右向左逆向标定其实际进展位置点。

（3）进行实际进度与计划进度的比较。前锋线可以直观地反映出检查日期有关工作的实际进度与计划进度之间的关系，对于某项工作来说，其实际进度与计划进度之间的关系可能存在三种情况：工作的实际进展位置点落在检查日期的左侧，表明该工作实际进展拖后，拖后的时间为两者之差；工作的实际进展位置点与检查日期重合，表明该工作实际进度与计划进度一致；工作实际进展位置点落在检查日期的右侧，表明该工作实际进度超前，超前的时间为两者之差。

（4）预测进度偏差对后续工作及总工期的影响。通过实际进度与计划进度的比较确定了进度的偏差之后，还可根据工作的自由时差和总时差预测该进度偏差对后续工作及项目总工期的影响。由此可见，前锋线比较法既适用于工作实际进度与计划进度之间的局部比较，又可用来分析和预测工程项目整体进展状况。但它主要是针对匀速进展的工作，对于非匀速进展的工作，比较方法较复杂。

（二）列表比较法

当工程进度计划用非时标网络计划表示时，可以采用列表比较法进行实际进度与计划进度的比较。这种方法是记录检查日期应该进行的工作名称及其已经作业的时间，然后列表计算有关时间参数，并根据工作总时差将实际进度与计划进度比较，其步骤如下。

（1）对于实际进度检查日期应该进行的工作，根据已经作业的时间确定其尚需作业的时间。

（2）根据原进度计划，计算检查日期应该进行的工作从检查日期到原计划最迟完成时的尚余时间。

(3) 计算工作尚有总时差，其值等于工作从检查日期到原计划最迟完成时的尚余时间与该工作尚需作业时间之差。

(4) 比较实际进度与计划进度，可能有以下几种情况。

①如果工作尚有总时差与原有总时差相等，说明该工作实际进度与计划进度一致。

②如果工作尚有总时差大于原有总时差，说明该工作实际进度超前，超前的时间为两者之差。

③如果工作尚有总时差小于原有总时差，且为非负值，说明该工作实际进度拖后，拖后时间为两者之差，但不影响总工期。

④如果工作尚有总时差小于原有总时差，且为负值，说明该工作实际进度拖后，拖后时间为两者之差，此时工作实际进度偏差将影响总工期。

（三）S 形曲线比较法

S 形曲线是一个以横坐标表示时间、纵坐标表示任务量完成情况的曲线图。将计划完成和实际完成的累计任务量分别制成 S 形曲线，任意检查日期对应的实际进度 S 形曲线上的一点，若位于计划进度 S 形曲线左侧则表示实际进度比计划进度超前，位于右侧则表示实际进度比计划进度滞后。如图 4-59 所示，通过图中实际进度 S 形曲线和计划进度 S 形曲线，可以得到如下信息。

(1) 实际进度 S 形曲线上的 a 点落在计划进度 S 形曲线的左侧，表示实际进度比计划进度超前；实际进度 S 形曲线上的 b 点落在计划进度 S 形曲线的右侧，表示实际进度比计划进度滞后。

(2) Δt_a 表示 t_1 时刻实际进度超前的时间；Δt_b 表示 t_2 时刻实际进度拖后的时间。

(3) ΔQ_a 表示 t_1 时刻超额完成的任务量；ΔQ_b 表示 t_2 时刻拖欠的任务量。

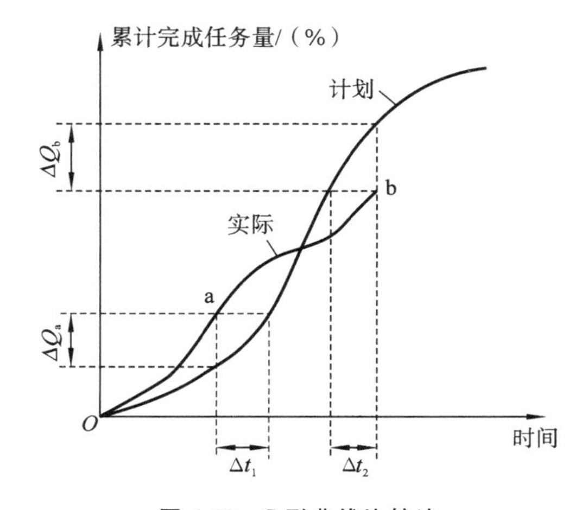

图 4-59　S 形曲线比较法

（四）香蕉形曲线比较法

香蕉形曲线是由具有同一开始时间和结束时间的 ES 曲线（最早开始时间曲线）和 LS 曲线（最迟开始时间曲线）两条 S 形曲线组成，如图 4-60 所示。

显然，任一时段按实际进度描出的点均落在香蕉形曲线区域内，表明实际工程进度被控制于最早开始时间和最迟开始时间界定的范围之内。从图 4-60 中我们可以得到如下信息。

（1）t_1 时刻检查时，M 点落在香蕉形曲线的区域内；t_2 时刻检查时，N 点落在香蕉形曲线的区域外。

（2）t_1 时刻检查时，实际进度相对于 ES 曲线拖后了 Δt_1 的时间；t_2 时刻检查时，实际进度相对于 ES 曲线提前了 Δt_2 的时间，相对于 LS 曲线提前了 Δt_3 的时间。

（3）t_1 时刻检查时，实际进度相对于 ES 曲线拖欠了 ΔC_1 的任务量，相对于 LS 曲线超额完成了 ΔC_2 的任务量；t_2 时刻检查时，实际进度相对于 ES 曲线超额完成了 ΔD_1 的任务量，相对于 LS 曲线超额完成了 $\Delta D_1+\Delta D_2$ 的任务量。

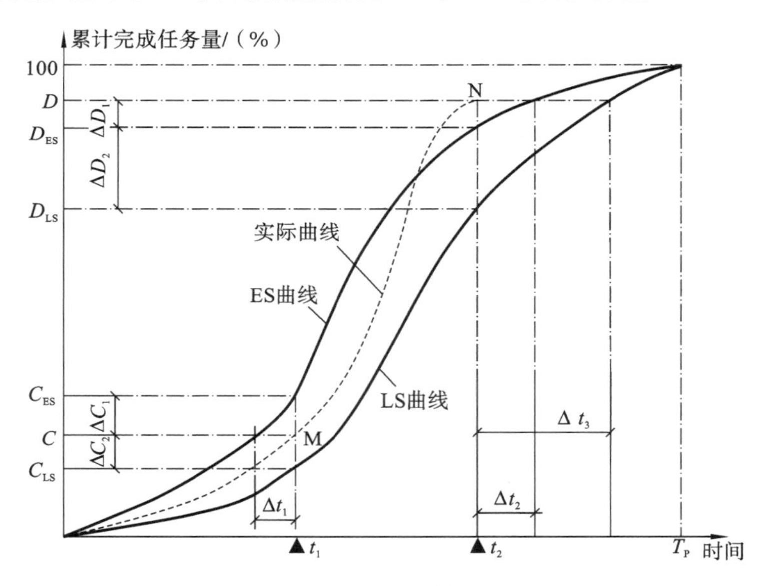

图 4-60　香蕉形曲线比较法

（五）切割线法

当工程进度计划用非时标网络计划表示时，还可采用直接在网络图上用点画线等符号记录的方法，即切割线法。图 4-61 是双代号网络计划的检查实例，点画线（即“切割线”）代表其实际进度，点画线右侧中括号内的数字表示检查时工作尚需的作业天数。

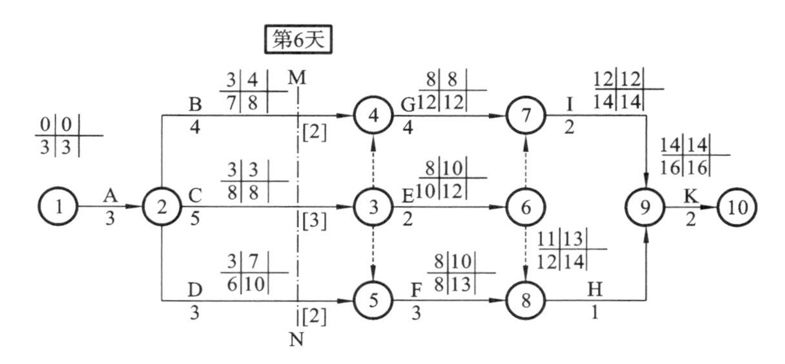

图 4-61 用切割线法检查工程进度

二、网络计划的分析

(一) 分析目前进度——实际进度与计划进度对比

分析目前进度是以检查日期为基准线，前锋线可以看成描述实际进度的波形图。前锋线处于波峰上的线路相对于相邻线路超前，处于波谷上的线路相对于相邻线路滞后；前锋线在基准线前面的线路比原计划提前；前锋线在基准线后面的线路比原计划拖后。如图 4-62 所示，F 比原计划滞后，G 与原计划一致，H 比原计划超前。

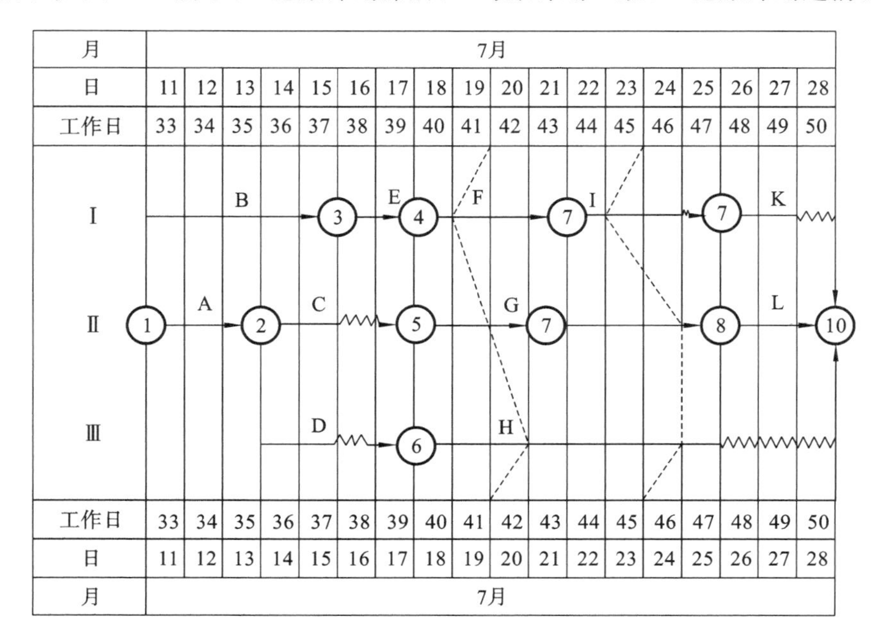

图 4-62 某项目进度计划的前锋线示意图

(二) 预测未来进度

将该时刻的前锋线与前一次检查时的前锋线进行对比分析，可以在一定范围内对工程未来的进度和变化趋势作出预测。

这里要引进进度比的概念：前后两条前锋线在某线路上截取的线段 ΔX 与这两条前锋线之间的检查时间间隔 ΔT 之比称为进度比，用 B 表示。$B=\dfrac{\Delta X}{\Delta T}$，$B$ 的大小反映了该线路的实际进度的大小，某线路的实际进度与原计划相比快、慢或相等时，B 相应地大于 1、小于 1 或等于 1。根据 B 的大小可对该线路未来的速度作出定量的预测。

三、网络计划的调整

网络计划调整的目的是根据实际进度情况对网络计划进行必要的修正，使之符合变化后的实际情况，以保证其顺利实现。

（一）关键线路长度的调整

调整关键线路的长度可以针对不同情况采用不同方法。

（1）当关键工作的实际进度比计划进度提前时，应选用资源占用最大或直接费高的后续关键工作，适当延长其持续时间，以降低其资源强度或费用。

（2）关键工作的实际进度比计划进度拖后时，应在未完成的关键工作中选择资源强度小或费用低的工作，缩短其持续时间，并把计划的未完成部分作为一个新计划进行调整。

（二）非关键工作时差的调整

非关键工作时差的调整应在其时差范围内进行。每次调整均必须重新计算时间参数，观察该项调整对整个网络计划的影响。调整时在以下方法中选择。

（1）将工作在其最早开始时间与最迟完成时间范围内移动。

（2）缩短工作的持续时间。

（3）延长工作的持续时间。

（三）逻辑关系的调整

若实际情况要求改变施工方法或组织方法，可以进行逻辑关系的调整。调整应避免影响原定计划工期和其他工作的顺利进行。

（四）某些工作持续时间的调整

发现某些工作的原持续时间估计有误或实现条件不充分时，应重新估算其持续时间和时间参数，尽量使原计划工期不受影响。

（五）增减工作

增减工作应做到不打乱原计划的逻辑关系，只对局部逻辑关系进行调整。在增减工作以后应重新计算时间参数，并分析对原网络计划的影响。当对工期有影响时，应采用调整措施，保证计划工期不变。

（六）资源调整

若资源供应发生异常，应采用资源优化方法对计划进行调整，或采取应急措施使其对工期的影响最小。

第8节 网络计划的应用

一、施工网络计划的排列方法

为了使网络计划更加形象化且便于指导工程施工，在绘制时应根据不同的工程情况、不同的施工组织方法及使用要求等灵活选用排列方法，以使逻辑关系表达得更清晰，便于施工和管理人员掌握，也便于计算和调整。

（一）按工种排列

这种排列方法是把相同工种安排在一条水平线上，能够突出不同工种的工作情况，形象地体现了工种之间的顺序关系，是施工中常用的一种表达方式（图4-63）。

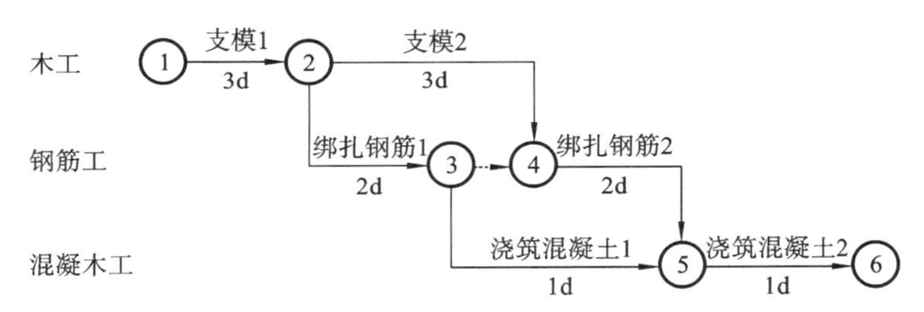

图4-63 按工种排列的网络计划

（二）按施工段排列

这种排列方法是把同一施工段的工作安排在同一水平线上，能够反映出分段施工的特点，突出表示工作面的利用和不同工种之间的相互关系（图4-64）。

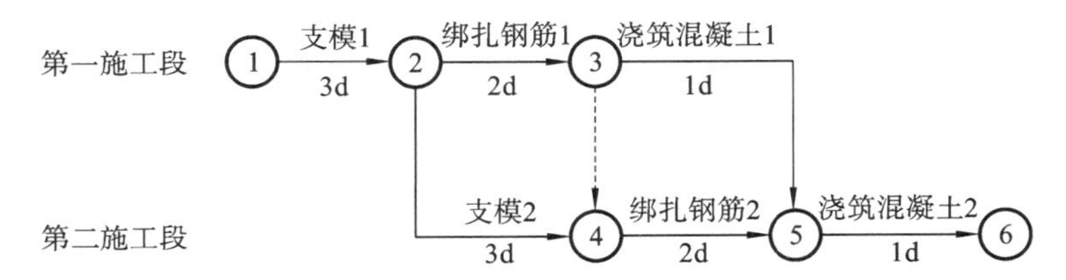

图4-64 按施工段排列的网络计划

（三）混合排列

这种排列方法可使网络图对称美观，但在同一水平方向既有不同工种的工作，又有不同施工段的工作（图4-65），一般用于较简单的网络图。

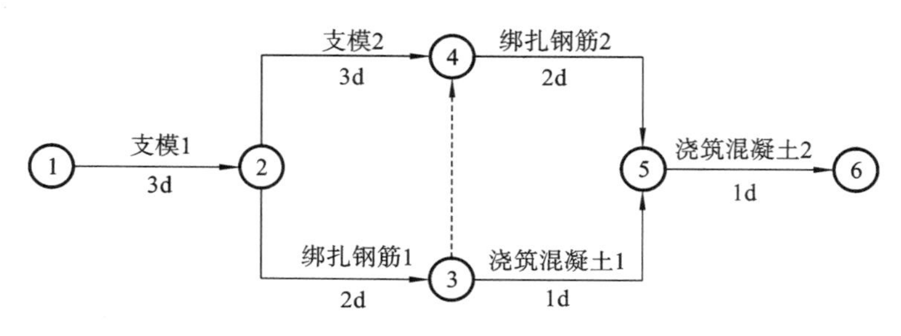

图 4-65 混合排列的网络计划

（四）按楼层排列

图 4-66 所示为一般内装修工程的三项工作按楼层由上而下进行的施工网络计划。在分段施工中，当若干项工作沿着建筑物的楼层展开时，可以按楼层排列。

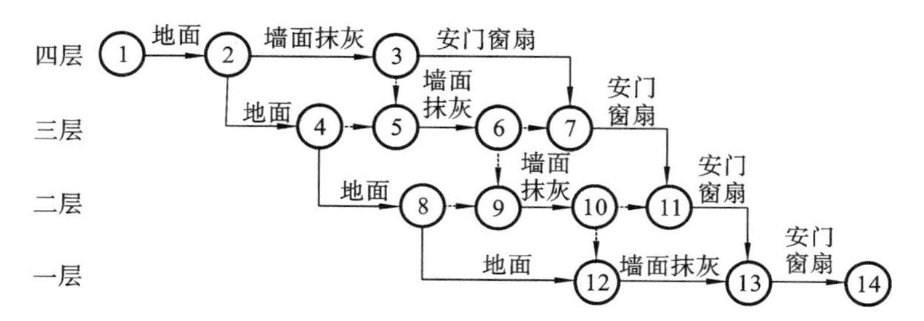

图 4-66 按楼层排列的网络计划

（五）按施工专业或单位排列

有多个施工单位共同参与完成一项单位工程的施工任务时，为了便于各作业队对自己工作的部分有更直观的了解，故而将网络计划按施工专业或单位排列，如图 4-67 所示。

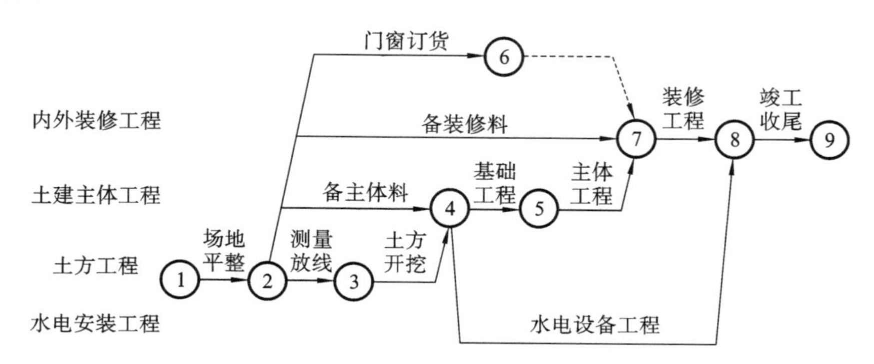

图 4-67 按施工专业或单位排列的网络计划

二、施工网络计划的连接

编制一个工程规模比较复杂或有多幢房屋工程的网络计划时，一般先按不同的分部工程编制局部网络计划，然后根据其相互之间的逻辑关系进行连接，从而形成一个总体网络计划。图 4-68 是由某工程的基础、主体和装修三个分部工程的局部网络计划连接而成的总体网络计划。

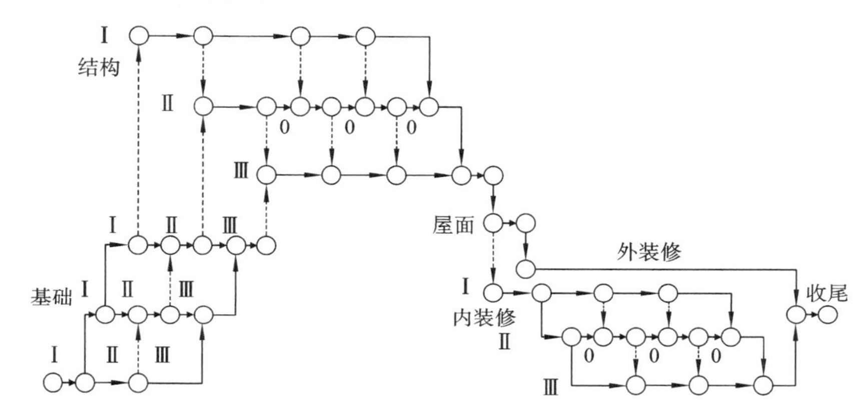

图 4-68　某工程的总体网络计划

注：Ⅰ—一段；Ⅱ—二段；Ⅲ—三段

三、工程施工网络计划示例

（一）某四层混合结构住宅工程

其施工网络计划如图 4-69 所示。

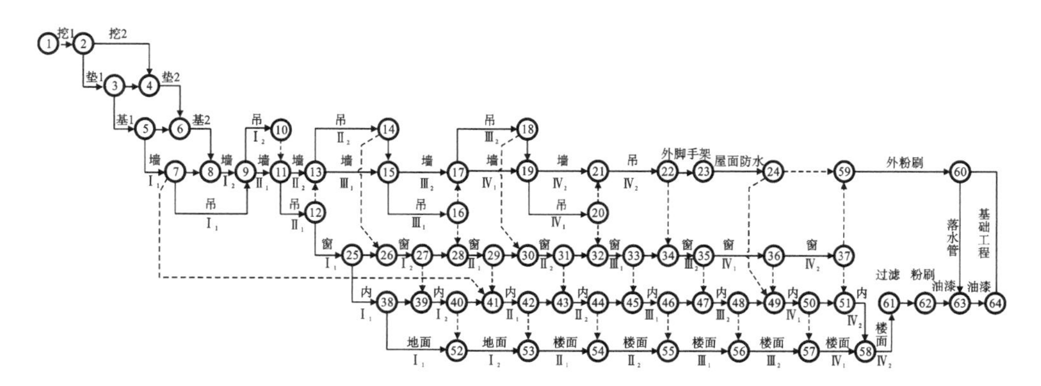

图 4-69　住宅楼施工网络进度计划

（二）某八层框架-剪力墙结构综合楼工程

其施工时标网络计划如图 4-70 所示。

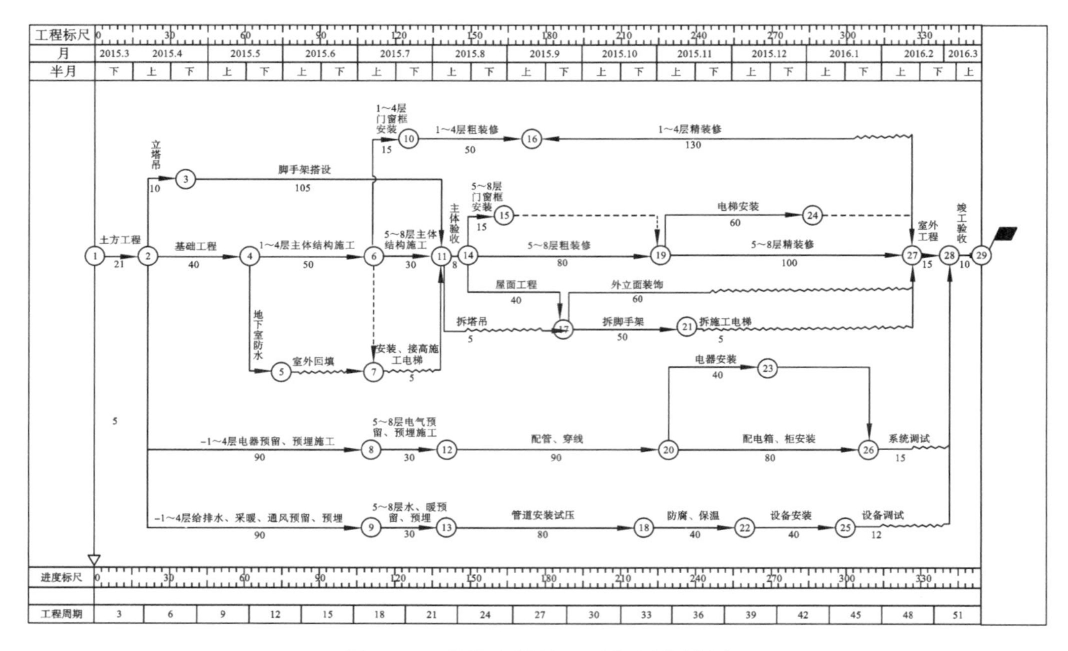

图 4-70 某综合楼施工时标网络计划

（三）某单层厂房工程

其施工网络计划如图 4-71 所示。

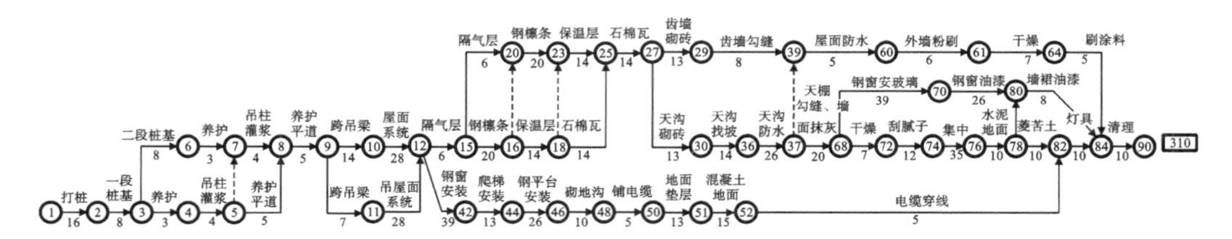

图 4-71 某单层厂房施工网络进度计划

◇思考与练习◇

1. 什么是网络计划？
2. 什么是双代号网络计划？什么是单代号网络计划？
3. 双代号网络计划的虚箭线的作用有哪些？
4. 简述绘制双代号网络计划的基本原则。
5. 网络计划时间参数有哪些？
6. 网络计划时间参数的计算方法有哪些？它们各有什么特点？

第5章　单位工程施工组织设计

第1节　概　　述

施工企业的一切生产活动都必须落实到每一个建设项目的生产过程，任何一项工程施工都必须编制单位工程施工组织设计，其编制的目的在于对一个具体的拟建单位工程从施工准备工作到整个施工的全过程进行规划，实行科学管理和文明施工，节约资源，保证质量，安全并高效地完成施工任务。

单位工程施工组织设计是由承包单位编制的，用以指导其全过程施工活动的技术、组织和经济的综合性文件。它的主要任务是根据编制施工组织设计的基本原则、施工组织总设计和有关原始资料，结合实际施工条件，从整个建筑物或构筑物的施工全局出发，进行最优施工方案设计，确定科学合理的分部（分项）工程之间的衔接与配合关系，设计符合施工现场情况的施工平面布置图，从而达到工期短、质量好、成本低的目标。

一、单位工程施工组织设计的作用

（一）为施工准备工作做详细的安排

（1）熟悉施工图纸，了解施工环境。

（2）施工项目管理机构的组建，施工力量的配备。

（3）施工现场“七通一平”（通给水、通排水、通电、通信、通路、通燃气、通热力及场地平整）工作的落实。

（4）各种建筑材料及水电设备的采购和进场安排。

（5）施工设备及起重机械等的准备和现场布置。

（6）计划预制构件、门、窗及预埋件等的数量和需要日期。

（7）确定施工现场临时仓库、工棚、办公室、机具房及宿舍等场地，并组织进场。

（二）对项目施工过程中的技术管理做具体安排

单位施工组织设计是指导施工的技术文件，可以针对以下几个主要方面的技术方案和技术措施做出详细的安排，用以指导施工。

（1）结合具体工程特点，提出切实可行的施工方案和技术手段。

（2）各分部（分项）工程以及各工种之间的先后施工顺序和交叉搭接。

（3）对各种新技术及较复杂的施工方法所必须采取的有效措施与技术规定。

（4）设备安装的进场时间以及与土建施工的交叉连接。

(5) 施工中的安全技术和所采取的措施。

(6) 施工进度计划与安排。

二、单位工程施工组织设计的编制依据

单位工程施工组织设计的编制依据主要有以下几个方面。

(一) 施工合同

施工合同的内容包括工程范围和项目概况，工程开、竣工日期，工程质量保修期及保养条件，工程造价，工程价款的支付、结算及竣工验收办法，设计文件及概预算和技术资料的提供日期，材料和设备的供应和进场期限，双方相互协作事项，违约责任等。

(二) 经过会审的施工图

经过会审的施工图应包括单位工程的全部施工图纸、会议记录和标准图等有关的设计资料。对于较复杂的工业厂房，还要有设备图纸，并了解设备安装对土建施工的要求及设计单位对新结构、新材料、新技术和新工艺的要求。

(三) 施工组织总设计

本工程若为整个建设项目中的一个项目，应把施工组织总设计中的总体施工部署及对本工程施工的有关规定和要求作为编制依据。

(四) 建设单位可能提供的条件

建设单位可能提供的条件包括可能提供的临时房屋数量，施工用水、用电供应量，水压、电压能否满足施工要求等。

(五) 工程预算文件及有关定额

相关文件应有详细的分部、分项工程量，必要时应有分层、分段或分部位的工程量及预算定额和施工定额。

(六) 本工程的资源配备情况

工程的资源配备包括施工中需要的劳动力情况，材料、预制构件和加工品来源及其供应情况，施工机具和设备的配备及其生产能力等。

(七) 施工现场的勘察资料

勘察资料包括施工现场的地形地貌、地上与地下障碍物、工程地质和水文地质、气象资料、交通运输道路及场地面积等。

(八) 有关的国家标准和规定

该类文件主要包括施工及验收规范、质量评定标准及安全操作规程等。

(九) 其他

除上述资料外，编制单位工程施工组织设计还可依据有关的参考资料及类似工

程施工组织设计实例等。

三、单位工程施工组织设计的编制内容

根据设计阶段、工程性质、工程规模和施工复杂程度，单位工程施工组织设计的内容、深度和广度要求各有不同。但其内容必须简明扼要，从实际出发，真正起到指导建筑工程投标和现场施工的目的。单位工程施工组织设计的编制内容一般应包括以下诸方面。

（一）工程概况

项目的工程概况应涵盖拟建工程的概况、工程建设地点特征、各专业的主要设计简介、施工条件及工程特点、简要而又突出的工程重点和难点分析等。工程概况可以采用文字和图表的形式编写，需要达到以下效果。

(1) 表明施工单位对本工程的特点（尤其是重点和难点）较为清楚，能够有针对性地制订施工方案。

(2) 便于监理单位、业主单位和政府监督部门的相关人员能快速了解工程的特点，从而能更好地审查或贯彻编制者对工程施工的基本意图。

（二）施工部署

单位工程的施工部署是对整个单位工程的施工进行总体安排，其目的是通过合理部署顺利实现各项施工管理目标。单位工程的施工部署主要包括确定施工管理目标、施工部署原则、总体施工顺序以及组织机构和岗位职责，明确各参建单位之间协调配合的范围和方式。

（三）施工准备

施工准备主要包括施工准备工作计划及劳动力、施工机具、主要材料、构件和半成品需要量计划。单位工程的施工准备重点是技术准备和现场准备两方面内容。

（四）施工方案

施工方案主要包括划分施工区域和流水段，选择主要分部（分项）工程的施工方法和施工机械，技术组织措施的制定等内容。

（五）施工进度计划

单位工程的施工进度计划应按施工组织总设计中的总体进度计划编制。简单的项目可采用横道图表达，复杂工程需采用网络图表达。施工进度计划主要包括各分部工程的工程量、劳动量或机械台班量、专业工作队人数、每天工作班数、工作持续时间及施工进度等内容。

（六）施工平面布置

施工平面布置主要包括已建和拟建的建筑总平面图，确定起重机械的位置，布置施工道路，布置生产临时设施和材料、构配件的堆场，布置生活临时设施，布置临时水

管线、电管线等。

（七）主要管理措施和技术经济指标

主要管理措施指保证质量、工期、成本及安全目标的措施，保护环境、文明施工及分包管理的措施。技术经济指标主要有施工工期、劳动生产率、工程质量等级、降低成本、安全指标等。

四、单位工程施工组织设计的编制程序

单位工程施工组织设计的编制程序如图 5-1 所示。由于单位工程施工组织设计是施工企业项目部具体控制和指导施工的文件，所以必须紧密切合实际。在编制前应会同各有关部门和人员，共同讨论和研究其主要的技术措施和组织措施。

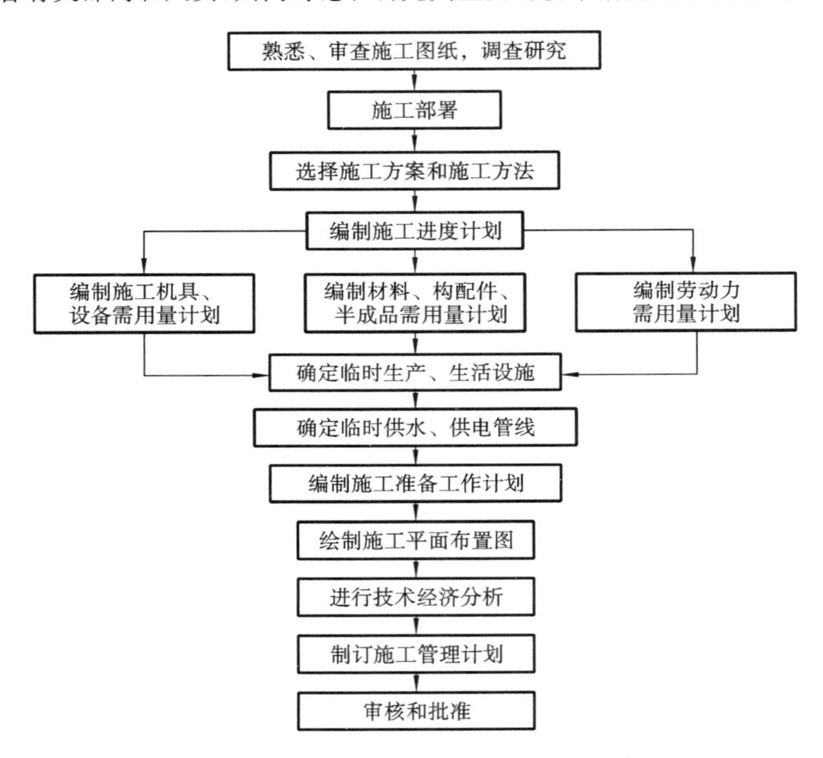

图 5-1　单位工程施工组织设计的编制程序

第 2 节　工 程 概 况

单位工程施工组织设计中的工程概况是对拟建工程的工程特点、建设地点特征和施工条件等所做的一个简要的、突出重点的文字介绍。

一、工程特点

工程特点包括对工程建设概况，建筑设计概况，结构设计概况，设备安装、智能系统设计特点，工程施工特点这五方面的介绍。

（一）工程建设概况

主要介绍拟建工程的建设单位，工程名称、性质、用途、作用和建设目的，资金来源及工程投资额，开、竣工日期，设计单位，施工单位，施工图纸情况，施工合同，主管部门的有关文件或要求，以及组织施工的指导思想等。

（二）建筑设计概况

主要说明拟建工程的建筑面积、平面形状和平面组合情况，层数、层高、总高度、总长度和总宽度等尺寸及室内外装修的情况，并附有拟建工程的平面、立面、剖面简图。

（三）结构设计概况

主要说明基础构造特点及埋置深度，设备基础的形式，桩基础的根数及深度，主体结构的类型，墙、柱、梁、板的材料及截面尺寸，预制构件的类型、重量及安装位置，楼梯构造及形式等。

（四）设备安装、智能系统设计特点

主要说明建筑采暖与卫生及煤气工程，建筑电气安装工程，通风与空调工程，电梯安装、智能系统工程的设计要求。

（五）工程施工特点

主要说明工程施工的重点所在，一般应突出重点，抓住关键，使施工顺利进行，提高施工单位的经济效益和管理水平。

不同类型的建筑、不同条件下的工程施工均有其不同的施工特点。如砖混结构住宅建筑的施工特点是砌砖和抹灰工程量大，水平与垂直运输量大等。又如现浇钢筋混凝土高层建筑的施工特点主要是结构和施工机具设备的稳定性要求高，钢材加工量大，混凝土浇筑难度大，脚手架搭设要进行设计计算，要有高效率的垂直运输设备等。

二、建设地点特征

一般需说明拟建工程的位置、地形、地质（不同深度的土质分析、结冻期及冻层厚度），地下水位、水质，气温及冬、雨季期限，主导风向、风力和地震烈度等特征。

三、施工条件

主要包括水、电、道路及场地平整的“三通一平”情况，施工现场及周围环境情况，当地的交通运输条件，预制构件生产及供应情况，施工单位机械、设备、劳动力的落实

情况，内部承包方式，劳动组织形式及施工管理水平，现场临时设施、供水、供电问题的解决等。

第3节 施工部署

施工部署是施工组织设计的中心环节，是对整个建设项目实施过程做出的统筹规划和全面安排，它主要解决工程施工中全局性的重大战略问题。

一、确定施工管理目标

工程施工管理目标应根据施工合同、招标文件以及本单位对工程管理目标的要求确定，包括进度、质量、安全、环境和成本等目标。当单位工程施工组织设计作为施工组织总设计的补充时，各项目标的确定应满足施工组织总设计中确定的施工总体目标。

根据施工合同的约定和政府行政主管部门的要求，制定工期、质量、安全和环境保护等方面的管理目标。

(1) 工期目标应以施工合同或施工组织总设计的要求为依据制定，并确定各主要施工阶段(如各分部工程完成节点)的工期控制目标。

(2) 质量目标应按合同约定要求为依据，制定出总目标和分解目标。质量总目标通常有：确保市优、省优，争创国优(如：鲁班奖、国家优质工程金质奖和银质奖)；分解目标指各分部(分项)工程拟达到的质量等级(优良、合格)。

(3) 安全目标应按政府主管部门和企业要求以及合同约定，制定出事故等级、伤亡率、事故频率的限制目标。

(4) 环境保护属于安全文明施工的一部分，主要从施工场地的平面优化、施工现场的噪声控制、大气环境(主要是施工粉尘)控制、现场临时生产和生活废水的处理、施工垃圾的堆放和处理等方面制定环境保护的目标。

二、确定施工程序

根据建设项目总目标要求，确定工程分期分批施工的合理开展程序，应主要考虑以下几个方面。

(一) 在保证工期的前提下，尽量实行分期分批施工

在保证工期的前提下实行分期分批建设，既可以使每一个具体项目迅速建成，尽早投入使用，又可在全局上取得施工的连续性和均衡性，以减少暂设工程数量，降低工程成本，充分发挥项目建设投资的效果。

(二) 统筹安排各类项目施工

安排施工项目先后顺序，应按照各工程项目的重要程度，优先安排如下工程。

(1) 按生产工艺要求，必须先期投入生产或起主导性作用的工程项目。

(2) 工程量大、施工难度大、施工工期长的工程项目。

(3) 为施工顺利进行所必需的工程项目，如运输系统、动力系统等。

(4) 供施工使用的工程项目，如钢筋、木材、预制构件等各种加工厂、混凝土搅拌站等附属企业及其他为施工服务的临时设施。

(5) 生产上需先期使用的机修、车床、办公楼及部分家属宿舍等。

(三) 注意施工顺序的安排

建筑施工活动之间交错搭接地进行时，要注意必须遵循一定的顺序。一般工程项目均应按先地下、后地上，先深后浅，先干线后支线的原则进行安排。如地下管线和筑路的程序，应先铺管线，后筑路。

(四) 注意季节对施工的影响

不同季节对施工有很大影响，它不仅影响施工进度，而且还影响工程质量和投资效益，在确定工程开展程序时，应特别注意。例如大规模的土方工程和深基础工程施工一般要避开雨季，寒冷地区的工程施工，最好在入冬时转入室内作业和设备安装。

三、确定项目管理组织机构和岗位职责

项目管理组织机构应根据工程的规模、复杂程度、专业特点、施工企业类型、人员素质、管理水平等设置足够的岗位，其人员组成以组织机构图的形式列出，明确各岗位人员的职责。某单位工程项目管理组织机构图如图 5-2 所示。

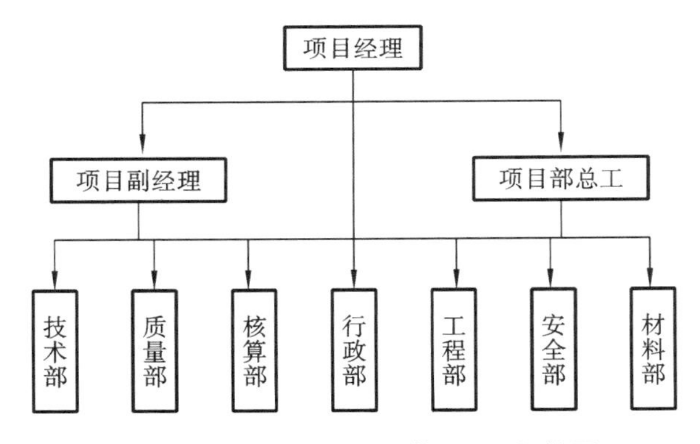

图 5-2　某单位工程项目管理组织机构图

四、分析工程的重点和难点

根据工程目标和施工单位的情况，应对工程施工的重点和难点进行分析，包括组织管理和施工技术两个方面。施工方法选择应着重考虑影响整个单位工程的分部(分项)工程，例如工程量大、施工技术复杂或对工程质量起关键作用的工种工程。

此外，施工部署还应对工程施工中开发和使用的新技术、新工艺做出安排，对新材料和新设备的使用提出技术及管理要求，并对主要分包工程施工单位的选择要求及管理方式进行简要说明。

第 4 节 施工准备工作与资源配置计划

一、施工准备工作计划

施工准备工作应有计划地进行，为了方便检查、监督施工准备工作的进展情况，使各项施工准备工作的内容有明确的分工，有专人负责，并规定期限，可编制施工准备工作计划表，并拟在施工进度计划编制完成后进行。其形式可参考表 5-1。

表 5-1 施工准备工作计划表

序号	准备工作项目	工程量		简要内容	负责单位或负责人	起止日期		备注
		单位	数量			日/月	日/月	

施工准备工作计划是编制单位工程施工组织设计时的一项重要内容。在编制年度、季度、月度生产计划中也应一并考虑并做好贯彻落实工作。

二、资源配置计划

施工资源是指工程施工过程中所必须投入的各类资源，包括劳动力、建筑材料和设备、周转材料、施工机具等。单位工程施工进度计划编制确定以后，根据施工图纸、工程量计算资料、施工方案、施工进度计划等有关技术资料，着手编制资源配置计划。该项计划不仅是为了明确各种技术工人和各种技术物资的需要量，而且还是做好劳动力与物资的供应、平衡、调度、落实的依据，也是施工单位编制月、季生产作业计划的主要依据之一。资源配置计划是保证施工进度计划顺利执行的关键。

（一）劳动力配置计划

劳动力配置计划，主要是作为安排劳动力的平衡、调配和衡量劳动力耗用指标、安排生活福利设施的依据，其编制方法是将施工进度计划表内所列各施工过程每天（或旬、月）所需工人人数按工种汇总而得。其表格形式见表 5-2。

表5-2　劳动力配置计划表

序号	工种名称	人数	月			月			备注
			上旬	中旬	下旬	上旬	中旬	下旬	

（二）物资配置计划

1. 主要材料配置计划

主要材料配置计划是备料、供料和确定仓库、堆场面积及组织运输的依据，其编制方法是将施工进度计划表中各施工过程的工程量按材料名称、规格、需要量（单位、数量）、供应时间计算汇总，得出每天（或每旬、月）材料需要量。其表格形式见表5-3。

表5-3　主要材料配置计划表

序号	材料名称	规格	需要量		供应时间	备注
			单位	数量		

2. 构配件和半成品配置计划

构配件和半成品配置计划主要用于落实加工订货单位，并按照所需规格、数量、时间，组织加工、运输和确定仓库或堆场，可根据施工图和施工进度计划编制。其表格形式见表5-4。

表5-4　构配件和半成品配置计划表

序号	名称	规格	图号、型号	需要量		使用部位	加工单位	供应日期	备注
				单位	数量				

3. 工程施工主要周转材料和施工机具配置计划

工程施工主要周转材料和施工机具配置计划应根据施工部署和施工进度计划确定，包括各施工阶段所需的主要周转材料、施工机具的种类和数量。

(1) 主要周转材料配置计划主要作为采购、租赁、确定仓库堆场面积及组织运输的依据。它也是根据施工预算的工料分析表、施工进度计划表将施工中所需的各种周转性材料按品种、规格、数量、供应时间计算汇总，填入主要周转材料配置计划表。

其表格形式见表5-5。

表5-5 主要周转材料配置计划表

序号	周转材料名称	规格	数量	供应时间	备注

(2) 施工机具配置计划主要用于确定施工机械的类型、数量、进场时间,可据此落实施工机械来源,组织进场。其编制方法为:将单位工程施工进度计划表中的每一个施工过程每天所需的机械类型、数量和施工日期进行汇总,即得施工机具配置计划。其表格形式见表5-6。

表5-6 施工机具配置计划表

序号	机具、设备名称	类型、型号规格	需要量		货源	进场时间	使用起止时间	备注
			单位	数量				

第5节 施工方案

制定施工方案是单位工程施工组织设计中的核心内容,是以分部(分项)工程或专项工程为主要对象编制的施工技术与组织方案,用以具体指导其施工过程。它必须从单位工程施工的全局出发,认真研究确定。施工方案的内容具有一定的政策性或强制性,其内容的确定是一个综合全面的分析、对比和决策的过程。其中既要考虑施工的技术措施,又必须考虑相应的施工组织措施,确保技术措施的落实。

一、确定施工程序

施工程序是指单位工程中分部工程或施工阶段的先后次序及其制约关系。工程施工受到自然条件和物质条件的制约,不同施工阶段的不同工作内容按照其固有的、不可违背的先后次序循序渐进地向前开展,它们之间有着不可分割的联系,既不能相互代替,也不允许颠倒或跨越。单位工程的施工程序一般为:承接施工任务,签订施工合同;开工前准备;全面施工;竣工验收。每一阶段都必须完成规定的工作内容,并为下一阶段工作创造条件。

(一) 承接施工任务阶段

建筑企业承接施工任务的方式主要有三种:一是国家或上级主管单位统一安排,直接下达的任务;二是建筑企业自己主动对外接受的任务或是建设单位主动委托的任务;三是公开投标而中标得到的任务。在市场经济条件下,国家直接下达任务的方式已逐渐减少。通过投标而中标的方式承接施工任务的较多,这也是建筑业和基本建设管理体制改革的一项重要措施。

（二）开工前准备阶段

开工前准备阶段是继签订合同之后，为单位工程开工创造必要条件的阶段。一般开工前必须具备如下条件：施工执照已办理；施工图纸经过会审，施工预算已编制；施工组织设计已经批准并已交底；场地土石方平整、障碍物的清除和场内外交通道路已经基本完成；施工用水、用电、排水均可满足施工需要；永久性或半永久性坐标和水准点已经设置；各种设施的建设基本能满足开工后生产和生活的需要；材料、成品、半成品和必要的工业设备有适当的储备，并能陆续进入现场，保证连续施工；施工机械设备已进入现场，并能保证正常运转；劳动力计划落实，随时可以调动进场，并已进行必要的技术安全防火教育。在此基础上，完成配置开工报告，并经建设主管部门审查批准后方可开工。

（三）全面施工阶段

施工方案主要解决此阶段的施工程序，主要遵循的程序如下。

1. 先地下、后地上

施工时通常应首先完成管道和管线等地下设施、土方工程和基础工程，然后开始地上工程施工，以免对地上部分施工有干扰，带来不便或造成浪费，影响质量（采用逆作法施工时除外）。

2. 先主体、后装饰

先主体、后装饰主要是指应先施工主体结构，后内外装饰施工，以免影响装饰工程质量。

3. 先结构、后围护

先结构、后围护是指应先施工框架或排架主体结构，后内、外墙体施工。由于影响施工的因素很多，故施工程序并不是一成不变的，特别是随着建筑工业的不断发展，有些施工程序也将发生变化。一般情况而言，有时为了压缩工期，也可以部分搭接施工，尤其高层建筑宜尽量搭接施工，以便节约时间。

4. 先土建、后设备

先土建、后设备是指一般的土建与水暖电卫等工程的总体施工顺序。施工时某些工序可能要穿插在土建的某一工序之前进行，但不影响总体的施工顺序。至于工业建筑中土建与设备安装工程之间的顺序取决于工业建筑的类型，如精密仪器厂房，一般要求土建、装饰工程完成后安装工艺设备。对于重型工业厂房，一般先安装工艺设备后建设厂房或设备安装与土建施工同时进行，如冶金车间、发电厂的主厂房、水泥厂的主车间等。

以上原则不是一成不变的，在特殊情况下，如在冬季施工之前，应尽可能完成土建和围护工程，以利于施工中的防寒和室内作业的开展，从而达到改善工人劳动环境、缩短工期的目的。

（四）竣工验收阶段

单位工程施工完成以后，施工单位应内部预先验收，严格检查工程质量，整理各项技术经济资料。然后经建设单位、监理单位和质量监督站交工验收，检查合格后，双方办理交工验收手续及有关事宜。

二、确定施工流向

（一）施工流向的概念

施工流向是指各施工过程在平面上或垂直方向上的前进方向。在单位工程施工组织设计中，应根据先地下、后地上，先主体、后装饰，先结构、后围护等一般原则，结合具体工程的建筑结构特征、施工条件和建设要求，合理确定该建筑物的施工开展顺序，包括确定各建筑物、各楼层、各单元（跨）的施工顺序，施工段的划分，各主要施工过程的施工流向。施工流向对拟建工程由局部到整体形成过程的一个粗略规划和单位工程的施工方法、施工步骤有着决定性影响。

（二）确定施工流向时应考虑的因素

(1) 车间的生产工艺流程往往是确定施工流向的关键因素。因此，从生产工艺上考虑，影响其他工段试车投产的工段应该先施工。

(2) 建设单位对生产和使用的要求。一般应考虑建设单位对生产或使用较急的工段或部位先施工。

(3) 工程的繁简程度和施工过程间的相互关系。一般技术复杂、施工进度较慢、工期较长的区段或部位应先施工。

(4) 房屋高低层和高低跨。如柱子的吊装应从高低跨并列处开始；屋面防水层施工应按先高后低的方向施工，同一屋面则由檐口到屋脊方向施工；基础有深浅时，应按先深后浅的顺序施工。

(5) 工程现场条件和施工方案。施工场地的大小、道路布置和施工方案中采用的施工方法和机械是确定施工起点和流向的主要因素。如土方工程边开挖边余土外运时，施工起点应确定在离道路远的部位和由远及近的进展方向。

(6) 分部（分项）工程的特点及其相互关系。如室内装修工程除平面上的起点流向以外，更重要的是其竖向流向的确定。对于密切相关的分部（分项）工程的流水，如果前导施工过程的起点流向确定，则后续施工过程也便随其而定。如单层工业厂房的挖土工程的起点流向决定柱基础施工过程和某些预制、吊装施工过程的起点流向。

（三）室内装饰工程的三种施工起点流向

室内装饰工程有自上而下、自下而上以及自中而下再自上而中的三种施工起点流向。

(1) 自上而下是指主体结构工程封顶，做好屋面防水以后，从顶层开始逐层向下进行，如图 5-3 所示，施工流向有水平向下（图 5-3(a)）和垂直向下（图 5-3(b)）两种情况。其优点是主体结构完成后有一定的沉降时间，且防水层已做好，容易保证装饰工程质量不受沉降和下雨影响，而且工序之间交叉少，便于施工和成品保护。其缺点是不能与主体工程搭接施工，工期较长。因此当工期不紧时，可选择此种施工起点流向。

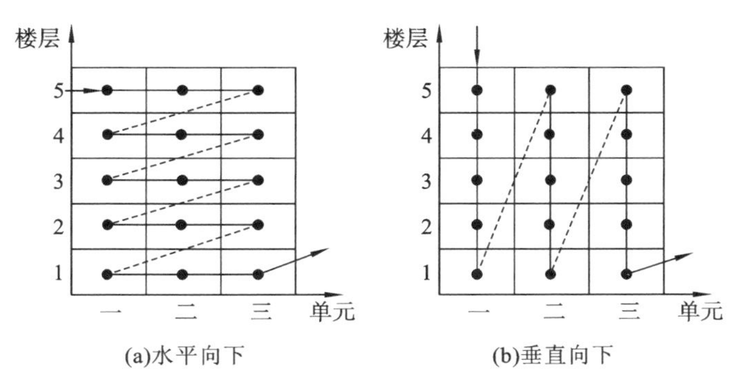

图 5-3　室内装饰工程自上而下的起点流向

（2）自下而上是指主体结构工程施工完成第三层楼板后，室内装饰工程从第一层插入，逐层向上进行，如图 5-4 所示，其施工流向有水平向上（图 5-4(a)）和垂直向上（图 5-4(b)）两种。其优点是主体与装饰交叉施工，工期短；缺点是工序之间交叉多，成品保护难，质量和安全不易保证。因此如选择此种施工起点流向，必须采取一定的技术组织措施来保证质量和安全，当工期紧时可采取此种施工起点流向。

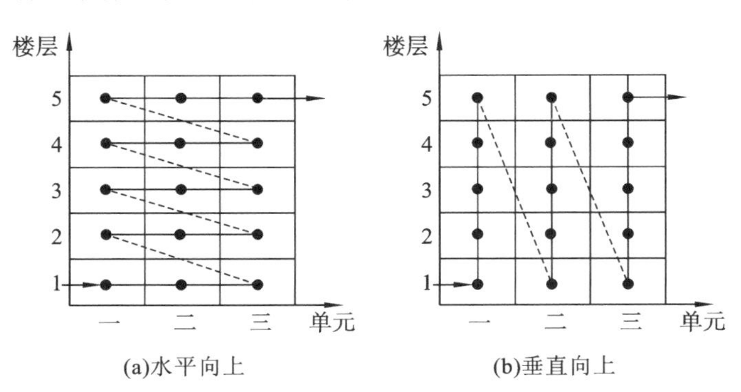

图 5-4　室内装饰工程自下而上的起点流向

（3）自中而下再自上而中的施工起点流向综合了前两者的优点，一般适用于组织高层建筑的室内装饰工程施工，如图 5-5 所示。其施工流向有水平流向（图 5-5(a)）和垂直流向（图 5-5(b)）两种。

三、确定施工顺序

施工顺序是指分项工程或工序之间在时间上的先后顺序。确定施工顺序一是要保证按施工规律组织施工，二是要解决各专业工种在时间上的搭接问题，以满足计划编制的需要。

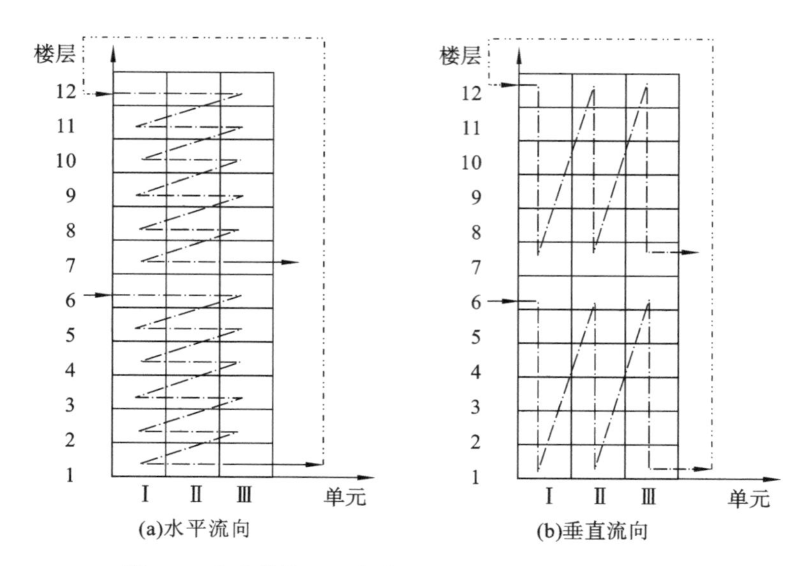

图 5-5　室内装饰工程自中而下再自上而中的起点流向

（一）确定施工顺序时应考虑的因素

（1）遵循施工程序。施工顺序应在不违背施工程序的前提下确定。

（2）符合施工工艺。施工顺序应与施工工艺顺序相一致，如现浇柱的施工顺序为：绑钢筋→支模板→浇混凝土→养护→拆模。

（3）与施工方法协调一致，如预制柱的施工顺序为：支模板→绑钢筋→浇混凝土→养护→拆模。

（4）必须考虑工期和施工组织的要求，如室内外装饰工程的施工顺序。

（5）必须考虑施工质量要求。安排施工顺序时，要以保证工程质量为前提，影响工程质量时，要重新安排施工顺序或采取必要的技术措施。如外墙装饰安排在屋面卷材防水施工后进行；楼梯抹面最好自上而下进行，以保证质量。

（6）必须考虑当地的气候条件。如冬季和雨季施工之前，应尽量先做基础工程、室外工程、门窗玻璃工程，为地上和室内工程施工创造条件。

（7）考虑施工安全要求。在立体交叉、平行搭接施工时，一定要注意安全问题。

（二）多层混合结构民用房屋的施工顺序

多层混合结构民用房屋的施工通常可划分为基础工程、主体结构工程、屋面及装饰工程三个阶段，其施工顺序可参考图 5-6。

1. 基础工程的施工顺序

基础工程阶段是指定室内地坪（±0.000 m）以下的所有工程的施工阶段。其工程顺序一般是：挖土（基槽）→做垫层→砌基础→铺设防潮层→回填土。如果有地下障碍物、坟穴、防空洞、软弱地基等情况，需先进行处理；如有桩基础，应先进行桩基础施工；如有地下室，则在基础砌完或砌完一部分后砌筑地下室墙，在做完防潮层后浇

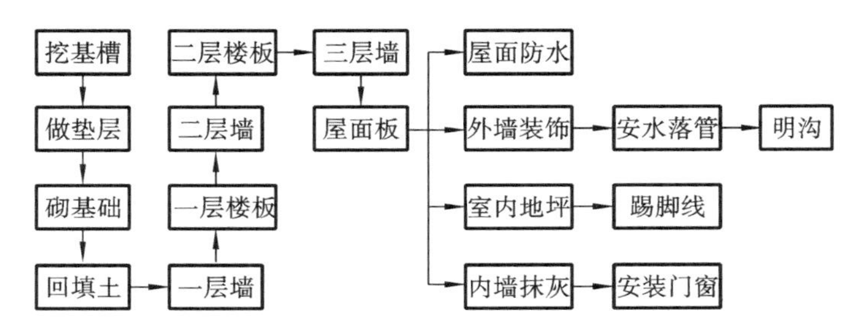

图 5-6　三层混合结构房屋的施工顺序

筑地下室顶板，最后回填土。

应注意的是，挖土与垫层施工搭接要紧凑，间隔时间不宜太长，以防止雨后基槽积水而影响地基承载力。另外，垫层施工后要留有技术间歇时间，使其具有一定强度后再进行下道工序。各种管沟的挖土、管道铺设等应尽可能与基础施工配合，平行搭接进行。一般回填土在基础完工后应一次分层夯填，为后续施工创造条件。零标高以下的室内回填土最好与基槽回填土同时进行，如不能，也可留在装饰工程之前与主体结构施工同时交叉进行。

2. 主体结构工程的施工顺序

主体结构工程阶段的工作通常包括搭设脚手架，砌筑墙体，安门窗框，安预制过梁，现浇预制楼板，现浇卫生间楼板、雨篷和圈梁，现浇楼梯、屋面板等分项工程。其中墙体砌筑与安装楼板为主导工程。现浇卫生间楼板的支模板、绑扎钢筋工序可安排在墙体砌筑的最后一步插入，在浇筑圈梁的同时浇筑卫生间楼板。现浇楼梯时更应与楼层施工紧密配合，否则由于养护时间影响，将使后续工程不能如期进行。

3. 屋面及装饰工程

(1) 屋面工程的施工顺序。

这个阶段具有施工内容多、劳动消耗最大、手工操作多、需要时间长等特点。

屋面工程施工顺序一般为：找平层→隔气层→保温层→找平层→防水层。刚性防水层面的现浇钢筋混凝土防水层、分格缝施工应在主体结构完成后开始并尽快完成，以便为室内装饰创造条件。一般情况下，屋面工程可以和装饰工程搭接或平行施工。

(2) 装饰工程的施工顺序。

装饰工程可分为室外装饰部分(外墙抹灰、勒脚、散水、台阶、明沟、水落管等)和室内装修部分(顶棚、墙面、地面、楼梯、抹灰、刮大白、门窗框安装、门窗玻璃安装、做踢脚线等)。装饰工程的施工顺序通常有先内后外、先外后内、内外同时进行三种顺序，视施工条件和气候条件而定。通常室外装饰工程应避开冬季和雨季。当室内为水磨石楼面时，为防止楼面施工时渗漏水对外墙面的影响，应先完成水磨石的施工。如果为了加快脚手架周转或要赶在冬雨季到来之前完成外装修，则应采取先外后内的顺序。

同一层的室内抹灰施工顺序有"地面→顶棚→墙面""顶棚→墙面→地面"两种。前一种顺序便于清理地面和保证地面质量,且便于收集墙面和顶棚的落地灰。但由于地面需要养护时间及采取保护措施,使墙面和顶棚抹灰时间推迟,工期较长。后一种顺序做地面前需清除顶棚和墙面上的落地灰和渣子后再做面层,否则会影响地面面层同楼板间的黏结,引起地面起鼓。目前后一种顺序较为常用。

底层地面一般多是在各层顶棚、墙面、楼面做好之后进行。楼梯间和踏步抹面由于在施工期间较易损坏,通常在其他抹灰工程完成后,自上而下统一施工。门窗框安装一般在抹灰之前进行,而门窗玻璃安装一般在外装饰和内墙刮大白之后进行,这样可以使玻璃保持清洁和完好无损。

室外装饰工程在由上而下的每层装饰、落水管等分项工程全部完成后,即可开始拆除该层的脚手架,然后进行散水坡及台阶的施工。

在完成基础工程、主体结构工程、屋面及装饰工程这三个施工阶段之后,即进入水暖电卫等工程的施工。水暖电卫等工程不可像土建工程那样分成几个明显的施工阶段,它一般与土建工程中有关分部(分项)工程之间进行交叉施工,紧密配合。水暖电卫等工程的施工顺序如下。

①在基础工程施工时,先做好相应的上下水管沟和暖气管沟的垫层、管沟墙、管沟盖板,然后回填土。

②在主体结构施工时,应在砌砖墙或现浇钢筋混凝土楼板时,预留上下水管和暖气立管的孔洞、电线孔槽或预埋木砖和其他预埋件。

③在装饰工程施工前,安设相应的管道和电气照明用的附墙暗管、接线盒等。水暖电卫安装一般在楼地面和墙面抹灰前或后穿插施工。若电线采用明线,则应在室内刮大白后进行。

④室外管网工程的施工可以安排在土建工程后或同时施工。

(三)钢筋混凝土框架结构房屋的施工顺序

钢筋混凝土框架结构房屋的施工顺序与上述多层砖混结构民用房屋的顺序基本相同,一般也分为基础工程、主体结构工程及屋面和装饰装修工程三个施工阶段。其主要不同之处在于主体结构施工阶段。

主体结构施工阶段的主要工作有:梁、板、柱模板的支设,柱、梁、板钢筋的绑扎,混凝土的浇筑,填充墙的砌筑等。每层柱、梁、板的施工有两种顺序:柱钢筋绑扎→柱模板安装→柱混凝土浇筑并养护→梁、板模板安装→梁、板钢筋绑扎→梁、板混凝土浇筑→混凝土养护→拆模→转入上一层结构施工;柱钢筋绑扎→柱模板安装→梁、板模板安装→梁、板钢筋绑扎→柱、梁、板混凝土同时浇筑→混凝土养护→拆模→转入上一层结构施工。

第一种顺序实际上是先施工柱,后施工梁、板。在每层柱顶与梁、板交界处存在施工缝,加上楼板顶面与上层柱交界处的施工缝,每层结构在竖向上至少需设两道施工缝。在浇筑柱混凝土时需搭设柱的浇筑平台,浇筑混凝土时的工人操作、机械设备等的移动不太方便。第二种顺序实际上就是同一层的柱、梁、板的钢筋、模板全部完成后，一次浇筑完该层混凝土，每层比第一种顺序在竖向上少设一道施工缝，浇筑柱的混凝土时可以利用楼板模板的平台，有利于工人操作、机械设备的移动和安全，更适合于商品混凝土的使用，有利于柱的平面位置和垂直度的保证，也有利于结构整体性，对主体结构施工质量和安全有利。实际施工中具体的顺序应根据建筑规模、材料工艺和施工组织确定。

（四）现浇钢筋混凝土高层建筑房屋的施工顺序

现浇钢筋混凝土高层建筑的结构形式有框架-剪力墙结构、剪力墙结构和筒体结构等，工程施工量大，技术要求高，施工组织复杂。其施工阶段仍可分为基础工程、主体结构工程、屋面及装饰工程这三个施工阶段，只是基础埋深较大，一般涉及桩基础和基坑支护施工，如图5-7所示；主体结构的竖向结构包括墙或筒体的施工，应按照先竖向结构后水平结构的施工顺序进行，如图5-8所示。

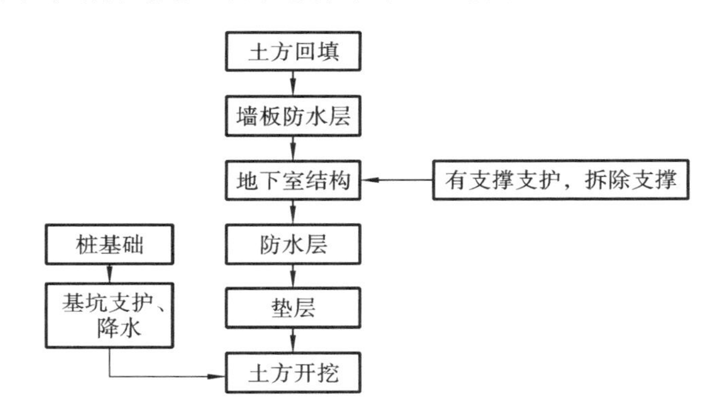

图5-7 高层建筑基础工程施工顺序示意图

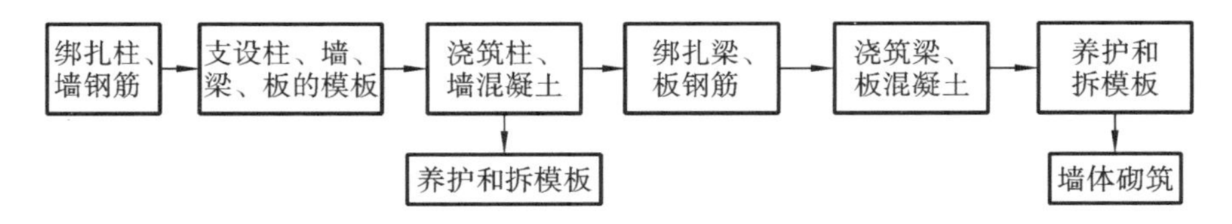

图5-8 框架-剪力墙建筑主体结构工程施工顺序示意图

对于采用新型模板体系（如滑模、爬模和顶模等）施工的高层建筑，竖向结构施工速度快，有时梁、板等水平结构的施工需滞后竖向结构一段时间进行，具体施工应按照专项施工方案执行。

（五）装配式钢筋混凝土单层工业厂房的施工顺序

单层工业厂房由于生产工艺的需要，无论在厂房类型、建筑平面、造型或结构构造上都与民用建筑有很大差别（具有设备基础和各种管网），因此，单层工业厂房的施工要比民用建筑复杂。装配式钢筋混凝土单层工业厂房的施工主要分为基础工程、预制工程、结构安装工程、围护工程和装饰工程五个施工阶段，如图 5-9 所示。

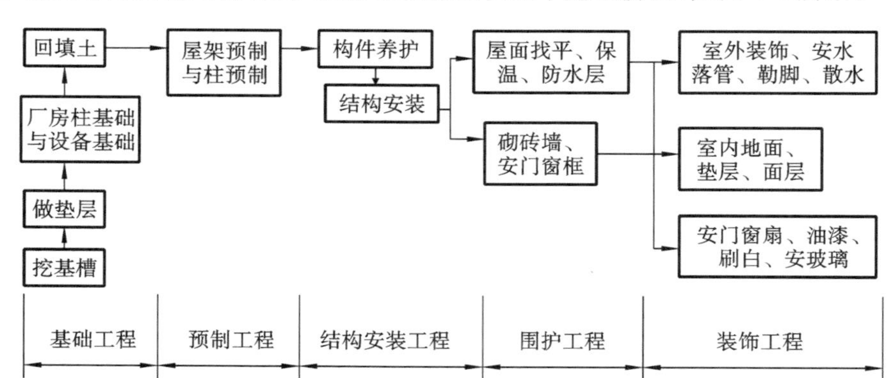

图 5-9　装配式钢筋混凝土单层工业厂房施工顺序示意图

1. 基础工程的施工顺序

单层工业厂房的柱基础一般为现浇钢筋混凝土杯型基础，宜采用平面流水施工。它的施工顺序与现浇钢筋混凝土框架结构的独立基础施工顺序相同。

对于厂房的设备基础，由于与其厂房柱基础施工顺序不同，常常会影响到主体结构的安装方法和设备安装投入的时间。因此，需根据具体情况决定其施工顺序。通常有以下两种方案。

(1) 当厂房柱基础的埋置深度大于设备基础的埋置深度时，则采用"封闭式"施工，即厂房柱基础先施工，设备基础后施工。

一般来说，当厂房施工处于冬季或雨季时，或设备基础不大，在厂房结构安装后对厂房结构的稳定性并无影响时，或对于较大、较深的设备基础采用了特殊的施工方法(如沉井法)时，可采用"封闭式"施工。

(2) 当设备基础埋置深度大于厂房柱基础埋置深度时，通常采用"开敞式"施工，即设备基础与厂房柱基础同时施工。

如果设备基础与厂房柱基础埋置深度相同或接近，那么两种施工顺序可随意选择。只有当设备基础较大、较深，其基坑挖土范围已经与厂房柱基础的基坑挖土范围连成一片或深于厂房柱基础，以及厂房柱基础所在地土质不佳时，应采用"开敞式"施工。

在单层工业厂房基础工程施工之前，和民用房屋一样，也要先处理好基础下部的松软土、洞穴等，然后分段进行平面流水施工。施工时，应根据当时的气候条件加强对钢筋混凝土垫层和基础的养护，在基础混凝土达到拆模要求时及时拆模，并提早回填土，从而为预制工程创造条件。

2. 预制工程的施工顺序

单层工业厂房结构构件的预制方式一般可采用加工厂预制和现场预制相结合的方法。在具体确定预制方案时，应结合构件技术特征、当地加工厂的生产能力、工程的工期要求、现场施工及运输条件等因素，经过技术经济分析之后确定。通常，对于尺寸大、自重大的大型构件，因运输困难等带来较多问题，所以多采用在拟建厂房内部就地预制，如柱、托架梁、屋架、鱼腹式预应力吊车梁等；对于种类及规格繁多的异型构件，可在拟建厂房外部集中预制，如门窗过梁等；对于数量较多的中小型构件，可在加工厂预制，如大型屋面板等标准构件、木制品及钢结构构件等。加工厂生产的预制构件应随着厂房结构安装工程的进展陆续运往现场，以便安装。

单层工业厂房钢筋混凝土预制构件现场预制的施工顺序为：场地平整夯实→支模→扎筋（有时先扎筋后支模）→预留孔道→浇筑混凝土→养护→拆模→张拉预应力钢筋→锚固→灌浆。

现场内部就地预制的构件，一般来说，只要基础回填土、场地平整完成一部分以后就可以开始制作。但构件在平面上的布置、制作的流向和先后次序主要取决于构件的安装方法、所选择起重机的性能及构件的制作方法。制作的流向应与基础工程的施工流向一致，这样既能使构件早日开始制作，又能及早退出工作面，为结构安装工程提早开始创造条件。

采用分件安装法时，若场地窄小而工期又较紧，构件制作可分批进行。即首先制作柱和吊车梁，待柱和吊车梁吊装完毕，留出工作面后再制作屋架。若场地条件允许，则在构件全部预制完毕后再进行结构安装。由于分件安装时首先吊装柱子，为使其混凝土强度早日达到吊装要求，应尽早安排柱子预制。预应力屋架、吊车梁等经张拉后才能吊装，这些预应力构件也应及早预制。

3. 结构安装工程的施工顺序

结构安装工程的施工顺序取决于安装方法。当采用分件安装方法时，一般起重机分三次开行才安装完全部构件，其安装顺序是：第一次开行安装全部柱子，并对柱子进行校正与最后固定；待杯口内的混凝土强度达到设计强度的70%后，起重机第二次开行安装吊车梁、连系梁和基础梁；第三次开行安装屋盖系统。当采用综合吊装方法时，其安装顺序是：先安装第一节间的四根柱，迅速校正并灌浆固定，接着安装吊车梁、连系梁、基础梁及屋盖系统，如此依次逐个进行所有构件的安装，直至整个厂房全部安装完毕。抗风柱的安装顺序一般有两种：一是在安装柱的同时，先安装一端的抗风柱，另一端的抗风柱则在屋盖系统安装完毕后进行；二是全部抗风柱的安装均待屋盖系统安装完毕后进行。

结构安装工程是装配式单层工业厂房的主导施工阶段，应单独编制结构安装工程的施工作业设计。其中，结构吊装的流向通常应与预制构件制作的流向一致。当厂房为多跨且有高低跨时，构件安装应从高低跨柱列开始，先安装高跨，后安装低跨，以适应安装工艺的要求。

4. 围护工程的施工顺序

单层工业厂房的围护工程的内容和施工顺序与现浇钢筋混凝土框架结构房屋基本相同。

5. 装饰工程的施工顺序

装饰工程的施工分为室内装饰和室外装饰。室内装饰包括地面的平整、垫层、面层、门窗扇和玻璃安装，以及油漆、刷白等分项工程；室外装饰包括勾缝、抹灰、勒脚、散水等分项工程。其施工顺序与前述的混合结构房屋的基本类似。

除以上施工阶段外，单层工业厂房的水、暖、电、气等工程与混合结构民用房屋水、暖、电、气等工程的施工顺序基本相同，但应注意空调设备安装工程的安排。生产设备的安装一般由专业公司承担，由于其专业性强、技术要求高，应遵照有关专业的生产顺序进行。

四、选择施工机械

选择施工方法时一定会涉及施工机械的选择问题。机械化施工是改变建筑工业生产落后面貌、实现建筑工业化的基础。因此，施工机械的选择是施工方法选择的中心环节。选择施工机械时应着重考虑以下方面。

(1) 选择施工机械时，应首先根据工程特点，选择适宜主导工程的施工机械。如在选择装配式单层工业厂房结构安装用的起重机类型时：当工程量较大且集中时，可以采用生产效率较高的塔式起重机；当工程量较小或工程量虽大却较分散时，则采用无轨自行式起重机较为经济。在选择起重机型号时，应使起重机在起重臂外伸长度一定的条件下，能适应起重量及安装高度的要求。

(2) 各种辅助机械或运输工具应与主导机械的生产能力协调配套，以充分发挥主导机械的效率。如土方工程施工中采用汽车运土时，汽车的载重量应为挖土机斗容量的整数倍，汽车的数量应保证挖土机连续工作。

(3) 在同一工地上，应力求建筑机械的种类和型号尽可能少一些，以利于机械管理。为此，工程量大且分散时，宜采用多用途机械施工，如挖土机既可用于挖土，又能用于装卸、起重和打桩。

(4) 施工机械的选择还应考虑充分发挥施工单位现有机械的能力。当本单位的机械能力不能满足工程需要时，则应购置或租赁所需的新型机械或多用途机械。

五、选择施工方法

选择施工方法时，应重点考虑影响整个单位工程施工的分部(分项)工程的施工方法，主要是选择工程量大且在单位工程中占有重要地位的分部(分项)工程、施工技术复杂或采用新技术和新工艺及对工程质量起关键作用的分部(分项)工程、不熟悉的特殊结构工程或由专业施工单位施工的特殊专业工程的施工方法，要求详细而具体，必要时应编制单独的分部(分项)工程的施工作业设计，提出质量要求及达到这些质量要求的技术措施，指出可能发生的问题并提出预防措施和必要的安全措施。而对于按照常规做法和工人熟悉的分部(分项)工程，只提出应注意的一些特殊问题即可。按分部(分项)工程的不同，选择施工方法时的要点也有所差异。

（一）土方工程

（1）地下室、基坑、基槽的挖土方法，放坡要求，所需人工，机械的型号及数量。

（2）余土外运方法，所需机械的型号及数量。

（3）地下、地表水的排水方法，排水沟、集水井、井点的布置，所需设备的型号及数量。

（二）钢筋混凝土工程

（1）模板工程：模板的类型和支模方法是根据不同的结构类型、现场条件确定现浇和预制用的各种类型模板（如工具式钢模、木模，翻转模板，土、砖、混凝土胎模，钢丝网水泥、竹、纤维模板等）及各种支撑方法（如钢立柱、木立柱、桁架、钢制托具等），并分别列出采用的项目、部位和数量及隔离剂的选用。

（2）钢筋工程：明确构件厂与现场加工的范围；钢筋调直、切断、弯曲、成型、焊接的方法；钢筋运输及安装方法。

（3）混凝土工程：搅拌与供应（集中或分散）输送方法；砂石筛选、计量、上料方法；拌合料、外加剂的选用及掺量；搅拌、运输设备的型号及数量；浇筑顺序的安排，工作班次，分层浇筑厚度，振捣方法；施工缝的位置；养护制度。

（三）结构安装工程

（1）构件尺寸、自重、安装高度。

（2）选用吊装机械型号及吊装方法，塔吊回转半径的要求，吊装机械的位置或开行路线。

（3）吊装顺序，运输、装卸、堆放方法，所需设备型号及数量。

（4）吊装运输对道路的要求。

（四）垂直及水平运输

（1）标准层垂直运输量计算表。

（2）垂直运输方式的选择及型号、数量、布置、服务范围、穿插班次。

（3）水平运输方式及设备的型号及数量。

（4）地面及楼面水平运输设备的行驶路线。

（五）装饰工程

（1）室内外装饰抹灰工艺的确定。

（2）施工工艺流程与流水施工的安排。

（3）装饰材料的场内运输，减少临时搬运的措施。

（六）特殊项目

（1）对四新（新结构、新工艺、新材料、新技术）项目，高耸、大跨、重型构件，水下基础、深基础、软弱地基，冬季施工等项目均应单独编制，单独编制的内容包括工程示意图，工程量，施工方法，工艺流程，劳动组织，施工进度，技术要求，质量、安全措施，材料、构件及机具设备需要量。

(2) 对大型土方、打桩、构件吊装等项目，无论内、外分包，均应由分包单位提出单项施工方法与技术组织措施。

六、制定技术组织措施

技术组织措施是指在技术和组织方面对保证工程质量、安全、节约和文明施工所采用的各种方法的综合应用。

(一) 保证工程质量措施

保证工程质量的关键是对施工组织设计的工程对象经常发生的质量通病制定防治措施，可以按照各主要分部(分项)工程提出的质量要求，也可以按照各工种工程提出的质量要求进行制定。保证工程质量的措施可从以下方面进行考虑。

(1) 各种基础、地下结构、地下防水施工的质量措施。

(2) 提出各分部(分项)工程的质量评定的目标计划等。

(3) 确保拟建工程定位、放线、轴线尺寸、标高测量等准确无误的措施。

(4) 为了确保地基土壤承载能力符合设计规定的要求而应采取的有关技术组织措施。

(5) 执行施工质量的检查、验收制度。

(6) 对新结构、新工艺、新材料、新技术的施工操作提出质量措施或要求。

(7) 解决质量通病措施。

(8) 冬、雨季施工的质量措施。

(9) 屋面防水施工、各种抹灰及装饰操作中，确保施工质量的技术措施。

(10) 确保主体承重结构的各主要施工过程的质量要求；各种预制承重构件检查验收的措施；各种材料、半成品、砂浆、混凝土等检验及使用要求。

(二) 安全施工措施

安全施工措施应贯彻安全操作规程，对施工中可能发生的安全问题进行预测，有针对性地提出预防措施，以杜绝施工中伤亡事故的发生。安全施工措施主要包括以下内容。

(1) 提出安全施工宣传、教育的具体措施；新工人进场上岗前必须做安全教育及安全操作的培训。

(2) 针对土方、深坑施工，高空、高架操作，结构吊装、上下垂直平行施工时的安全要求和措施。

(3) 针对拟建工程地形、环境、自然气候和气象等情况，提出可能突然发生自然灾害时有关施工安全方面若干措施及具体的办法，以便减少损失，避免伤亡。

(4) 各种机械、机具安全操作要求；交通、车辆的安全管理。

(5) 提出易燃、易爆品严格管理及使用的安全技术措施。

(6) 防火、消防措施；高温、有毒、有尘、有害气体环境下操作人员的安全要求和措施。

(7) 各种电器设备的安全管理及安全使用措施。

(8) 狂风、暴雨、雷电等各种特殊天气发生前后的安全检查措施及安全维护制度。

(三) 降低成本措施

降低成本措施的制定应以施工预算为尺度,以企业(或基层施工单位)年度、季度降低成本计划和技术组织措施计划为依据进行编制。要针对工程施工中降低成本潜力大的(工程量大、有采取措施的可能性及有条件的)项目,提出措施并计算出经济效益和指标,加以评价、决策。这些措施必须是不影响质量且能保证安全的,应考虑以下几方面内容。

(1) 生产力水平是先进的。

(2) 能有精心施工的领导队伍来合理组织施工生产活动。

(3) 采用新技术、新工艺以提高工效,降低材料耗用量,节约施工总费用。

(4) 有合理的劳动组织,以保证劳动生产率的提高,减少总的用工数。

(5) 物资管理的计划,从采购、运输、现场管理及竣工材料回收等方面最大限度地降低原材料、成品和半成品的成本。

(6) 保证工程质量,减少返工损失。

(7) 保证安全生产,减少事故频率,避免意外工伤事故带来的损失。

(8) 提高机械利用率,减少机械费用的开支。

(9) 增收节支,减少施工管理费的支出。

(10) 工程建设提前完工,以节省各项费用开支。

降低成本措施应包括节约劳动力、材料费、机械设备费、工具费、间接费及临时设施费等措施。一定要正确处理降低成本、提高质量和缩短工期三者的关系,对措施要计算经济效果。

(四) 现场文明施工措施

(1) 施工现场的围挡与标牌,出入口与交通安全,道路通畅,场地平整。

(2) 暂设工程的规划与搭设,办公室、更衣室、食堂、厕所的安排与环境卫生。

(3) 各种材料、半成品、构件的堆放与管理。

(4) 成品保护。

(5) 施工机械保养与安全使用。

(6) 安全与消防。

(7) 散碎材料、施工垃圾运输,以及其他各种环境污染,如搅拌机冲洗废水、油漆废液、灰浆等施工废水污染,运输土方与垃圾、白灰堆放、散装材料运输等产生的粉尘污染,熬制沥青、熟化石灰等产生的废气污染,打桩、搅拌混凝土、振捣混凝土等产生的噪声污染。

七、施工方案的技术经济评价

施工方案的技术经济评价是选择最优施工方案的重要途径。它是从几个可行方案中选出一个工期短、成本低、质量好、材料省、劳动力安排合理的最优方案。

常用的方法有定性分析和定量分析两种。

（一）定性分析评价

施工方案的定性分析评价是结合施工实际经验，对若干施工方案的优缺点进行分析比较，通常主要从以下几个指标来评价：技术上是否可行，施工复杂程度和安全可靠性如何，劳动力和机械设备能力能否满足需要，现有机械的作用能否充分发挥，保证质量的措施是否完善可靠，对冬季施工带来多大困难等等。

（二）定量分析评价

施工方案的定量分析评价是通过计算各方案的几个主要技术经济指标，对其进行综合比较分析，选择技术指标较佳的方案。定量分析评价通常有以下两种方法。

1. 多指标分析方法

该方法是用价值指标、实物指标和工期指标等一系列单个的技术经济指标，对各个方案进行分析对比，从中选优。

定量分析的指标通常有以下几项。

(1) 工期指标。当要求工程尽快完成以便尽早投入生产或使用时，选择施工方案就要在确保工程质量、安全和成本较低的条件下，优先考虑缩短工期。

(2) 劳动消耗指标。它能反映施工机械化程度和劳动生产率水平。通常，在方案中劳动消耗越小，机械化程度和劳动生产率越高。劳动消耗指标以工日数计算。

(3) 主要材料消耗指标。它反映若干施工方案的主要材料节约情况。

(4) 成本指标。它反映施工方案的成本高低，一般需计算方案所用的直接费和间接费。成本指标 C 可由以下公式计算。

$$C = 直接费 \times (1 + 综合费率)$$

其中，综合费率指其他直接费和现场经费的取费比例，有时按全部成本计算，也包含企业管理费等。它与建设地区、工程类型、专业工程性质、承包方式等有关。

(5) 投资额指标。当选定的施工方案需要增加新的投资时，如需购买新的施工机械或设备，则需设增加投资额的指标进行比较，低者为好。

2. 综合指标分析法

综合指标分析法是以多指标为基础，将各指标的值按照一定的计算方法进行综合后得到一个综合指标进行评价。

通常的方法是：首先根据多指标中各个指标在评价中重要性的相对程度，分别定出权值 W_i；再用同一指标依据其在各方案中的优劣程度定出其相应的分值 C_{ij}。设有 m 个方案和 n 种指标，则第 j 个方案的综合指标值 A_j 为：$A_j = \sum_{i=1}^{n} C_{ij} \cdot W_i (j = 1,$

2，…，m）。综合指标值 A_j 最大者为最优方案。

第 6 节　单位工程施工进度计划

单位工程施工进度计划是在确定了施工方案的基础上，根据规定工期和各种资源供应条件，按照施工过程的合理施工顺序及组织施工的原则，用横道图或网络图对单位工程的整个施工过程进行时间上和空间上的合理安排。由于它所包含的施工内容比较具体明确，工期较短，故其作业性较强，是进度控制的直接依据。单位工程开工前，由项目经理组织并在项目技术负责人领导下进行该项工程施工进度计划的编制。

一、单位工程施工进度计划的作用

单位工程施工进度计划的作用多样，但主要体现在以下几个方面。

（1）控制单位工程的施工进度，保证在规定的工期内完成符合质量要求的工程任务。

（2）按照单位工程各施工过程的施工顺序，确定各施工过程的持续时间以及它们相互间的配合关系，其中包括土木工程与其他专业工程之间的配合关系。

（3）为确定施工所必需的各类资源（人力、材料、机械设备、水电等）的需要量提供依据。

（4）为施工准备工作计划及编制月旬作业计划提供依据。

二、单位工程施工进度计划的分类

单位工程施工进度计划应根据工程规模的大小、结构复杂程度、施工工期的长短等来确定编制的类型，一般分为控制性施工进度计划和实施性施工进度计划两类。

（一）控制性施工进度计划

控制性施工进度计划一般在工程的施工工期较长、结构比较复杂、资源供应暂无法全部落实的情况下采用，或工程的工作内容可能发生变化及某些构件（结构）的施工方法暂不能全部确定的情况下采用。这时不可能也没有必要编制较详细的施工进度计划，往往就编制以分部工程项目为划分对象的施工进度计划，以便控制各分部工程的施工进度。但在进行分部工程施工前应按分项工程编制详细的施工进度计划，以便具体指导分部工程的现场施工。

（二）实施性施工进度计划

实施性施工进度计划是控制性施工进度计划的补充，是各分部工程施工时施工顺序和施工时间的具体依据。该类施工进度计划的项目划分必须详细，各分项工程彼此间的衔接关系必须明确。实施性施工进度计划的编制可与编制控制性施工进度计划同时进行，有时也可待条件成熟时再编制。对于比较简单的单位工程，一般可以直接编制出单位工程施工进度计划。

两种计划形式是相互联系，互为依据的，在实践中可以结合具体情况来编制。若工程规模大且复杂，可以先编制控制性施工进度计划，接着针对每个分部工程来编制详细的实施性施工进度计划。

三、单位工程施工进度计划的编制依据

(1) 经过审批后的单位工程的全部施工图纸、标准图集、有关技术资料、现场地形图等。

(2) 合同规定的开工、竣工日期及工期要求，施工组织总设计对本单位工程的有关规定。

(3) 单位工程的施工方案。

(4) 施工图预算或工程量清单。

(5) 劳动定额及机械台班定额。

(6) 施工条件：劳动力、机械、材料的供应能力，专业单位（如设备安装等）配合土建施工的能力，分包单位的情况等。

(7) 现场有关的水文、地质、气象和其他技术经济资料。

(8) 其他有关要求和资料。

四、单位工程施工进度计划的表述方法

单位工程施工进度计划通常用横道计划或网络计划表示，并附必要说明。对于工程规模较大或较复杂的工程，宜采用网络计划表示。用横道计划表示时应包括的内容有：各分部（分项）工程（或施工过程）名称、工程量、劳动量、机械台班量、每天工作人数和作业持续时间等。常用的单位工程施工进度计划表参见表5-7。

表5-7 单位工程施工进度计划表

<table>
<tr><th rowspan="3">序号</th><th rowspan="3">分部（分项）工程名称</th><th colspan="2">工程量</th><th rowspan="3">劳动量</th><th colspan="2">机械</th><th rowspan="3">每天工作人数</th><th rowspan="3">工作日</th><th colspan="12">施工进度/d</th></tr>
<tr><th rowspan="2">单位</th><th rowspan="2">数量</th><th rowspan="2">名称</th><th rowspan="2">台班量</th><th colspan="6">月</th><th colspan="6">月</th></tr>
<tr><th>5</th><th>10</th><th>15</th><th>20</th><th>25</th><th>30</th><th>35</th><th>40</th><th>45</th><th>50</th><th>55</th><th>60</th></tr>
<tr><td></td><td></td><td></td><td></td><td></td><td></td><td></td><td></td><td></td><td></td><td></td><td></td><td></td><td></td><td></td><td></td><td></td><td></td><td></td><td></td><td></td></tr>
<tr><td></td><td></td><td></td><td></td><td></td><td></td><td></td><td></td><td></td><td></td><td></td><td></td><td></td><td></td><td></td><td></td><td></td><td></td><td></td><td></td><td></td></tr>
</table>

从表5-7中可以看出，它由左、右两部分组成。左边部分列出各种计算数据，如分部（分项）工程名称、相应的工程量、需要的劳动量或机械台班量、每天工作人数及工作持续时间等。右边部分是从规定的开工之日起到竣工之日止的进度指示图，用不同线条形象地表现各个分部（分项）工程的施工进度和相互之间的搭接配合关系，有时在其下面汇总每天的资源需要量，并绘出资源需要量的动态曲线。

五、单位工程施工进度计划的编制步骤

（一）划分施工项目

施工过程是进度计划的基本组成单元，其划分的粗与细、适当与否关系到施工进度计划的安排，因而应结合具体的施工项目来合理确定施工过程。这里的施工过程主要包括直接在建筑物（或构筑物）上进行施工的所有分部（分项）工程，不包括加工厂的预制加工及运输过程。即这些施工过程不进入到进度计划中，可以提前完成，不影响进度。在确定施工过程时，应注意以下几个问题。

（1）施工过程划分的粗细程度主要取决于进度计划的客观需要。编制控制性施工进度计划时，施工过程应划分得粗一些，通常只列出分部工程名称。编制实施性施工进度计划时，项目要划分得细一些，特别是其中的主导工程和主要分部工程，应尽量详细且不漏项，以便于指导施工。

（2）施工过程的划分要结合所选择的施工方案。施工方案不同，施工过程的名称、数量和内容也会有所不同。

（3）适当简化施工进度计划的内容，避免工程项目划分过细，重点不突出。编制时可考虑将某些穿插性分项工程合并到主要分项工程中去，如安装门窗框可以并入砌墙工程。对于在同一时间内，由同一工程队施工的过程可以合并为一个施工过程，而对于次要的零星分项工程，可合并为“其他工程”一项。

（4）水暖电卫工程和设备安装工程通常由专业施工队负责施工。因此，在施工进度计划中只要反映出这些工程与土建工程如何配合而不必细分，一般将此项目穿插进行即可。

（5）所有施工过程应大致按施工顺序先后排列，所采用的施工项目名称可参考现行定额手册上的项目名称。

（二）计算工程量

工程量计算应严格按照施工图纸和工程量计算规则进行。当编制施工进度计划时，如已经有了预算文件，则可直接利用预算文件中有关的工程量。若某些项目的工程量有出入但相差不大，可结合工程项目的实际情况做一些调整或补充。计算工程量时应注意以下几个问题。

（1）各分部（分项）工程的计算单位必须与现行施工定额的计量单位一致，以便计算劳动量和材料、机械台班消耗量时直接套用。

（2）结合分部（分项）工程的施工方法和技术安全的要求计算工程量。如土的类别、挖土的方法、边坡护坡处理和地下水的情况。

（3）结合施工组织的要求，分层、分段计算工程量。例如土方开挖应考虑挖土的深度等。

（三）套用施工定额

根据所划分的施工项目和施工方法，即可套用施工定额（当地实际采用的劳动定

额及机械台班定额)，以确定劳动量和机械台班量。

施工定额有两种形式：时间定额和产量定额。时间定额是指某种专业、某种技术等级的工人小组或个人在合理的技术组织条件下，完成单位合格的土木工程产品所必需的工作时间，一般用符号 H_i 表示，它的单位有：工日/m^3、工日/m^2、工日/m、工日/t 等。因为时间定额是以劳动工日数为单位，便于综合计算，故在劳动量统计中用得比较普遍。产量定额是指在合理的技术组织条件下，某种专业、某种技术等级的工人小组或个人在单位时间内所应完成合格的土木工程产品的数量，一般用符号 S_i 表示，它的单位有：m^3/工日、m^2/工日、m/工日、t/工日等。因为产量定额是以土木工程产品的数量来表示的，具有形象化的特点，故在分配施工任务时用得比较普遍。时间定额和产量定额是互为倒数的关系，即：$H_i=1/S_i$。套用定额应注意以下几个问题。

(1) 套用国家或地方颁发的定额时，必须注意结合本单位工人的技术等级、实际施工操作水平、施工机械情况和施工现场条件等因素确定定额的实际水平，使计算出来的劳动量、机械台班量符合实际需要，为准备编制施工进度计划打下基础。

(2) 有些采用新技术、新材料、新工艺或特殊施工方法的项目尚未编入施工定额中，这时可参考类似项目的定额、经验资料，或按实际情况确定。

(四) 确定劳动量和机械台班量

计算某施工过程的劳动量和机械台班量，应根据现行的施工定额按以下公式计算。

$$P_i=\frac{Q_i}{S_i}=Q_i\cdot Z_i$$

$$P_G=\frac{Q_G}{S_G}=Q_G\cdot Z_G$$

式中，Q_i、Q_G ——劳动工人、施工机械完成的工程量；

P_i ——施工过程 i 的劳动量；

S_i ——施工过程 i 的每工日产量定额；

Z_i ——施工过程 i 的每天工作班制；

P_G——机械台班量(台班)；

S_G——机械产量定额(m^3/台班，t/台班，…)；

Z_G——机械时间定额(台班/m^3，台班/t，…)。

注意，公式中的劳动定额 S_i 和 Z_i(或 S_G 和 Z_G) 一般参照施工定额标准，并结合施工企业实际投入该工程的劳动力和机械状况以及施工环境条件做适当调整，以反映实际水平。

进度表中的“其他工程”项目的劳动量或机械台班量，可根据合并项目的实际情况进行计算。实践中根据工程特点，结合工地和施工企业的具体情况，一般按总劳动量的10%～20%进行估算。

当某一分项工程是由若干具有同一性质而不同类型的更小的施工过程合并而成时，应根据综合劳动定额计算劳动量。

（五）确定各项目的施工持续时间

（1）根据可供使用的人员或机械数量和正常施工的班制安排，按下式计算出施工过程的持续时间。

$$T=\frac{P}{R\cdot b}$$

式中，T ——某施工过程的施工持续时间，尽量取整数或半天的倍数；

P ——该施工过程的劳动量或机械台班数量；

R ——在该施工过程中配备的工人数或机械台数；

b ——每天安排的工作队数目。

在安排每班工人数和机械台数时，应综合考虑各分项工程专业工作队的每个工人都应有足够的工作面（不能小于最小工作面），以保证施工的高效和安全；各分项工程在进行正常施工时应达到所必需的最低限度的工人队组人数及其合理组合（不能小于最小劳动组合），以获得最高劳动生产率。

（2）首先根据总工期和施工经验确定各施工过程的施工天数，然后再按劳动量（或机械台班量）和每天安排的班次，确定出每一施工过程所需工人人数或机械台数，计算公式如下。

$$R=\frac{P}{T\cdot b}$$

通常计算时均先按一班次考虑，如果每天所需机械台数或工人人数已超过施工单位现有人力、物力或工作面限制时，则应根据具体情况和条件从技术和施工组织上采取积极的措施，如增加工作班次、最大限度地组织立体交叉平行流水施工、加早强剂提高混凝土早期强度等。

（六）编制施工进度计划的初始方案

编制施工进度计划时，必须考虑各分部（分项）工程合理的施工顺序，尽可能组织流水施工，力求主要工种的专业工作队连续施工，具体方法如下。

（1）确定主要分部工程并组织其流水施工。

首先应确定主要分部工程，组织其中主导分项工程的施工，使之能连续施工，然后将其他分项工程和次要项目尽可能与主导施工过程相配合进行穿插、搭接或平行作业。

（2）安排其他各分部工程，并组织流水施工。

其他各分部工程施工应与主要分部工程相配合，并用与主要分部工程相类似的方法组织其内部的分项工程，使其尽可能采用流水施工。

（3）按各分部工程的施工顺序编制初始方案。

各分部工程之间按照施工工艺顺序或施工组织的要求，将相邻分部工程的相邻分项工程按流水施工要求或配合关系搭接起来，形成单位工程施工进度计划的初始方案。

（七）施工进度计划的检查与调整

检查与调整的目的在于使施工进度计划的初始方案满足规定的目标，一般从以下几方面进行检查与调整。

1. 正确性及合理性

各施工过程的施工顺序是否正确，流水施工的组织方法应用得是否正确，技术间歇是否合理。

2. 工期要求

初始方案的总工期是否满足合同工期的要求。

3. 劳动力使用状况

劳动力使用状况主要包括各工种工人是否连续施工，劳动力消耗是否均匀。劳动力消耗的均匀性是针对整个单位工程的各个工种而言，应力求每天出勤的工人人数不发生过大的变化。为了反映劳动力消耗的均匀性，通常采用劳动力消耗动态图来表示。

4. 物资方面

机械、设备、材料的利用是否均衡，施工机械是否充分利用。主要机械通常是指混凝土搅拌机、灰浆搅拌机、起重机和挖土机械，利用情况是通过机械的利用程度来反映的。

初始方案通过检查，对不符合要求的需要进行调整。调整方法一般有：增加或缩短某些生产过程的施工持续时间；在符合工艺关系的条件下，将某些生产过程的施工时间向前或向后移动；必要时，还可以改变施工方法或施工组织措施。

资源动态图是把单位时间内各施工过程消耗某一种资源的数量进行累计，然后把单位时间内所消耗的总量按统一的比例绘制而成的图形。资源不均衡系数 K 可按以下公式计算。

$$K = \frac{R_{\max}}{\overline{R}}$$

式中，$R_{\max}$ ——资源动态图中单位时间内资源消耗的最大值；

$\overline{R}$ ——该施工期内资源消耗的平均值。

资源不均衡系数一般在 1.5 左右为最佳，一般不超过 2.0。

第 7 节　单位工程施工平面图设计

单位工程施工平面图是施工时施工现场的平面规划与布置图，它是单位工程施工组织设计的主要组成部分，既是布置施工现场的依据，也是施工准备工作的一项重要依据。它是实现文明施工、节约并合理利用土地、减少临时设施费用的先决条件，因此，在施工组织设计中，对施工平面图设计应予以重视。如果单位工程是拟建建筑群的组成部分，它的施工平面图就属于全工地施工平面图的一部分。在这种情况下，它要受到全场性施工总平面图的约束。

一、单位工程施工平面图的设计内容

单位工程施工平面图是用以指导单位工程施工的现场平面布置图，它涉及与单位工程有关的空间问题，是施工总平面图的组成部分。单位工程施工平面图设计的主要依据是单位工程的施工方案和施工进度计划，一般按1∶200～1∶500的比例采用计算机绘制。根据工程情况，施工平面图也可按地基基础、主体结构、装饰装修和机电设备安装等阶段分别绘制。其设计内容主要如下。

(1) 建筑总平面图上已建和拟建的地上地下的一切建筑物、构筑物及其他设施(道路和各种管线等)的位置和尺寸。

(2) 测量放线标桩位置、地形等高线和土方取弃场地。

(3) 自行式起重机的开行路线、轨道式起重机的轨道布置和固定式垂直运输设施的位置。

(4) 各种搅拌站、加工厂以及材料、构件、机具的仓库或堆场。

(5) 生产和生活用临时设施的布置。

(6) 场内道路的布置和引入的铁路、公路和航道位置。

(7) 临时给排水管线、供电线路、蒸汽及压缩空气管道等布置。

(8) 一切安全及防火设施的位置。

二、单位工程施工平面图的设计依据

在进行施工平面图设计前，应认真研究施工方案，对施工现场作深入细致的调查研究，并对原始资料进行周密分析，使设计与施工现场的实际情况相符，从而起到指导施工现场空间布置的作用。设计所依据的资料主要有3方面。

(一) 当地原始资料

(1) 自然条件资料。自然条件资料包括地形资料、工程地质及水文地质资料、气象资料等。该类资料主要用于确定各种临时设施的位置，布置施工排水系统，确定易燃、易爆以及有碍人体健康设施的位置，安排冬雨季施工期间放置设备的地点。

(2) 技术经济条件资料。技术经济条件资料包括交通运输、供水供电、地方物资资源、生产及生活基地情况等。该类资料主要用于确定仓库位置、材料及构件堆场，布置水、电管线和道路，现场施工可利用的生产和生活设施等。

(二) 建筑设计资料

(1) 建筑总平面图。建筑总平面图包括一切地上、地下拟建和已建的房屋和构筑物等设施。根据建筑总平面图可确定临时房屋和其他设施的位置，并获得修建工地临时运输道路和解决施工排水等所需资料。

（2）地下和地上管道位置。一切已有或拟建的管道，在施工中应尽可能考虑予以利用。若对施工有影响，则需考虑提前拆除或迁移，同时应避免把临时建筑物布置在拟建的管道上面。

（3）建筑区域的竖向设计和土方调配图。这与布置水、电管线和安排土方的挖填及确定取土、弃土地点有紧密联系。

（4）有关施工图资料。

（三）施工资料

（1）施工方案。根据施工方案确定起重机械、施工机具、构件预制及堆场的位置、数量和场地。

（2）单位工程施工进度计划。由施工进度计划掌握施工阶段的开展情况，进而对施工现场分阶段布置规划，节约施工用地。

（3）各种材料、半成品、构件等的需要量计划。它们可以为确定各种仓库、堆场的面积和位置提供依据。

三、单位工程施工平面图的设计原则

（一）设置紧凑、少占地

在确保能安全、顺利施工的条件下，现场布置与规划要尽量紧凑，少征用施工用地。既能节省费用，也有利于管理。

（二）尽量缩短运距、减少二次搬运

各种材料、构件等要根据施工进度安排，有计划地组织分期分批进场；合理安排生产流程，将材料、构件尽可能布置在使用地点附近，需进行垂直运输者，应尽可能布置在垂直运输机械附近或有效控制范围内，以减少搬运费用和材料损耗。

（三）尽量少建临时设施，所建临时设施应方便使用

在能保证施工顺利进行的前提下，应尽量减少临时建筑物或者有关设施的搭建，以降低临时设施费用；应尽量利用已有的或拟建的房屋、道路和各种管线为施工服务；对必需修建的房屋尽可能采用装拆或临时固定式；布置时不得影响正式工程的施工，避免反复拆建；各种临时设施的布置，应便于生产使用和生活使用。

（四）要符合劳动保护、安全防火、保护环境、文明施工等要求

现场布置时，应尽量将生产区与生活区分开；要保证道路通畅，机械设备的钢丝绳、缆风绳以及电缆、电线、管道等不得妨碍交通；易燃设施（如木工棚、易燃品仓库）和有碍人体健康的设施应布置在下风处并远离生活区；要依据有关要求设置各种安全、消防、环保等设施。

四、单位工程施工平面图的设计步骤

单位工程施工平面图的设计步骤如图 5-10 所示。

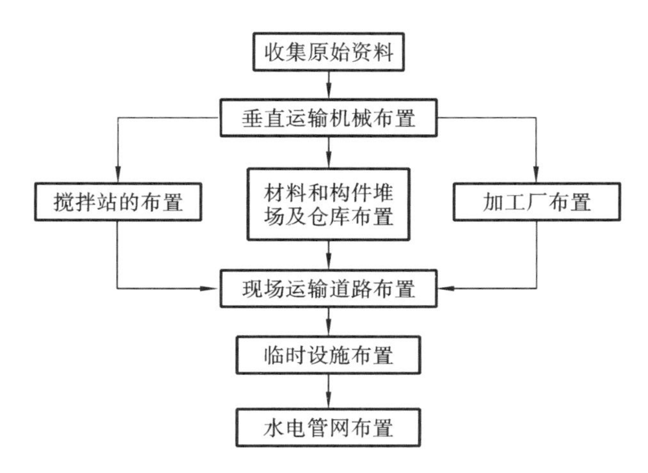

图5-10 单位工程施工平面图的设计步骤

（一）垂直运输机械的布置

垂直运输机械的位置直接影响到仓库、材料堆场、砂浆和混凝土搅拌站的位置，以及场内道路和水电管网的布置等，它是施工现场布置的核心，应首先予以考虑。由于各种起重机械的性能不同，其布置方式也不相同。

1. 塔式起重机

塔式起重机可分为固定式、轨道式、附着式和内爬式四种。其中轨道式塔式起重机可沿轨道两侧全幅作业范围进行吊装，是一种集起重、垂直提升、水平输送三种功能为一体的机械设备。一般沿建筑物长向布置，其位置尺寸取决于建筑物的平面形状、尺寸、构件重量、起重机的性能及四周的施工现场条件等。

固定式和附着式塔式起重机不需铺设轨道，宜将其布置在需吊装材料和构件堆场一侧，从而将其布置在起重机的服务半径之内。内爬式起重机布置在建筑物的中间，通常设置在电梯井内。

在确定塔式起重机服务范围时，最好将建筑物平面尺寸包括在塔式起重机服务范围内，以保证各种构件与材料直接运到建筑物的设计部位上，尽可能不出现死角，如果实在无法避免，则要求死角越小越好，同时在死角上应不出现吊装最重、最高的预制构件。

2. 自行无轨式起重机械

自行无轨式起重机械分履带式、轮胎式和汽车式三种。它一般不作垂直提升运输和水平运输之用，而专做构件装卸和起吊各种构件之用，适用于装配式单层工业厂房主体结构的吊装，亦可用于混合结构大梁等较重构件的吊装。其吊装的开行路线及停机位置主要取决于建筑物的平面布置、构件重量、吊装高度和吊装方法等。

3. 固定式垂直运输机械

固定式垂直运输机械（井架、龙门架）的布置，主要根据机械性能、工程的平面形状和尺寸、施工段划分情况、材料来向和已有运输道路情况而定。布置的原则是充分发挥起重机械的能力,并使地面和楼面的水平运距最小。布置时应考虑以下几个方面。

(1) 当工程各部位的高度相同时,应布置在施工段的分界线附近。

(2) 当工程各部位的高度不同时,可布置在高低分界线较高部位一侧。

(3) 井架、龙门架的位置以布置在窗口处为宜,以避免砌墙留槎和减少井架拆除后的修补工作。

(4) 井架、龙门架的数量要根据施工进度、垂直提升的构件和材料数量、台班工作效率等因素计算确定,其服务范围一般为 50～60 m。

(5) 卷扬机的位置不应距离起重机械太近,以保证司机的视线能够看到整个升降过程。一般要求此距离大于建筑物的高度,水平距外脚手架 3 m 以上。

(6) 井架应立在外脚手架之外,并有一定距离为宜,一般取 5～6 m。

4. 外用施工电梯

外用施工电梯是一种安装于建筑物外部,施工期间用于运送施工人员及建筑物器材的垂直运输机械。它是高层建筑施工不可缺少的关键设备之一。

在确定外用施工电梯的位置时,应考虑便于施工人员上下和物料集散;由电梯口至各施工处的平均距离应最近;便于安装附墙装置;接近电源,有良好的夜间照明。

5. 混凝土泵和泵车

高层建筑施工中,混凝土的垂直运输量巨大,通常采用泵送方法进行。混凝土泵是在压力推动下沿管道输送混凝土的一种设备,它能一次连续完成水平运输和垂直运输,配以布料杆或布料机还可以有效地进行布料和浇筑。混凝土泵布置时宜考虑设置在场地平整、道路畅通、供料方便、距离浇筑地点近以及便于配管且排水、供水、供电方便的地方,并且在混凝土泵作用范围内不得有高压线。

(二) 确定搅拌站、材料和构件堆场、仓库、加工厂的布置

搅拌站、各种材料、构件的堆场或仓库的位置应尽量靠近使用地点或塔式起重机服务范围之内,并考虑到运输和装卸的方便。

(1) 当起重机布置位置确定后,再布置材料、构件的堆场及搅拌站。材料堆放应尽量靠近使用地点,减少或避免二次搬运,并考虑运输及卸料方便。基础施工时使用的各种材料可堆放在基础四周,但不宜距基坑(槽)边缘太近,以防压塌土壁。

(2) 当采用固定式垂直运输机械时,则材料、构件堆场应尽量靠近垂直运输机械,以缩短地面水平运距;当采用轨道式塔式起重机时,材料、构件堆场以及搅拌站出料口等均应布置在塔式起重机有效起吊服务范围之内;当采用无轨自行式起重机时,材料、构件堆场及搅拌站的位置,应沿着起重机的开行路线布置,且应在起重臂的最大起重半径范围之内。

(3) 预制构件的堆放位置要考虑到吊装顺序。先吊装的放在上面,后吊装的放在下面。预制构件的进场时间应与吊装就位密切配合,力求直接卸到其就位位置,避

免二次搬运。

(4) 搅拌站的位置应尽量靠近使用地点或靠近垂直运输机械。有时在浇筑大型混凝土基础时，为了减少混凝土运输，可将混凝土搅拌站直接设在基础边缘，待基础混凝土浇完后再转移。砂、石堆放及水泥仓库应紧靠搅拌站布置。同时，搅拌站的位置还应考虑到使这些大宗材料的运输和装卸较为方便。

(5) 加工厂(如木工棚、钢筋加工棚)宜布置在建筑物四周稍远位置，且应有一定的材料、成品的堆放场地；石灰仓库、淋灰池的位置应靠近搅拌站，并设在下风向；沥青堆放场的位置应远离易燃物品，也应设在下风向。

(三) 现场运输道路的布置

现场运输道路应进行硬化处理，宜利用拟建道路路基作为临时道路路基。现场道路布置时，应保证行驶畅通并有足够的转弯半径。运输道路最好围绕建筑物布置成一条环形道路。单车道路宽不小于 3.5 m，双车道路宽不小于 6 m。道路两侧一般应结合地形设置排水沟，深度不小于 0.4 m，底宽不小于 0.3 m。

(四) 临时设施的布置

临时设施是施工期间临时搭建、租赁及使用的各种建筑物、构筑物，一般分为生产、办公和生活性临时设施。生产性临时设施有钢筋加工棚、木工房、水泵房、仓库等；办公和生活性临时设施有办公室、会议室、宿舍、食堂、工人休息室、水房、厕所等。施工现场临时设施、临时道路的设置应科学合理，并应符合安全、消防、节能、环保等有关规定。施工区、材料加工及存放区应与办公区、生活区划分清楚，并应采取相应的隔离措施。

(1) 生产性临时设施(如钢筋加工棚和木工加工棚)宜布置在建筑物四周稍远位置，且有一定的材料、半成品堆放场地。

(2) 一般情况下，办公室应靠近施工现场，设于工地入口处，亦可根据现场实际情况选择合适的地点设置；工人休息室应设在工人作业区；宿舍应布置在安全的上风向一侧。

(3) 施工现场应设置水冲式或移动式厕所，厕所地面应硬化，门窗应齐全并通风良好。厕所面积应根据施工人员数量设置。厕所应设专人负责，定期清扫、消毒，化粪池应及时清掏。高层建筑施工超过 8 层时，宜每隔 4 层设置临时厕所。

(4) 食堂应设置在远离厕所、垃圾站、有毒有害场所等有污染源的地方。食堂制作间、锅炉房、可燃材料库房及易燃易爆危险品库房等应采用单层建筑，应与宿舍和办公用房分别设置，并应按相关规定保持安全距离。临时用房内设置的食堂、库房和会议室应设在首层。

(5) 施工现场应设置封闭式建筑垃圾站。办公区和生活区应设置封闭式垃圾容器。生活垃圾应分类存放，并应及时清运、消纳。

（五）水电管网的布置

1. 施工水网的布置

(1) 施工用的临时给水管一般由建设单位的干管或自行布置的干管接到用水地点。布置时应力求管网总长度最短，管径的大小和水龙头数目需视工程规模大小而定。管道可埋置于地下，也可以铺设在地面上，视当时的气温条件和使用期限的长短而定。其布置形式有环形、枝形、混合式三种。

(2) 供水管网应该按防火要求布置室外消火栓。消火栓应沿道路设置，距道路应不大于 2 m，距建筑物外墙不应小于 5 m，也不应大于 25 m，消火栓的间距不应超过 120 m，工地消火栓应设有明显的标志，且周围 3 m 以内不准堆放建筑材料。

(3) 为了排除地面水和地下水，应及时修通永久性下水道，并结合现场地形在建筑物周围设置排泄地面水和地下水沟渠。

2. 施工供电布置

(1) 为了维修方便，施工现场一般采用架空配电线路，且要求现场架空线与施工建筑物水平距离不小于 10 m，线与地面距离不小于 6 m，跨越建筑物或临时设施时，垂直距离不小于 2.5 m。

(2) 现场线路应尽量架设在道路的一侧，且尽量保持线路水平，以免电杆受力不均，在低压线中，电杆间距应为 25～40 m，分支线及引入线均应由电杆处接出，不得由两杆之间接线。

(3) 单位工程施工用电应在全场性施工总平面图中一并考虑。一般情况下，将计算出的施工期间的用电总数提供给建设单位解决，不另设变压器。只有独立的单位工程施工时，才根据计算出的现场用电量选用变压器，其位置应远离交通要道口处，布置在现场边缘高压线接入处，四周用铁丝网围住。

第 8 节　施工管理计划

施工管理计划包括进度管理计划、质量管理计划、安全管理计划、环境管理计划、成本管理计划以及其他管理计划等。在编制施工组织设计时，施工管理计划一般通过各项管理计划来体现，各项管理计划可单独成章，也可穿插在相应章节中。各项管理计划的制定应根据项目的特点有所侧重。编制时，必须符合国家和地方政府部门有关要求，正确处理进度、质量、安全、环境和成本等之间的关系。

一、进度管理计划

进度管理计划是保证实现项目施工进度目标的管理计划，包括对进度及其偏差进行测量、分析以及采取的必要措施和计划变更等。应按照项目施工的技术规律和合理的施工顺序，保证各工序在时间上和空间上顺利衔接。进度管理计划的主要内容如下。

(1) 对施工进度计划进行逐级分解,通过阶段性目标的实现保证最终工期目标。

在施工活动中通常是通过对最基础的分部(分项)工程的施工进度进行控制,来保证各个单位(单项)工程或阶段工程进度控制目标的完成,进而实现项目施工进度控制总体目标。因而需要将总体进度计划进行一系列的从总体到细部、从高层次到基础层次的层层分解,一直分解到在施工现场可以直接调度控制的分部(分项)工程或施工作业过程为止。

(2) 建立施工进度管理的组织机构并明确职责,制定相应的管理制度。

施工进度管理的组织机构是实现进度计划的组织保证,它既是施工进度计划的实施组织,又是施工进度计划的控制组织。其既要承担进度计划实施时赋予的生产管理和施工任务,又要承担进度控制目标,对进度控制负责,因此需要严格落实有关管理的制度和职责。

(3) 针对不同施工阶段的特点,制定进度管理的相应措施,包括施工组织措施、技术措施和合同措施等。

(4) 建立施工进度动态管理机制,及时纠正施工过程中的进度偏差,并制定特殊情况下的赶工措施。

面对不断变化的客观条件,施工进度往往产生偏差。当发生实际进度比计划进度超前或落后的情况时,控制系统就要做出应有的反应:分析偏差产生的原因,采取相应的措施,调整原来的计划,使施工活动在新的起点上按调整后的计划继续运行,如此循环往复,直至预期计划目标的实现。

(5) 根据项目周边环境特点制定相应的协调措施,减少外部因素对施工进度的影响。

项目周边环境是影响施工进度的重要因素之一,其不可控性大,必须重视诸如环境扰民、交通组织和偶发意外等因素,以采取相应的协调措施。

二、质量管理计划

质量管理计划是保证实现项目施工质量目标的管理计划,包括制定、实施、评价所需的组织结构、职责、程序以及采取的措施和资源配置等。工程质量目标的实现需要具体的管理和技术措施。根据工程质量形成的时间阶段,工程质量管理可分为事前管理、事中管理和事后管理。质量管理的重点应放在事前管理。质量管理计划应按照《质量管理体系要求》(GB/T 19001—2016)在施工单位质量管理体系的框架内编制。其编制的主要内容如下。

(1) 按照工程项目要求,确定质量目标并进行目标分解,质量指标应具有可测量性。

应制定具体的项目质量目标,且质量目标应不低于工程合同明示的要求,质量目标应尽可能地量化和层层分解到最基层,便于建立阶段性目标。

(2) 建立项目质量管理的组织机构并明确职责。

应明确质量管理组织机构中各重要岗位的职责，与质量有关的各岗位人员应具备与职责要求匹配的相应知识、能力和经验。

（3）制定符合项目特点的技术和资源保障措施、防控措施，通过可靠的预防控制措施保证质量目标的实现。

这些措施主要包括原材料、构配件、机具的要求和检验，主要的施工工艺、主要的质量标准和检验方法，夏季、冬季和雨季施工的技术措施，关键过程、特殊过程、重点工序的质量保证措施，成品、半成品的保护措施，工作场所环境以及劳动力和资金保障措施等。

（4）建立质量过程检查制度，并对质量事故的处理作出相应规定。

按质量管理原则的过程方法和要求，将各项活动和相关资源作为过程进行管理，建立质量过程检查、验收以及质量责任制等相关制度，对质量检查和验收标准做出规定，采取有效的纠正和预防措施，保障各工序和过程的质量。

三、安全管理计划

安全管理计划是保证实现项目施工职业健康安全目标的管理计划，包括制定、实施所需的组织结构、职责、程序以及采取的措施和资源配置等。工程施工安全生产工作应当以人为本，坚持安全发展，坚持“安全第一、预防为主、综合治理”的方针。施工现场的伤亡事故基本上是由于没有安全技术措施、缺乏安全技术知识、不做安全技术交底、安全责任制不落实、违章指挥和违章作业等造成的，因此，必须建立完善的施工现场安全生产保障体系，才能确保职工的安全和健康。

建筑施工安全事故（危害）通常分为：高处坠落、机械伤害、物体打击、坍塌、火灾、爆炸、触电、中毒与窒息以及其他伤害。安全管理计划应针对项目具体情况建立安全管理组织，制定相应的管理目标、管理制度、管理控制措施和应急预案等。安全管理计划可参照《职业健康安全管理体系要求》（GB/T 28001—2011），在施工单位安全管理体系的框架内编制。主要内容应包含如下7个方面。

（1）确定项目重要危险源，制定项目职业健康安全管理目标。

（2）建立有管理层次的项目安全管理组织机构并明确职责。

（3）根据项目特点进行职业健康安全方面的资源配置。

（4）建立具有针对性的安全生产管理制度和职工安全教育培训制度。

（5）针对项目重要危险源制定相应的安全技术措施。对达到一定规模的危险性较大的分部（分项）工程和特殊工种的作业，应制定专项安全技术措施的编制计划。

（6）根据季节、气候的变化，制定相应的季节性安全施工措施。

（7）建立现场安全检查制度，并对安全事故的处理做出相应规定。

四、环境管理计划

环境管理计划是保证实现项目施工环境目标的管理计划，包括建立、实施所需的组织结构、职责、程序以及采取的措施和资源配置等。

施工现场环境管理越来越受到建设单位和社会各界的重视，同时政府也不断出台新的环境监管措施，环境管理计划已成为施工组织设计的重要组成部分。对于通过了环境管理体系认证的施工企业，环境管理计划应在企业环境管理体系的框架内，针对项目的实际情况编制。施工中常见的环境因素包括大气污染、垃圾污染、施工机械的噪声和振动、光污染、放射性污染、生产及生活污水排放等。环境管理计划可参照《环境管理体系要求及使用指南》(GB/T 24001—2016)，在施工单位环境管理体系的框架内编制。主要内容如下。

(1) 确定项目重要环境因素，制定项目环境管理目标。

(2) 建立项目环境管理的组织机构并明确职责。

(3) 根据项目特点进行环境保护方面的资源配置。

(4) 制定现场环境保护的控制措施。

(5) 建立现场环境检查制度，并对环境事故的处理做出相应规定。

五、成本管理计划

成本管理计划是保证实现项目施工成本目标的管理计划，包括成本预测、实施、分析以及采取的必要措施和计划变更等。

由于土木工程产品生产周期长，增加了施工成本控制的难度。成本管理的基本原理就是把计划成本作为施工成本的目标值，在施工过程中定期对实际值与目标值进行比较，通过比较找出实际支出额与计划成本之间的差距，分析产生偏差的原因，并采取有效的措施加以控制，以保证目标值的实现或减小差距。成本管理计划应以项目施工预算和施工进度计划为依据进行编制。主要内容如下。

(1) 根据项目施工预算，制定项目施工成本目标。

(2) 根据施工进度计划，对项目施工成本目标进行阶段分解。

(3) 建立施工成本管理的组织机构并明确职责，制定相应管理制度。

(4) 采取合理的技术、组织和合同等措施，控制施工成本。

(5) 确定科学的成本分析方法，制定必要的纠偏措施和风险控制措施。

六、其他管理计划

其他管理计划宜包括绿色施工管理计划、防火保安管理计划、合同管理计划、组织协调管理计划、优质工程管理计划、质量保修管理计划以及对施工现场人力资源、施工机具、材料设备等生产要素的管理计划等。

其他管理计划可根据项目的特点和复杂程度加以取舍，以保证建筑工程的实施处于全面的受控状态。各项管理计划的内容应有目标、组织机构、资源配置、管理制度、技术和组织措施等。

第9节　技术经济指标

在单位工程施工组织设计的编制基本完成后，通过计算各项技术经济指标，并反映在施工组织设计文件中，作为对施工组织设计评价和决策的依据。主要指标及计算方法如下。

一、总工期

总工期指从破土动工至竣工的全部日历天数，它反映了施工组织能力与生产力水平，可与定额规定工期或同类工程工期相比较。

二、单方用工

单方用工指完成单位合格产品所消耗的主要工种、辅助工种及准备工作的全部用工。它反映了施工企业的生产效率及管理水平，也可反映出不同施工方案对劳动量的需求，可按如下公式计算。

单方用工＝总用工数（工日）/建筑面积（m^2）

三、质量优良品率

这是施工组织设计中确定的重要控制目标，主要通过保证质量措施实现，可分别对单位工程、分部（分项）工程进行确定。

四、主要材料节约指标

主要材料节约情况随工程不同而不同。其依靠材料节约措施实现，可按以下公式分别计算主要材料节约量、主要材料节约额或主要材料节约率。

主要材料节约量＝预算用量－施工组织设计计划用量

或　主要材料节约量＝技术组织节约量

主要材料节约率＝主要材料节约额（元）/主要材料预算金额（元）×100％

或　主要材料节约率＝主要材料节约量/主要材料预算量×100％

五、大型机械耗用台班数及费用

大型机械耗用台班数及费用反映了机械化程度和机械利用率，其计算公式如下。

单方耗用大型机械台班数＝耗用总台班（台班）/建筑面积（m^2）

单方大型机械费用＝计划大型机械台班费（元）/建筑面积（m^2）

六、降低成本指标

降低成本指标主要是降低成本额和降低成本率，计算公式如下。

降低成本额＝预算成本－施工组织设计计划成本

降低成本率＝降低成本额(元)/预算成本(元)×100%

预算成本是根据施工图按预算价格计算的成本，计划成本是按施工组织设计所确定的施工成本。降低成本率的高低可反映出不同施工组织设计所产生的不同经济效果。

◇思考与练习◇

1. 什么是单位工程施工组织设计？它的作用是什么？
2. 单位工程施工组织设计编制的依据有哪些？
3. 单位工程施工组织设计包括哪些内容？
4. 简述施工部署的主要内容。
5. 简述施工流向及其确定应考虑的因素。
6. 什么是施工顺序？确定施工顺序时应考虑的因素包括哪些？
7. 施工方案的技术经济评价包括哪些内容？
8. 单位工程施工平面图的设计内容有哪些？
9. 试述单位工程施工平面图的设计步骤。

第6章　施工组织总设计

第1节　施工组织总设计概述

施工组织总设计是以整个建设项目或若干个单体建筑物工程为编制对象，根据初步设计或扩大初步设计图纸以及其他有关资料和现场施工条件而编制，对整个建设项目进行全盘规划，是指导全场性的施工准备工作和组织全局性施工的综合性技术经济文件，一般由总承包单位或大型项目经理部的总工程师主持编制。

一、施工组织总设计的作用

（1）为建设项目或群体工程的施工做出全局性的战略部署。

（2）为施工做好准备工作，为保证资源供应提供依据。

（3）为组织全场性施工提供科学方案和实施步骤。

（4）为施工单位编制工程项目生产计划和单位工程的施工组织设计提供依据。

（5）为业主编制工程建设计划提供依据。

（6）为确定设计方案的施工可行性和经济合理性提供依据。

二、施工组织总设计的编制依据

（一）设计文件

设计文件主要包括建设项目的初步设计、扩大初步设计或技术设计的有关图样、设计说明书、建筑区域平面图、建筑总平面图、建筑竖向设计、总概算或修正概算等。

（二）计划文件

计划文件主要包括建设项目可行性研究报告、国家批准的固定资产投资计划、工程项目一览表、分期分批施工项目和投资计划；地区主管部门的批件、要求交付使用的期限、施工单位上级主管部门下达的施工任务，承包单位的年度计划等。

（三）合同文件

合同文件主要包括工程招投标文件及签订的工程承包合同；工程材料和设备的订货指标或供货合同等。

（四）施工条件

施工条件主要包括可能为建设项目服务的建筑安装企业、预制加工企业的人力、设备、技术和管理水平；工程材料的来源和供应情况；交通运输情况；水、电供应情况；

有关建设地区的自然条件，如有关气候、地质、水文、地理环境等。

（五）现行规范、规程和有关技术规定

这主要指国家现行的施工及验收规范、操作规程、概算、预算及施工定额、技术规定和有关经济技术指标等，也包括对推广应用新结构、新材料、新技术、新工艺的要求及有关的技术经济指标。

（六）参考资料

参考资料包括类似的建设项目的施工组织总设计和有关总结资料。

三、施工组织总设计的编制程序

施工组织总设计一般可按图 6-1 所示的程序来编制。

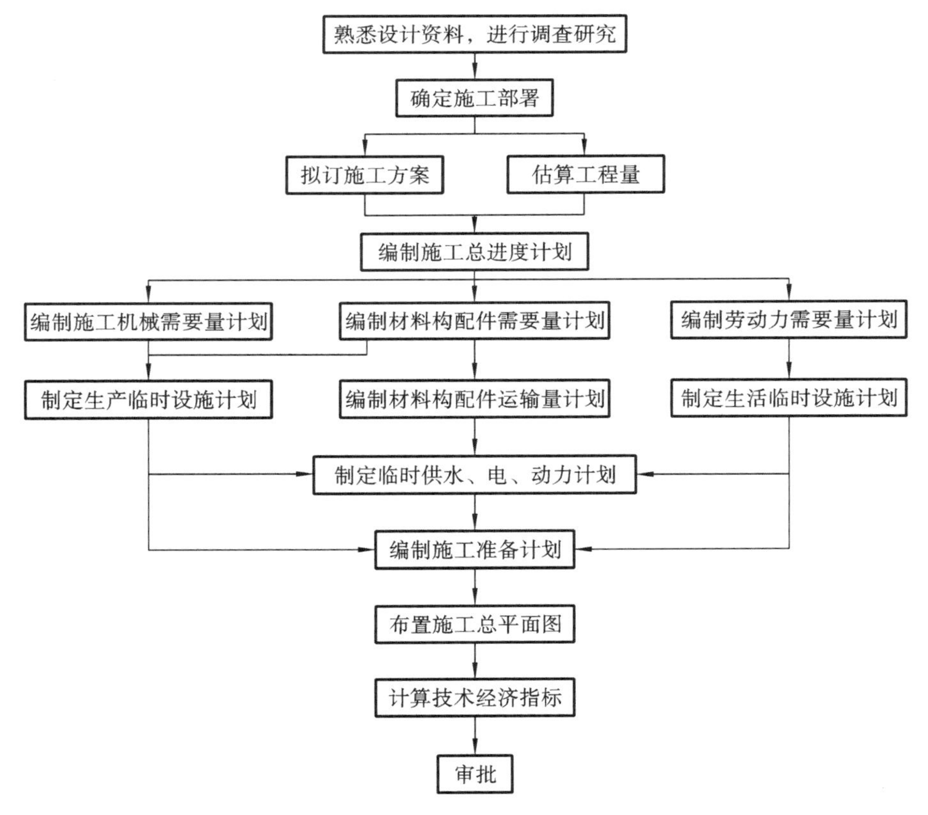

图 6-1　施工组织总设计编制程序

四、施工组织总设计的内容

施工组织总设计的编制内容主要包括建设工程概况、施工部署及主要工程项目的施工方案、施工总进度计划、全场性施工准备工作计划、施工资源总需要量计划、施工总平面图和各项主要技术经济指标等。由于建设项目的规模、性质，建筑和结构的复杂程度及特点不同，再加上建筑施工场地的条件差异和施工复杂程度不同，其编制内容也不完全一样。

第2节　建设工程概况

建设工程概况是对整个建设项目的总说明和总分析，是对拟建设项目或建筑群做的一个简明扼要、突出重点的文字介绍，为了清晰易读，宜采用图表说明。

一、建设项目主要情况

建设项目主要情况涵盖以下方面。

(1) 项目名称、性质(工业或民用，项目的使用功能)、地理位置和建设规模(包括项目占地总面积、投资规模或产量、分期分批建设范围等)。

(2) 项目的建设、勘察、设计和监理等相关单位的情况。

(3) 项目设计概况，包括建筑面积、建筑高度、建筑层数、结构形式、建筑结构及装饰用料、建筑抗震设防烈度、安装工程和机电设备的配置等。

(4) 项目承包范围及主要分包工程范围。

(5) 施工合同或招标文件对项目施工的重点要求。

(6) 其他应说明的情况。

二、项目主要施工条件

施工组织总设计中，应对项目的主要施工条件进行以下情况的说明。

(1) 项目建设地点气象状况：气温、雨、雪、风和雷电等气象情况，冬、雨季的期限，土的冻结深度等。

(2) 项目施工区域地形地貌和水文地质：施工场地地形变化和绝对标高、地质构造、土的性质和类别、地基土承载力、地下水位及水质等。

(3) 项目施工区域施工障碍物：施工区域地上、地下管线及相邻地上、地下建(构)筑物情况。

(4) 与项目施工有关的道路、河流状况：可利用的永久性道路、通行(通航)标准、河流流量、最高洪水位和枯水期水位等。

(5) 当地建筑材料、设备供应和交通运输等服务能力状况。如建设项目的主要材料、特殊材料和生产工艺设备供应条件及交通运输条件。

(6) 当地供电、供水、供热和通信能力状况。根据当地供电、供水、供热和通信情况，按照施工需求，描述相关资源的提供能力及解决方案。

(7) 其他与施工有关的主要因素。

第 3 节　总体施工部署

总体施工部署是对整个建设项目进行的统筹规划和全面安排，是简要阐述完成整个建设项目的总体设想，对关系施工全局的关键问题做出决策，拟订指导组织全局性的战略规划，目的是用具体的技术方案说明施工决策的可行性。总体施工部署是施工组织总设计的核心，也是编制施工总进度计划、施工总平面图以及各种供应计划的基础。

一、建立项目管理组织机构

根据工程的规模、特点和总承包单位项目管理的水平，建立有效的组织管理机构；明确各施工单位的工程任务，提出质量、进度、成本、环境、安全文明施工等控制目标及要求；确定分期分批施工交付投产使用的主要项目和穿插施工的项目；正确处理土建工程、设备安装工程及其他专业工程之间相互配合协调的关系。

项目管理组织机构的形式应根据施工项目的规模、复杂程度、专业特点、人员素质和地域范围确定，大中型项目宜设置矩阵式项目管理组织，远离企业管理层的大中型项目宜设置事业部式项目管理组织，小型项目宜设置直线职能式项目管理组织。

二、确定工程开展程序

确定建设项目中各项工程的合理开展程序是整个建设项目可以尽快投产使用的关键。工程程序的开展应从下列五个方面着手。

（一）划分施工区段

当一个建设项目包含单体较多时，常常要组织多支施工队伍进入现场施工，为了避免施工中的交叉和相互干扰等混乱现象，常常将整个项目的所有单体划分成几个施工区段，每个施工区段由一个施工队伍负责施工，或一个施工队伍负责 1～2 个施工区段的施工任务。这样做既加快了工程施工进度，又不相互干扰，亦有利于组织相互间的劳动竞赛。施工区段的划分应注意以下两点。

(1) 尽量以单体工程所在的地域来划分施工区段，这样有利于在施工中加强施工管理和现场管理。通常以现场道路为界来划分施工区段。

(2) 每一施工区段的工程尽可能考虑组织流水施工，避免施工人员和施工机械设备进出频率高而降低效率。

（二）保证工期前提下，尽量实行分期分批施工

在保证工期的前提下，实行分期分批建设，既可以使每一具体项目迅速建成而尽早投入使用，又可在全局上取得施工的连续性和均衡性，以减少暂设工程数量，降低工程成本，充分发挥项目建设投资的效果。

（三）统筹安排各类项目施工

安排施工项目先后顺序时应按照各工程项目的重要程度，优先安排如下工程。

（1）按生产工艺要求，必须先期投入生产或起主导性作用的工程项目。

（2）工程量大、施工难度大、施工工期长的工程项目。

（3）为施工顺利进行必需的工程项目，如运输系统、动力系统等。

（4）供施工使用的工程项目，如钢筋、木材、预制构件等各种加工厂、混凝土搅拌站等附属企业及其他为施工服务的临时设施。

（5）生产上需先期使用的机修、车床、办公楼及部分家属宿舍等。

（四）注意施工顺序的安排

建筑施工活动之间交错搭接进行时，要注意必须遵守一定的顺序。一般工程项目均应按先地下、后地上，先深后浅，先干线后支线的原则进行安排。如地下管线和筑路的程序中，应先铺管线，后筑路。

（五）注意季节对施工的影响

不同季节对施工有很大影响，它不仅影响施工进度，而且还影响工程质量和投资效益，在确定工程开展程序时，应特别注意。例如大规模的土方工程和深基础工程施工一般要避开雨季，寒冷地区的工程施工最好在入冬时转入室内作业和设备安装。

三、主要项目的施工方案

施工组织总设计中要拟定一些主要工程项目的施工方案，其与单位工程施工组织设计中的施工方案所要求的内容和深度不同。这些项目是整个建设项目中工程量最大、施工难度大、工期长，对整个建设项目的完成起关键作用的建筑物或构筑物，以及全场范围内工程量大、影响全局的特殊分项工程。拟订主要工程项目施工方案是为了进行技术和资源的准备工作，同时也是为了施工顺利进行和现场的合理布局。它的内容包括如下几点。

（1）施工方法。要求兼顾技术先进性和经济合理性。

（2）施工工艺流程。要符合施工技术规律，兼顾各工种、各施工段的合理搭接。

（3）施工机械设备。能使主导机械满足工程需要并发挥其效能，使各大型机械在各工程上进行综合流水作业，减少装、拆、运的次数；辅助配套机械的性能应与主导机械相适应。

对于某些施工技术要求高或比较复杂、技术上比较先进或施工单位尚未完全掌握的特殊分部（分项）工程，也应提出原则性的技术措施方案，如桩基施工、深基坑人工降水与支护、大体积混凝土的浇筑，高层建筑主体结构所采用的滑模、爬模、飞模、大模板的施工，重型构件、大跨度结构、整体结构的组运、吊装等。这样才能事先进行技术和资源的准备，为工程施工的顺利开展和施工现场的合理布局提供依据。

四、主要工种工程的施工方法

主要工种工程是指工程量大，占用工期长，对工程质量和进度起关键作用的工程，如土石方、基础、砌体、架子、模板、混凝土、结构安装、防水、装饰工程以及管道安装、设备安装、垂直运输等工程。在确定主要工种工程的施工方法时，应结合建设项目的特点和当地施工习惯，尽可能采用先进合理、切实可行的专业化、机械化的施工方法。

（一）专业化施工

按照工厂预制和现场浇筑相结合的方针，提高建筑专业化程度，妥善安排钢筋混凝土构件生产、木制品加工、混凝土搅拌、金属构件加工、机械修理和砂石等的生产。要充分利用建设地区的预制件加工厂和搅拌站来生产大批量的预制件及商品混凝土。如果建设地区的生产能力不能满足要求，可考虑设置现场临时性的预制、搅拌场地。

（二）机械化施工

机械化施工是实现现代化施工的前提，要努力扩大机械化施工的范围，增添新型高效机械，提高机械化施工的水平和生产效率。在确定机械化施工总方案时应注意以下几点。

(1) 所选主导施工机械的类型和数量既能满足工程施工的要求，又能充分发挥其效能，并能在各工程上实现综合流水作业。

(2) 各种辅助机械或运输工具应与主导机械的生产能力协调配套，以充分发挥主导机械效率。如土方工程在采用汽车运土时，汽车的载重量应为挖土机斗容量的整数倍，汽车的数量应保证挖土机连续工作。

(3) 在同一工地上，应力求使建筑机械的种类和型号少一些，以利于机械管理。尽量使用一机多能的机械，提高机械使用效率。

(4) 机械选择应考虑充分发挥施工单位现有机械的能力，当本单位的机械能力不能满足工程需要时，则应购置或租赁所需机械。

总之，所选机械化施工总方案应是技术上先进、经济上合理的。

五、全场性施工准备工作计划

根据施工开展程序和主要工程项目的施工方案，可编制好施工项目全场性的施工准备工作计划。其要点如下。

(1) 安排好场内外运输、施工用主干道以及水、电、气来源及其引入方案。

(2) 安排好场地平整方案和全场性排水、防洪、环保、安全等技术措施。

(3) 安排好生产和生活基地建设，包括商品混凝土搅拌站、预制构件厂、钢筋和木材加工厂、金属结构制作加工厂、机修厂等。

(4) 安排现场区域内的测量工作，设置永久性的测量标志，为放线定位做好准备。

(5) 安排建筑材料、成品、半成品的货源、运输、储存方式。

(6) 编制新技术、新材料、新工艺、新结构的试制、试验计划和职工技术培训计划。

(7) 冬季、雨季施工所需的特殊准备工作。

第4节 施工总进度计划

施工总进度计划是以建设项目或群体工程为对象，对全工地的所有单位工程施工活动进行的时间安排。即根据施工部署的要求，合理确定工程项目施工的先后顺序、开工和竣工日期、施工期限和它们之间的搭接关系。施工总进度计划是整个建设项目的控制性进度安排，是总体施工部署在时间上的体现。它是施工组织总设计中的主要内容，也是现场施工管理的中心内容。如果施工总进度计划不合理，那么将会导致人力、物力的使用不均衡，延误工期，甚至还会影响工程质量和施工安全。因此，正确地编制施工总进度计划是保证各项目以及整个建设工程按期交付使用、充分发挥投资效益、降低建筑工程成本的重要条件。

一、施工总进度计划的编制原则

(1) 合理安排各单位工程的施工顺序，保证在劳动力、物资以及资源消耗量最少的情况下，按规定工期完成施工任务。

(2) 处理好配套建设安排，充分发挥投资效益。在工业建设项目施工安排时，要认真研究生产车间和辅助车间之间、原料与成品之间、动力设施和加工部门之间、生产性建筑和非生产性建筑之间的先后顺序，有意识地做好协调配套，形成完整的生产系统；民用建筑也要解决好供水、供电、供暖、通信、市政、交通等工程的同步建设。

(3) 区分各项工程的轻重缓急，分批开工，分批竣工，把工艺调试在前的、占用工期较长的、工程难度较大的项目排在前面。所有单位工程都要考虑土建工程、安装工程的交叉作业，组织流水施工，既能保证重点，又能实现连续、均衡施工。

(4) 充分考虑当地气候条件，尽可能减少冬雨季施工的附加费用。如大规模土方和深基础施工应避开雨季，现浇混凝土结构应避开冬季，高空作业应避开风季等。

(5) 总进度计划的安排还应遵守技术法规、标准，符合安全、文明施工的要求，并应尽可能做到各种资源的均衡供应。

二、施工总进度计划的内容

施工总进度计划应依据施工合同、施工进度目标、有关技术经济资料，并按照总体施工部署确定的施工顺序和空间组织等进行编制。

施工总进度计划的内容应包括编制说明，施工总进度计划表(图)，分期(分批)实施工程的开、竣工日期，工期一览表等。施工总进度计划宜优先采用网络计划，网络计划应按国家现行标准要求进行编制。

三、施工总进度计划的编制步骤和方法

（一）计算工程项目的工程量

施工总进度计划主要起控制总工期的作用，因此在列工程项目一览表时，项目划分不宜过细。通常按分期（分批）投产顺序和工程开展顺序列出工程项目，并突出每个系统中的主要工程项目。一些附属项目及临时设施可以合并列出。

根据批准的总承建工程项目一览表，按工程开展程序和单位工程计算主要实物工程量。此时计算工程量的目的是选择施工方案和主要的施工、运输机械，初步规划主要施工过程和流水施工，估算各项目的完成时间并计算劳动力及技术物资的需要量。因此，工程量只需粗略地计算即可。

计算工程量可按初步（或扩大初步）设计图纸并根据各种定额手册进行计算。常用的定额、资料如下。

（1）万元（十万元）投资工程量、劳动力及材料消耗扩大指标。

（2）概算指标和扩大结构定额。

（3）已建房屋、构筑物的资料。

除建设项目本身外，还必须计算主要的全场性工程的工程量，例如铁路及道路长度、地下管线长度、场地平整面积。这些数据可以从建筑总平面图上求得。

（二）确定施工期限

单位工程的施工期限应根据施工单位的技术力量、管理水平、机械化施工程度等具体条件及施工项目的建筑结构类型、工程规模、施工条件及施工现场环境等因素加以确定。此外，还应参考有关的工期定额来确定各单位工程的施工期限，但总工期应控制在合同工期以内。

（三）确定开工、竣工时间和搭接关系

确定各主要单位工程的施工期限后，就可具体确定各单位工程的开、竣工时间，并安排各单位工程搭接施工的时间，尽量使主要工种的工人能连续、均衡地施工。在具体安排时应着重考虑以下几点。

（1）同一时期开工的项目不宜过多，以避免分散有限的人力、物力。

（2）力求使主要工种、施工机械及土建中的主要分部（分项）工程连续施工。

（3）尽量使劳动力、技术物资在全工程上均衡消耗，避免出现短时高峰和长时间低谷的现象，以利于劳动力的调度和原材料的供应。

（4）满足生产工艺的要求。根据工艺确定分期（分批）建设方案，合理安排各个建筑物的施工顺序和衔接关系，做到土建施工、设备安装和试生产在时间上和量的比例上均衡、合理，实现生产一条龙。

(5) 确定一些后备工程，调节主要项目的施工进度。如宿舍、办公楼、附属和辅助设施等作为调剂项目，穿插在主要项目的流水中，以便在保证重点工程项目的前提下实现均衡施工。

(四) 编制施工总进度计划

施工总进度计划可使用文字说明、里程碑表、工作量表、横道计划、网络计划等方法。作业性进度计划必须采用网络计划方法或横道计划方法。横道图表达施工总进度计划时，项目的排列可按施工总体方案所确定的工程展开程序排列横道图，并标明各施工项目开、竣工时间及其施工持续时间。

采用时间坐标网络图表达施工总进度计划，不仅比横道图更加直观明了，而且还可以表达出各施工项目之间的逻辑关系。

(五) 施工总进度计划的调整和修正

施工总进度计划编制完后，尚需检查各单位工程的施工时间和施工顺序是否合理，总工期是否满足规定的要求，劳动力、材料及设备需要量是否出现较大的不均衡现象等。有时需要对施工总进度计划做必要的修正和调整。并且，在贯彻执行过程中，也应随着施工的进展变化及时做必要的调整。

有些建设项目的施工总进度计划是跨几个年度的。此时，还需要根据每年的基本建设投资情况调整施工总进度计划。

施工进度安排好以后，把同一时期各项单位工程的工作量加在一起，用一定的比例画在总进度表的底部，即可得出建设项目的投资曲线。根据投资曲线可以大致地判断各个时期的工程量情况。如果在曲线上存在着较大的低谷或高峰，则需调整个别单位工程的施工速度或开、竣工时间，以便消除低谷或高峰，使各个时期的工作量尽量达到均衡。此外，投资曲线也能大致地反映不同时期的劳动力和物资的消耗情况。

第5节　总体施工准备工作计划和资源配置计划

施工总进度计划编制确定后，结合估算工程量即可编制总体施工准备工作计划和资源配置计划。

一、总体施工准备工作计划

为保证工程建设项目的顺利开工和总进度计划的按期实现，在施工组织总设计中，应根据施工开展顺序和主要项目施工方法，编制总体施工准备工作计划。

(一) 总体施工准备工作计划的意义

1. 遵循建筑施工程序

项目建设的总程序是按照规划、设计和施工等几个阶段进行的。施工阶段又可分为施工准备、土建施工、设备安装和交工验收等几个阶段，这是由工程项目建设的客观规律决定的。只有认真做好施工准备工作，才能保证工程顺利开工和施工的正常进行，才能保质、保量、按期交工，取得如期的投资效果。

2. 降低施工风险

工程项目施工受外界干扰和自然因素的影响较大，因而施工中可能遇到的风险较多。施工准备工作是根据周密的科学分析和多年积累的施工经验来确定的，具有一定的预见性。因此，只有充分做好施工准备工作，采取预防措施，加强应变能力，才能有效地防范和规避风险，降低风险损失。

3. 创造工程开工和顺利施工条件

施工准备工作的基本任务是为拟建工程施工建立必要的技术、物质、组织和管理条件，统筹组织施工力量和合理布置施工现场，综合协调组织关系，加强风险防范和管理，为拟建工程按时开工和持续施工创造条件。

4. 提高企业经济效益

认真做好工程项目施工准备工作，能调动各方面的积极因素，合理组织资源，加快施工进度，提高工程质量，降低工程成本，从而提高企业经济效益和社会效益。

实践经验证明，严格遵守施工程序，按照客观规律组织施工以及及时做好各项施工准备工作是工程施工能够顺利进行和圆满完成施工任务的重要保证。如果违背施工程序而不重视施工准备工作，必然给工程的施工带来诸多问题（例如窝工、停工、延长工期），引起不应有的经济损失。

（二）总体施工准备工作计划的内容

总体施工准备工作应包括技术准备、现场准备和资金准备等。各项工程施工准备工作的具体内容，视该工程情况及已具备的条件而异。有的比较简单，有的却十分复杂。不同的工程，因工程的特殊需要和特殊条件而对施工准备工作提出各不相同的具体要求。只有按照施工项目的特点来确定准备工作的内容，并拟定具体的、分阶段的施工准备工作实施计划，才能充分地为施工创造一切必要的条件。

1. 技术准备

（1）施工过程所需技术资料的准备。核对施工图纸是否齐全、完整；施工图纸是否通过抗震、消防、节能等有关部门审查；组织学习图纸，做好图纸会审工作；编制施工图预算及项目施工成本预算。

（2）施工方案编制计划。准备作业指导书和技术交底单。

（3）试验检验及设备调试工作计划等。

（4）制定并落实有关设计中拟采用的新技术、新工艺、新材料、新设备应用的试制和试验工作计划。

2. 现场准备

（1）做好现场“三通一平”工作，落实现场外的有关交通运输条件（如有关铁路、公路、码头的建设或衔接工作）。

（2）进行临时设施的搭设工作，包括生产、生活临时设施，如临时生产、生活用房，临时道路、材料堆放场，临时用水、用电和供热、供气等的计划。

（3）测量控制网的设置。

3. 资金准备

项目开工前，应根据施工总进度计划编制资金使用计划。

施工准备工作计划宜采用列表的形式编制，见表 6-1。

表 6-1 施工准备工作计划

序号	准备内容		主办单位	责任人	协办单位	完成时间	备注
1	技术准备	(1) …… (2) …… (3) ……					
2	现场准备	(1) …… (2) …… (3) ……					
3	资金准备	(1) …… (2) …… (3) ……					
⋮	⋮						

各类施工计划能否按期实现，很大程度上取决于相应的准备工作能否及时开始和按时完成。因此，必须将各项准备工作逐一落实，并在实施中认真检查和督促落实情况。

二、资源配置计划

资源配置计划有劳动力配置计划和物资配置计划。各项资源配置计划是做好劳动力以及物资的供应、平衡、调度、落实的依据。

（一）劳动力配置计划

劳动力配置计划应包括确定各施工阶段的总用工量和根据施工总进度计划确定各施工阶段的劳动力配置计划。目前施工企业在管理体制上已普遍实行管理层和劳务作业层的两层分离，合理的劳动力配置计划可减少劳务作业人员不必要的进、退场或避免窝工状态，进而节约施工成本。

首先根据工程量汇总表中列出的各主要实物工程量，参照预算定额或有关经验资料，便可求得各个建筑物主要工种的劳动量，再根据总进度计划中各单位工程分工种的持续时间，即可求得某单位工程在某段时间里的平均劳动力数。按同样的方法可计算出各个建筑物各主要工种在各个时期的平均工人数。将总进度计划表纵坐标方向上各单位工程同工种的人数叠加在一起并连成一条曲线，即成为某工种的劳动力动态图。根据劳动力动态图可列出劳动力需要量计划，见表 6-2。劳动力需要量计划是确定临时工程和组织劳动力进场的依据。

表 6-2　劳动力需要量计划

序号	工种名称	施工高峰需用人数	××年				××年				现有人数	多余(+)不足(-)
1			一季度	二季度	三季度	四季度	一季度	二季度	三季度	四季度		
2												

注:①工种名称除生产工人外,还应包括附属辅助用工(如机修、运输、构件加工、材料保管等)以及服务用工。②表下应附分季度的劳动力动态曲线(纵轴表示人数,横轴表示时间)。

实际使用中,也可以在总进度计划表下方用直方图的形式表示现场施工人数随时间的动态变化,即劳动力动态曲线。

(二)物资配置计划

物资配置计划包括主要材料配置计划,构件和半成品配置计划及其运输计划,主要施工机具、设备配置及进退场计划,还有为工地服务的大型临时设施建设计划等。物资配置计划应根据总体施工部署和施工总进度计划来确定主要物资的计划总量及进退场时间进行编制。物资配置计划是组织建筑工程施工所需各种物资进退场的依据,科学合理的物资配置计划既可保证工程建设的顺利进行,又可降低工程成本。

1. 主要材料、构件和半成品配置计划

主要材料包括工程材料和施工用的周转性材料,根据各单位工程的工程量汇总表所列不同结构类型的工程量总表,参照定额或已建类似工程资料,即可计算出主要建筑材料、构件和半成品数量,以及有关大型临时设施施工和拟采用的各种技术措施材料用量,编制出主要材料、构件和半成品配置计划,见表 6-3 和表 6-4。

表 6-3　主要材料配置计划

工程名称	主要材料							
	型钢/t	钢板/t	钢筋/t	木材/m^3	水泥/t	砖/千块	砂/m^3	…

注:①主要材料可按型钢、钢板、钢筋、木材、水泥、砖、砂、石、卷材、油漆等填写。②供应时间可以季或月为单位列表。

表 6-4　主要构件和半成品配置计划

序号	构件、半成品名称	规格	单位	合计	需要量			需要量进度					
					正式工程	大型临时设施	施工措施	××年				××年	
								一季度	二季度	三季度	四季度	一季度	二季度

2. 主要施工机具、设备配置计划

主要施工机具如挖土机、起重机等的需要量计划，应根据施工部署和施工方案、施工总进度计划、主要工种工程量以及机械化施工参考资料进行编制。施工机具、设备配置计划除利于组织机械供应外，还可作为施工用电量计算和确定停放场地面积的依据。主要施工机具、设备配置计划见表 6-5。

表 6-5　主要施工机具、设备配置计划

序号	主要施工机具、设备名称	规格型号	电动机功率	需要量	进退场时间					设备来源			备注
					××年				××年	现有	添置	租赁	
					一季度	二季度	三季度	四季度	一季度				
1													
2													
3													

3. 大型临时设施建设计划

大型临时设施的建设，首先应尽量利用现（原）有建筑物，对需拆除的原有房屋，如不影响拟建工程和运输道路时，应尽量推迟拆除以作为临时设施使用；其次是尽量利用拟建的永久性建筑物。对一些结构简单、施工周期较短的拟建工程，可在开工后突击施工完成主体工程，将其作为临时设施使用。采取上述两项措施后，仍不满足需要时，应自行搭设临时建筑，以满足施工及管理需要。表 6-6 为大型临时设施建设计划表。

表 6-6　大型临时设施建设计划

序号	临时设施名称	需要量（m^2或间）	来　源			预计费用	备注
			利用旧房	利用永久性工程	自行搭建		
1							
2							
3							

第 6 节　全场性暂设工程

为满足工程项目施工需要，在工程正式施工之前，要按照工程项目准备工作计划的要求，建设相应的暂设工程，为工程项目施工创造良好的环境。暂设工程的类型、规模因工程而异，主要有工地加工厂、工地仓库、工地运输、办公及福利设施、工地临时供水、工地临时供电。

一、工地加工厂

(一) 加工厂的类型和结构

工地加工厂类型主要有钢筋混凝土构件加工厂、木材加工厂、模板加工车间、粗(细)木加工车间、钢筋加工厂、金属结构构件加工厂和机械修理车间等,对于公路、桥梁路面工程还需有沥青混凝土加工厂。工地加工厂的结构形式应根据使用情况和当地条件而定,一般宜采用拆装式活动房屋。

(二) 加工厂面积的确定

工地加工厂的建筑面积主要取决于设备尺寸、工艺过程、设计和防火等要求,通常可参考有关经验指标等资料确定。

(1) 对于钢筋混凝土构件预制场、锯木车间、模板加工车间、细木加工车间、钢筋加工车间(棚)等,其建筑面积可按以下公式计算。

$$F=\frac{KQ}{TSa}$$

式中,F——所需建筑面积(m^2);

K——不均衡系数(1.3~1.5);

Q——加工总量;

T——加工总时间(月);

S——每平方米场地月平均加工量定额;

a——场地或建筑面积利用系数(0.6~0.7)。

(2) 常用各种工地加工厂的面积参考指标见表6-7至表6-9。

表6-7 常见各种临时加工厂的面积参考指标

序号	加工厂名称	年产量		单位产量所需建筑面积	占地总面积/m^2	备注
		单位	数量			
1	混凝土搅拌站	m^3	3200 4800 6400	0.022(m^2/m^3) 0.021(m^2/m^3) 0.020(m^2/m^3)	按砂石堆场考虑	400 L搅拌机2台 400 L搅拌机3台 400 L搅拌机4台
2	临时性混凝土预制厂	m^3	1000 2000 3000 5000	0.25(m^2/m^3) 0.20(m^2/m^3) 0.15(m^2/m^3) 0.125(m^2/m^3)	2000 3000 4000 <6000	生产屋面板和中小型梁、柱、板等,配有蒸养设施
3	半永久性混凝土预制厂	m^3	3000 5000 10000	0.6(m^2/m^3) 0.4(m^2/m^3) 0.3(m^2/m^3)	9000~12000 12000~15000 15000~20000	—

续表

<table>
<tr><th rowspan="2">序号</th><th rowspan="2">加工厂名称</th><th colspan="2">年产量</th><th rowspan="2">单位产量所需建筑面积</th><th rowspan="2">占地总面积/m²</th><th rowspan="2">备　注</th></tr>
<tr><th>单位</th><th>数量</th></tr>
<tr><td>4</td><td>木材加工厂</td><td>m^3</td><td>15000
24000
30000</td><td>0.0244(m^2/m^3)
0.0199(m^2/m^3)
0.0181(m^2/m^3)</td><td>1800～3600
2200～4800
3000～5500</td><td>进行原木、木方加工</td></tr>
<tr><td>5</td><td>综合木加工厂</td><td>m^3</td><td>200
500
1000
2000</td><td>0.3(m^2/m^3)
0.25(m^2/m^3)
0.2(m^2/m^3)
0.15(m^2/m^3)</td><td>100
200
300
420</td><td>加工门窗、模板、地板、屋架等</td></tr>
<tr><td>6</td><td>粗木加工厂</td><td>m^3</td><td>5000
10000
15000
20000</td><td>0.12(m^2/m^3)
0.10(m^2/m^3)
0.09(m^2/m^3)
0.08(m^2/m^3)</td><td>1350
2500
3750
4800</td><td>加工屋架、模板</td></tr>
<tr><td>7</td><td>细木加工厂</td><td>m^3</td><td>50000
100000
150000</td><td>0.014(m^2/m^3)
0.0114(m^2/m^3)
0.0106(m^2/m^3)</td><td>7000
10000
14000</td><td>加工门窗、地板</td></tr>
<tr><td>8</td><td>钢筋加工厂</td><td>t</td><td>200
500
1000
2000</td><td>0.35(m^2/m^3)
0.25(m^2/m^3)
0.20(m^2/m^3)
0.15(m^2/m^3)</td><td>280～560
380～750
400～800
450～900</td><td>加工、成型、焊接</td></tr>
<tr><td>9</td><td>现场钢筋调直或冷拉拉直</td><td colspan="4">所需场地(m×m)：
(70～80)×(3～4)(m^2)</td><td>包括材料、成品堆放</td></tr>
<tr><td>10</td><td>钢筋冷加工：
剪断机
弯曲机 ϕ12及以下
弯曲机 ϕ40及以下</td><td colspan="4">所需场地(m^2/台)：
30～40
50～60
60～70</td><td>按一批加工数量计算</td></tr>
<tr><td>11</td><td>金属结构加工(包括一般加工构件)</td><td colspan="4">所需场地(m^2/t)：
10(年产 500 t)
8(年产 1000 t)
6(年产 2000 t)
5(年产 3000 t)</td><td>按一批加工数量计算</td></tr>
</table>

续表

序号	加工厂名称	年产量		单位产量所需建筑面积	占地总面积/m^2	备　　注
		单位	数量			
12	石灰消化： 贮灰池 淋灰池 淋灰槽	 $5\times3=15(m^2)$ $4\times3=12(m^2)$ $3\times2=6(m^2)$				每两个贮灰池配一套淋灰池和淋灰槽，每 600 kg 石灰可消化 1 m^3 石灰膏
13	沥青配置场地	$20\sim24(m^2)$				台班产量 1～1.5 t/台

表 6-8　现场作业棚所需面积参考指标

序号	名　　称	单位	面积	备　　注
1	木工作业棚	m^2/人	2	占地为建筑面积的 2～3 倍
2	电锯房	m^2	80	86～92 cm 圆锯 1 台
3	电锯房	m^2	40	小圆锯 1 台
4	钢筋作业棚	m^2/人	3	占地为建筑面积的 3～4 倍
5	搅拌棚	m^2/台	10～18	—
6	卷扬机棚	m^2/台	6～12	—
7	烘炉房	m^2	30～40	—
8	焊工房	m^2	20～40	—
9	电工房	m^2	15	—
10	白铁工房	m^2	20	—
11	油漆工房	m^2	20	—
12	机工、钳工修理房	m^2	20	—
13	立式锅炉房	m^2/台	5～10	—
14	发电机房	m^2/kW	0.2～0.3	—
15	水泵房	m^2/台	3～8	—
16	空压机房(移动式)	m^2/台	18～30	—
	空压机房(固定式)	m^2/台	9～15	—

表 6-9　现场机修站、停放场所需面积参考指标

序号	施工机械名称	所需场地/(m^2/台)	存放方式	检修间所需建筑面积	
				内容	数量/m^2
起重、土方机械类					
1	塔式起重机	200～300	露天	10～20 台设一个检修台位(每增加 20 台增设一个检修台位)	200(增加 150)
2	履带式起重机	100～150	露天		
3	履带式正铲或反铲、拖式铲运机、轮胎式起重机	75～100	露天		
4	推土机、压路机	25～35	露天		
5	汽车式起重机	20～30	露天或室内		
运输机械类					
6	汽车(室内)	20～30	一般情况下室内不小于 10%	每 20 台设一个检修台位(每增加一个检修台位)	170(增加 160)
7	汽车(室外)	40～60			
8	平板拖车	100～150			
其他机械类					
9	搅拌机、卷扬机	4～6	一般情况下，室内占 30%，露天占 70%	每 50 台设一个检修台位(每增加一个检修台位)	50(增加 50)
10	电焊机、电动机				
11	水泵、空压机、油泵、小型吊车等				

二、工地仓库

(一) 仓库的类型和结构

1. 仓库的类型

建筑工程所用仓库按其用途分为以下四种。

(1) 转运仓库：设在火车站、码头附近用来转运货物。

(2) 中心仓库：用以储存整个工程项目工地、地域性施工企业所需的材料。

(3) 现场仓库(包括堆场)：专为某项工程服务的仓库，一般建在现场。

(4) 加工厂仓库：用以某加工厂储存原材料、已加工的半成品、构件等。

2. 仓库的结构形式

(1) 露天仓库：用于堆放不因自然条件而受影响的材料。如砂、石、混凝土构件等。

(2) 库房：用于堆放易受自然条件影响而发生性能、质量变化的材料。如金属材料、水泥、贵重的建筑材料、五金材料及易燃、易碎品等。

（二）确定材料储备量

建筑材料储备的数量一方面应保证工程施工不中断，另一方面还要避免储备量过大造成积压，通常根据现场条件、供应条件和运输条件来确定。建筑材料的储备量可按以下公式计算。

$$P = T_c \frac{QK}{T}$$

式中，P——材料储备量；

T_c——储备期定额；

Q——材料、半成品等的总需要量；

K——材料使用不均匀系数；

T——施工项目的施工总持续时间。

计算时还需要考虑仓库对保管材料的具体要求。

（三）仓库面积的确定

确定某一种建筑材料的仓库面积时，需综合考虑该种材料需储备的天数、材料的需要量，以及仓库单位面积的储存定额等因素。其中储备天数与材料的供应情况、运输能力及气候等条件有关，因此，应结合具体情况确定最经济的仓库面积。

确定仓库面积时，必须将有效面积和辅助面积结合考虑，有效面积是储存的材料占有的净面积，它是根据每平方米仓库面积的存放定额来决定的。仓库面积可按以下公式计算。

$$F = \frac{P}{qK}$$

式中，F——仓库总面积(m^2)；

P——仓库材料储备量；

q——每平方米仓库面积能存放的材料、半成品和制品的数量；

K——仓库面积有效利用系数（考虑人行道和车道所占面积）。

或者采用系数法计算仓库面积，其计算公式如下。按系数计算仓库面积时，参数取值可参考表 6-10。

$$F = \phi m$$

式中，ϕ——计算基数；

m——基数系数。

表 6-10　按系数计算仓库面积

序号	名　　称	计算基数 m	单　　位	系数 ϕ
1	仓库（综合）	按工地全员	m^2/人	0.7～0.8
2	水泥库	按当年水泥用量的 40%～50%	m^2/t	0.7

续表

序号	名　称	计算基数 m	单　位	系数 ϕ
3	其他仓库	按当年工作量	m^2/万元	2～3
4	五金杂品库	按年建安工作量	m^2/万元	0.2～0.3
		按在建建筑面积	$m^2/100\ m^2$	0.5～1
5	土建工具库	按高峰年(季)平均人数	m^2/人	0.1～0.2
6	水暖器材库	按年在建建筑面积	$m^2/100\ m^2$	0.2～0.4
7	电器器材库	按年在建建筑面积	$m^2/100\ m^2$	0.3～0.5
8	化工油漆危险库	按年建安工作量	m^2/万元	0.1～0.15
9	三大工具堆材(脚手架、跳板、模板)	按年在建建筑面积	$m^2/100\ m^2$	1～2
		按年建安工作量	m^2/万元	0.5～1

三、工地运输

建筑工地运输业务组织的内容包括确定运输量、选择运输方式、计算运输工具数量。工地的运输方式有铁路运输、公路运输、水路运输等。在选择运输方式时，应考虑各种影响因素，如运量的大小、运距的长短、运输费用、货物的性质、路况及运输条件、自然条件等。

一般情况下，尽量利用已有的永久性道路。当货运量大且距国家铁路较近时，宜铁路运输；当地势复杂且附近又没有铁路时，考虑汽车运输；当货运量不大且运距较近时，宜采用汽车运输；有水运条件的可采用水运。

当货物由外地利用公路、水路或铁路运来时，一般由专业运输单位承运，施工单位往往只解决工程所在地区及工程范围内的运输，每班所需运输工具数量按以下公式计算。

$$N=\frac{QK_1}{qTCK_2}$$

式中，N——所需运输工具台数；

Q——最大年(季)度运输量；

K_1——货物运输不均衡系数；

q——运输工具台班产量；

T——全年(季)度工作天数；

C——日工作班数；

K_2——车辆供应系数。

四、办公及福利设施

在工程建设期间，必须为施工人员修建一定数量供行政管理与生活福利用的临时建筑。工地人数包括以下人员。

(1) 直接参加施工生产的工人,也包括机械维修工人、运输及仓库管理人员、动力设施管理工人、冬季施工的附加工人等。

(2) 行政及技术管理人员。

(3) 为工地上居民生活服务的人员。

(4) 以上各项人员的家属。

上述人员比例可按国家有关规定或工程实际情况计算。

(一) 办公及福利设施的主要内容

1. 办公设施

(1) 办公用房宜包括办公室、会议室、资料室、档案室等。

(2) 办公用房室内净高不应低于 2.5 m^2。

(3) 办公室的人均使用面积不宜小于 4 m^2,会议室使用面积不宜小于 30 m^2。

2. 宿舍设施

(1) 宿舍内应保证必要的生活空间,人均使用面积不宜小于 2.5 m^2。室内净高不应低于 2.5 m。每间宿舍居住人数不宜超过 16 人。

(2) 宿舍内应设置单人铺,层铺的搭设不应超过 2 层。

(3) 宿舍内宜配置生活用品专柜,宿舍门外宜配置鞋柜或鞋架。

3. 食堂设施

(1) 食堂与厕所、垃圾站等污染源的地方的距离不宜小于 15 m,且不应设在污染源的下风侧。

(2) 食堂宜采用单层结构,顶棚宜采用吊顶。

(3) 食堂应设置独立的制作间、售菜(饭)间、储藏间和燃气罐存放间。

(4) 制作间应设置冲洗池、清洗池、消毒池、隔油池;灶台及周边应贴白色瓷砖,高度不宜低于 1.5 m;地面应做硬化和防滑处理。

(5) 食堂应配备必要的排风设施和消毒设施。制作间油烟应处理后对外排放。

(6) 食堂应设置密闭式泔水桶。

4. 厕所、盥洗室、浴室设施

(1) 施工现场应设置自动水冲式或移动式厕所。

(2) 厕所的厕位设置应满足男厕每 50 人、女厕每 25 人设 1 个蹲便器,男厕每 50 人设 1 m 长小便槽的要求。蹲便器间距不小于 900 mm,蹲位之间宜设置隔板,隔板高度不低于 900 mm。

(3) 盥洗间应设置盥洗室和水嘴。水嘴与员工的比例为 1∶20,水嘴间距不小于 700 mm。

(4) 淋浴间的淋浴器与员工的比例为 1∶20,淋浴器间距不小于 1000 mm。

(5) 淋浴间应设置储衣柜或挂衣架。

(6) 厕所、盥洗室、淋浴间的地面应做硬化和防滑处理。

5. 施工现场

施工现场宜单独设置文体活动室，使用面积不宜小于 50 m²。

（二）办公及福利设施建筑面积的确定

建筑施工工地人数确定后，即可由以下公式确定建筑面积。

$$S = N \times P$$

式中，S ——所需确定的建筑面积（m²）；

N ——使用人数；

P ——建筑面积参考指标（m²/人），见表 6-11。

表 6-11　办公及生活福利临时建筑面积参考指标

序号	临时房屋名称	指标使用方法	单位	参考指标
1	办公室	按使用人数	m²/人	3～4
2	工人休息室	按工地平均人数	m²/人	0.15
3	食堂	按高峰年平均人数	m²/人	0.5～0.8
4	浴室	按高峰年平均人数	m²/人	0.07～0.1
5	宿舍（单层床）	按工地住人数	m²/人	3.5～4.0
6	宿舍（双层床）	按工地住人数	m²/人	2.0～2.5
7	医务室	按高峰年平均人数	m²/人	0.05～0.07
8	其他公用房	按高峰年平均人数	m²/人	0.05～0.10

五、工地临时供水

建筑工地临时用水主要包括三种类型：生产用水、生活用水和消防用水。工地临时供水设计内容主要包括计算用水量、选择水源、设计配水管网。

（一）计算用水量

1. 工程施工用水量

$$q_1 = \frac{K_1 \sum Q_1 N_1 K_2}{T_1 b \times 8 \times 3600}$$

式中，q_1 ——施工工程用水量（L/s）；

K_1 ——未预计到的可能增加施工用水系数（1.05～1.15）；

Q_1 ——最大年（季）度工程量（以实物计量单位表示）；

N_1 ——施工用水定额（参见表 6-12）；

K_2 ——用水不均匀系数；

T_1 ——年（季）度有效工作日（d）；

b ——每天工作班数。

表 6-12　施工用水定额（N_1）参考表

序号	用水对象	单位	耗水量 N_1 /L	备注
1	浇筑混凝土全部用水	m^3	1700～2400	实测数据
2	搅拌普通混凝土	m^3	250	—
3	搅拌轻质混凝土	m^3	300～350	—
4	搅拌泡沫混凝土	m^3	300～400	—
5	搅拌热混凝土	m^3	300～350	—
6	混凝土养护(自然养护)	m^3	200～400	—
7	混凝土养护(蒸汽养护)	m^3	500～700	—
8	冲洗模板	m^2	5	—
9	搅拌机清洗	台班	600	—
10	人工冲洗石子	m^3	1000	当含泥量为 2%～3%时
11	机械冲洗石子	m^3	600	—
12	洗砂	m^3	100	—
13	砌砖工程全部用水	m^3	150～250	—
14	砌石工程全部用水	m^3	50～80	—
15	粉刷工程全部用水	m^3	30	—
16	砌耐火砖砌体	m^3	100～150	包括砂浆搅拌
17	洗砖	千块	200～250	—
18	洗硅盐酸砌块	m^3	300～500	—
19	抹灰工程	m^2	30	全部用水
20	抹面	m^2	4～6	不包括调制用水
21	楼地面	m^2	190	主要是找平层
22	搅拌砂浆	m^3	300	—
23	石灰消化	t	3000	—
24	上水管道工程	m	98	—
25	下水管道工程	m	1130	—
26	工业管道工程	m	358	—

2. 施工机械用水量

$$q_2 = \frac{K_1 \sum Q_2 N_2 K_3}{8 \times 3600}$$

式中，q_2 ——施工机械用水量(L/s)；

K_1 ——未预计到的可能增加施工用水系数(1.05～1.15)；

Q_2 ——同一种机械台数(台);

N_2 ——施工机械台班用水定额(参见表 6-13);

K_3 ——施工机械用水不均匀系数,运输机械取 2.0,动力设备取 1.05～1.15。

表 6-13 施工机械台班用水定额(N_2)参考表

序号	用水对象	单位	耗水量 N_2/L	备注
1	内燃挖土机	m^3·台班	200～300	以斗容量(m^3)计
2	内燃起重机	t·台班	15～18	以起重吨数计
3	蒸汽起重机	t·台班	300～400	以起重吨数计
4	蒸汽打桩机	t·台班	1000～1200	以锤重吨数计
5	蒸汽压路机	t·台班	100～150	以压路机吨数计
6	内燃压路机	t·台班	12～15	以压路机吨数计
7	拖拉机	台·昼夜	200～300	—
8	汽车	台·昼夜	400～700	—
9	标准轨蒸汽机车	台·昼夜	10000～20000	—
10	窄轨蒸汽机车	台·昼夜	4000～7000	—
11	空气压缩机	(m^3/min)·台班	40～80	以压缩空气机排气量(m^3/min)计
12	内燃动力装置(直流水)	马力·台班	120～300	—
13	内燃动力装置(循环水)	马力·台班	25～40	—
14	锅炉机	马力·台班	80～160	不利于凝结水
15	锅炉	t·h	1000	以小时蒸发量计
16	锅炉	t·h	15～30	以发热面积计
17	点焊机 25 型 点焊机 50 型 点焊机 75 型	台·h	100 150～200 250～350	实测数据
18	冷拔机	台·h	300	—
19	对焊机	台·h	300	—
20	凿岩机 01-30(CM-56) 凿岩机 01-45(TN-4) 凿岩机 01-38(CIIM-4) 凿岩机 YQ-100	台·min	3 5 8 8～12	—

3. 施工现场生活用水量

$$q_3 = \frac{P_1 N_3 K_4}{b \times 8 \times 3600}$$

式中，q_3——施工现场生活用水量(L/s)；

P_1——施工现场高峰期人数；

N_3——施工现场生活用水定额(参见表6-14)，视当地气候、工程而定，一般为20～60 L/(人・班)；

K_4——施工生活用水不均匀系数，取1.3～1.5；

b——每天工作班数。

4. 生活区生活用水量

$$q_4 = \frac{P_2 N_4 K_5}{24 \times 3600}$$

式中，q_4——生活区生活用水量(L/s)；

P_2——生活区居住人数；

N_4——生活区昼夜全部生活用水定额(参见表6-14)；

K_5——生活区生活用水不均匀系数，取2.0～2.5。

表6-14　生活用水定额(N_3、N_4)参考表

序号	用 水 对 象	单位	耗水量 N_3、N_4 /L	备　　注
1	工地全部生活用水	人・日	100～120	—
2	生活用水(盥洗/饮用)	人・日	25～30	—
3	食堂	人・日	15～20	—
4	浴室(淋浴)	人・次	50	—
5	淋浴带大池	人・次	30～50	—
6	洗衣	人	30～35	—
7	理发室	人・次	15	—
8	幼儿园	人・日	75～90	—
9	医院	病床・日	100～150	—

5. 消防用水量

消防用水量q_5应根据居住工地大小及居住人数确定，可参考表6-15。

表6-15　消防用水量(q_5)参考表

序号	用水对象	火灾同时发生次数	单位	用水量/L
居民区消防用水				
1	5000以内	1次	L/s	10
	10000以内	2次	L/s	10～15
	2000以内	3次	L/s	15～20
施工现场消防用水				
2	施工现场在25公里以内	1次	L/s	10～15
	每增加25公里	1次	L/s	5

6. 确定总用水量

由于生活用水是经常性的，施工用水是间断性的，而消防用水又是偶然性的，因此，工地的总用水量 Q 并不是以上五项的总和。

（1）当 $q_1 + q_2 + q_3 + q_4 \leqslant q_5$ 时，则 $Q = q_5 + \frac{1}{2}(q_1 + q_2 + q_3 + q_4)$。

（2）当 $q_1 + q_2 + q_3 + q_4 > q_5$ 时，则 $Q = q_1 + q_2 + q_3 + q_4$。

（3）当工地面积小于 0.05 km^2，并且 $q_1 + q_2 + q_3 + q_4 < q_5$ 时，则 $Q = q_5$。

最后计算的总用水量还应增加 10%，以补偿不可避免的水管渗漏损失。

（二）选择水源

施工现场临时供水水源有供水管道和天然水源两种。应尽可能利用现场附近已有的供水管道，只有在工地附近没有现成的供水管道或现场给水管道无法使用，及给水管道供水量难以满足使用要求时，才使用江河、水库、泉水、井水等天然水源。水源应根据以下情况确定。

（1）利用现场的城市给水或工业给水系统。此时需注意其供水能力能否满足最大用水量，如不能满足，可利用一部分作为生活用水，而生产用水则利用地面水或地下水，这样可减少或不建临时给水系统。

（2）在新开辟地区没有现成的给水系统时，应尽可能先修建永久性的给水系统，至少是供水的外部中心设施，如水泵站、净化站、升压站及主要干线等。但应注意某些类型的工业企业在部分车间投产后，可能耗水量很大，不易同时满足施工用水和部分车间生产用水。因此，必须事先做出充分的估计，采取措施，以免影响施工用水。

（3）当没有现成的给水系统，而永久性给水系统又不能提前完成时，必须设立临时性给水系统。但是，临时性给水系统的设计也应注意与永久性给水系统相适应，例如管网的布置可以利用永久性给水系统。

（三）设计配水管网

1. 确定供水系统

一般工程项目的施工用水尽量利用拟建项目的永久性供水系统，只有在永久性供水系统不具备时，才修建临时供水系统。在临时供水时，如水泵不能连续抽水，则需设置贮水构筑物（如蓄水池、水塔或水箱）。其容量由每小时消防用水决定，但不得少于 10～20 m^3。

2. 确定供水管径

供水管径计算公式为

$$D = \sqrt{\frac{4Q \times 1000}{\pi v}}$$

式中，D ——配水管内径（m）；

Q ——施工工地总用水量；

v ——管网中水的经济流速(m/s)，可参考表6-16确定。

表6-16　临时水管经济流速

序号	管　　径	流速/(m/s)	
		正常时间	消防时间
1	支管 $D<0.01$ m	2	2
2	生产消防管道 D 为0.1～0.3 m	1.3	>3.0
3	生产消防管道 $D>0.3$ m	1.5～1.7	2.5
4	生产用水管道 $D>0.3$ m	1.5～2.5	3.0

3. 选择管材

临时给水管道根据管道尺寸和压力大小进行选择，一般干管为钢管或铸铁管，支管为钢管。

六、工地临时供电

施工场地内的临时供电设施设计包括计算用电总量、选择电源、确定变压器、布置配电系统、配电箱及配电线路。

(一) 工地总用电量计算

施工现场用电量大体上可分为动力用电和照明用电两大类。在计算用电量时，应考虑以下几点。

(1) 全工地使用的电力机械设备、电气工具和照明的用电功率。

(2) 施工总进度计划中，施工高峰期同时用电的机械设备最大数量。

(3) 各种电力机械设备的利用情况。

总用电量可按下式计算。

$$P=\varphi\left[K_1\frac{\sum P_1}{\cos\varphi}+K_2\sum P_2+K_3\sum P_3+K_4\sum P_4\right]$$

式中，P ——供电设备总需要量容量(kW)；

φ ——未预计施工用电系数(1.05～1.1)；

P_1 ——电动机额定功率(kW)；

P_2 ——电焊机额定容量(kW)；

P_3 ——室内照明容量(kW)；

P_4 ——室外照明容量(kW)；

$\cos\varphi$ ——电动机的平均功率因数(施工现场最高为0.75～0.78，一般为0.65～0.75)；

K_1、K_2、K_3、K_4 ——需要系数，参考表6-17。

表 6-17 需要系数

<table>
<tr><th rowspan="2">用电名称</th><th rowspan="2">数量</th><th colspan="2">需要系数</th><th rowspan="2">备注</th></tr>
<tr><th>K</th><th>数值</th></tr>
<tr><td rowspan="3">电动机</td><td>3～10 台</td><td rowspan="3">K_1</td><td>0.7</td><td rowspan="8">如果施工中需要电热，应将其用电量计算进去。为使计算结果接近实际，表中各项用电应根据不同性质分别计算</td></tr>
<tr><td>11～30 台</td><td>0.6</td></tr>
<tr><td>30 台以上</td><td>0.5</td></tr>
<tr><td>加工厂动力设备</td><td>—</td><td>—</td><td>0.5</td></tr>
<tr><td rowspan="2">电焊机</td><td>3～10 台</td><td rowspan="2">K_2</td><td>0.6</td></tr>
<tr><td>10 台以上</td><td>0.5</td></tr>
<tr><td>室内照明</td><td>—</td><td>K_3</td><td>0.8</td></tr>
<tr><td>室外照明</td><td>—</td><td>K_4</td><td>1.0</td></tr>
</table>

由于照明用电量远小于动力用电量，故当单班施工时，用电总量可以不考虑照明用电。

（二）选择电源

选择临时供电电源，通常有两种方案：完全由工地附近的电力系统供电；没有电力系统时，完全由自备临时发电站供给。最经济的方案是将附近的高压电经设在工地的变压器降压后引入工地。

（三）变压器的确定

根据变压器服务范围内总用电量并考虑一定的损耗得到变压器计算容量，再从变压器产品目录中选择适用的设备。变压器功率按以下公式计算。

$$P_{变} = K \frac{\sum P_{\max}}{\cos \varphi}$$

式中，$P_{变}$——变压器功率（kV・A）；

K——功率损失系数，取 1.05；

$\sum P_{\max}$——施工区的最大计算负荷（kW）；

$\cos \varphi$——功率因数。

（四）配电系统、配电箱及配电线路的布置

1. 配电系统

（1）低压配电系统宜采用三级配电，宜设置总配电箱、分配电箱、末级配电箱。

（2）低压配电系统不宜采用链式配电。当部分用电设备距离供电点较远，而容量小的次要用电设备彼此相距很近时，可采用链式配电，但每一回路环链设备不宜超过 5 台，其总容量不宜超过 10 kW。

（3）消防等重要负荷应由总配电箱专用回路直接供电，并不得接入过负荷保护

和剩余电流保护器。

（4）消防泵、施工升降机、塔式起重机、混凝土输送泵等大型设备应设专用配电箱。

2. 配电箱

（1）总配电箱以下可设若干分配电箱，分配电箱以下可设若干末级配电箱。分配电箱以下可根据需要再设分配电箱。总配电箱应设在靠近电源的区域，分配电箱应设在用电设备或负荷相对集中的区域，分配电箱与末级配电箱的距离不宜超过30 m。

（2）动力配电箱与照明配电箱宜分别设置。当合并设置为同一配电箱时，动力和照明应分路供电。动力末级配电箱与照明末级配电箱应分别设置。

（3）用电设备或插座的电源宜引自末级配电箱，当一个末级配电箱直接控制多台用电设备或插座时，每台用电设备或插座应有各自独立的保护电器。

（4）当分配电箱直接控制用电设备或插座时，每台用电设备或插座应有各自独立的保护电器。

（5）总配电箱、分配电箱内应分别设置中性导体（N）、保护导体（PE）汇流排，并有标识。保护导体（PE）汇流排上的端子数量不应少于进线和出线回路的数量。

（6）配电箱内连接线绝缘层的标识色应符合下列规定：①相导体 L1、L2、L3 应依次为黄色、绿色、红色；②中性导体（N）应为淡蓝色；③保护导体（PE）应为绿、黄双色；④上述标识色不应混用。

（7）配电箱送电操作顺序为：总配电箱→分配电箱→末级配电箱；停电操作顺序为：末级配电箱→分配电箱→总配电箱。

3. 配电线路

（1）配电线路应根据施工现场环境特点，以满足线路安全运行、便于维护和拆除的原则来选择，敷设方式应能够避免受到机械性损伤或其他损伤。

（2）供用电电缆可采用架空、直埋、沿支架等方式进行敷设。低压配电系统的接地形式采用 TN-S 系统时，单根电缆应包含全部工作芯线和用作中性导体（N）或保护导体（PE）的芯线。低压配电系统的接地形式采用 TT 系统时，单根电缆应包含全部工作芯线和用作中性导体（N）的芯线。

（3）配电线路不应敷设在树木上或直接绑挂在金属构架和金属脚手架上。

（4）配电线路不应接触潮湿地面或接近热源。

（5）低压配电线路截面的选择和保护应符合现行国家标准《低压配电设计规范》（GB 50054—2011）的有关规定。

第7节　施工总平面图设计

施工总平面图是拟建项目在施工现场的总布置图，是按照施工部署、施工方案和施工总进度计划的要求，将施工现场的交通道路与施工现场以外道路衔接规划、施工现场内材料仓库布置规划、附属生产或加工企业设置规划、临时建筑和临时水电管线布置规划等综合内容通过图纸的形式表达出来的技术文件。

施工总平面图是施工部署在施工空间上的反映，对指导现场进行有组织、有计划的文明施工，节约施工用地，减少场内运输，避免相互干扰及降低工程费用具有重大意义。

一、施工总平面图的设计依据

施工总平面图的设计应力求真实、详细地反映施工现场情况，以期达到对施工现场科学控制的目的，为此，有必要掌握以下资料。

(1) 各种设计资料：建筑总平面图、地形地貌图、区域规划图及建筑项目范围内已有和拟建的各种设施位置。

(2) 建设地区的自然条件、技术经济条件和和社会环境调查报告等。

(3) 建设项目的建筑概况、施工部署、施工总进度计划等技术资料。

(4) 各种建筑材料及预制加工品需要量计划，劳动力需要量计划，主要机具、设备需要量计划等，以及各种资源的供应情况与运输方式，以便规划场地内部的仓储场地和运输路线。

(5) 各种生产、生活用的临时设施一览表，以便规划各种加工厂、仓库及其他临时设施的设置位置、数量和外轮廓尺寸。

(6) 工地内部的储放场地和运输线路规划。

(7) 建设项目施工征地的范围，水、电、暖、气、通信等的接入位置和容量等情况，建设项目的安全施工及防火等标准和相应的经济技术措施等。

(8) 其他施工组织设计参考资料。

二、施工总平面图的设计原则

施工总平面图设计是一项综合性的规划问题，它涉及众多因素，要想得到一个令人满意的施工总平面图，必须通过多方案对比和认真计算分析。为此，在设计施工总平面图时应当遵循以下原则。

(1) 在保证施工顺利进行的前提下，应紧凑布置，尽量减少施工用地，特别要注意不占或少占农田，不挤占城镇交通道路。

(2) 合理布置各种仓库、机械加工厂位置，减少场内运输距离，尽可能避免二次搬运，减少运输费用，并保证运输方便通畅。

(3) 施工区域的划分和场地的确定应符合施工流程的要求，尽量减少专业工种之间的干扰。

(4) 充分利用已有的建筑物、构筑物和各种管线，凡拟建永久性工程能提前完工并为施工服务的，应尽量提前完工，并在施工中代替临时设施，临时建筑可采用拆移式结构。

(5) 各种临时设施的布置应有利于生产和方便生活，并尽量降低临时设施费用。为此，要尽量利用永久性建筑物和设施为施工服务。对于工地内将被拆除的旧建筑物，可考虑暂缓拆除以利用，对于必须建造的临时建筑物，应尽可能采用可拆卸式，以减少一次投资费用。

(6) 应满足劳动保护、安全、防火要求。

(7) 应注意环境保护。

三、施工总平面图的设计内容

施工总平面图设计和表示的主要内容通常包括以下三个方面。

(1) 原有的和拟建的一切建筑物、构筑物和设施等。其中包括原有地形图和等高线，一切原有的、拟建的和待拆除的地上和地下建筑物、构筑物及各种管线，钻井和探坑等的位置和尺寸。

(2) 为施工服务的各种临时设施等。其中包括各种材料、产品、半成品及预制构件的仓储场地，各种加工厂、搅拌站以及动力站等，临时的和永久的水源、电源、暖气、变压器、给排水管线和动力供电线路及设施等，机械站、车库、大型机械的位置，取土、堆土、场内弃土的位置，行政管理用办公室、临时宿舍及文化生活福利建筑等，施工安全、防火和环境保护设施等。

(3) 与施工有关的其他事项。主要包括建筑红线、测量基准点、永久性及半永久性的水准点和标志点、特殊图例、方向标志、比例尺等。

四、施工总平面图设计步骤

施工总平面图的设计步骤主要分为场外道路引入、仓库与材料堆场的布置、加工厂和搅拌站的布置、场内运输道路的布置、临时生活设施的布置以及工地临时供水、供电的布置等。需要注意的是，以上项目都应进行相应指标的计算，特别是水电用量必须满足全场生产和生活要求。

(一) 场外道路引入

场外道路引入是指将建设地区的交通运输方式或交通主干线引至施工场区的入口处。在进行施工总平面图设计时，首先应从研究大宗材料、成品、半成品、机械、设备等进入工地的运输方式着手，考虑其进入工地的方式。通常情况下主要材料进入工地的方式不外乎是铁路、公路和水路。

1. 铁路运输

主要物资和设备由铁路运入施工场地，应首先考虑铁路由何处引入工地和如何布置外部线路的问题。一般对于大型工业企业，厂区内通常设有永久性铁路专用线，施工时可以考虑提前修建，以便为施工服务。但有时这种铁路专线要铺入工地中部，严重影响场内施工的运输和安全，因此在现场布置时，要注意铁路线路对施工区域的影响，尽量使铁路线路设置在场地的一侧或两侧，或者使其成为施工区域单元的划分线。当然，铁路线路也未必一次性建成，可以先将铁路铺至施工现场的入口处，设立临时站台，再用汽车进行场内运输，以避免上述工地中部的铁路线路对施工的影响。如果专用铁路线路的修建时间较长，影响施工准备，也可安排建设前期以公路运输为主，后期逐渐转向铁路运输为主。

如果是修建施工用临时铁路，首先要确定铁路起点和进场位置。一般铁路临时线路宜由工地的一侧或两侧引入，只有在大型工地被划分成若干施工区域时，才考虑将铁路引至工地中部的方案。

2. 水路运输

当主要物资和设备由水路运入施工场地时，要考虑充分利用原有码头的吞吐能力。原有码头吞吐能力不足时，可增设新码头或改造原码头，卸货码头的数量不应少于两个，其宽度应大于 2.5 m，并可考虑在码头附近布置主要加工厂和转运仓库。

3. 公路运输

当主要物资和设备由公路运入施工场地时，因公路线路布置灵活性较大，则应先将场地内仓库或加工厂布置在最合理、最经济的地方，并由此布置场内运输道路和安排与场外主干公路相接位置，进出工地应布置两个以上出入口。

（二）仓库与材料堆场布置

仓库与材料堆场的布置通常考虑设置在运输方便、位置适中、运距较短且平坦、宽敞、安全防火的地方，并应区别不同材料、设备和运输方式来设置。

（1）采用铁路运输时，宜沿铁路布置中心仓库和周转仓库。

（2）采用水路运输时，一般应在码头附近设置转运仓库，以缩短船只在码头上的停留时间。

（3）采用公路运输时，仓库布置比较灵活，一般中心仓库布置在工地内使用方便的地方，也可布置在外部交通的连接处。

（4）水泥仓库和砂、石堆场应布置在搅拌站的附近；钢筋、木材应布置在加工厂的附近；砖、块石和预制构件应布置在垂直运输设备或用料地点附近。

（5）工具仓库应布置在加工区与施工区之间的交通方便处，零星小件、配件、专用工具仓库可分设于各施工区内。

（6）车库、机械站应布置在施工现场入口处。

（7）油料、氧气仓库应布置在边远、人少的安全地点，易燃材料仓库要设置在拟建工程的下风向。

（三）加工厂和搅拌站布置

各种加工厂和搅拌站的布置应以方便使用、安全防火、运输费用最少、相对集中、不影响建筑安装工程施工的正常进行为原则。各种加工厂宜集中布置在同一个地区，一般多处于工地边缘，并应与相应的仓库和材料堆场布置在同一范围内，以便于各种加工材料的管理，并可集中配置道路、动力、水、电等线路。在布置时具体应注意以下几点。

（1）搅拌站布置，根据工程的具体情况可采用集中、分散、集中与分散相结合三种方式。当现浇混凝土量大时，宜在工地设置混凝土搅拌站；当运输条件好时，采用集中搅拌最有利；当运输条件较差时，则宜采用分散搅拌。

（2）钢筋加工厂宜设在混凝土构件预制加工厂及主要施工对象的附近，但不能与木材加工厂靠在一起。

（3）布置临时性的混凝土构件预制加工厂时，尽量利用建设单位的空地、施工场地的扇形地带或场外邻近处。

（4）木材加工厂的原木、锯材堆场应靠近运输线路；锯木、板材粗细加工车间和成品堆场，要按工艺流程布置，一般应设在土建施工区域边缘的下风向位置。

（5）金属结构、锻工、电焊和机修厂（间）等的生产联系比较密切，宜集中布置在一起。

（6）产生有害气体和污染空气的临时加工场应设在下风向位置。

（四）场内运输道路布置

根据加工厂、仓库、材料堆场及各施工项目的相对位置，充分考虑和研究各类材料和机械设备的运转情况和规律，区分主要道路和次要道路的关系，结合临时性运输路线和永久性道路的布局，进行场内运输道路的规划。场内运输道路的规划布置一般应注意以下几点。

1. 合理规划道路，确定主次关系

工地内部运输道路的布置，要把仓库、加工厂及各施工地点贯穿起来，要尽可能利用原有道路或充分利用拟建的永久性道路，并研究货物周转运行图，以明确各段道路上的运输负担，区别主要道路和次要道路。规划这些道路时，要保证运输车辆的安全行驶，保证场内运输畅通，尽量避免临时道路与铁路和塔吊的道轨交叉。

2. 合理规划道路与地下管线的施工程序

在修筑道路时，若地下管网的图纸尚未出齐，必须采取先施工道路后施工管网的顺序时，道路应尽量布置在无管网地区或扩建工程范围地段上，以免开挖管道沟时破坏路面，保证场内运输道路时刻畅通。

3. 选择合理的路面结构

临时道路的路面结构应视运输情况和运输工具的不同而确定。一般场外与市政主干相连，可按照永久性道路设置混凝土路面；场区内的干线和施工机械行驶路线最好采用碎石级配路面，场内支线可用土路或砂石路面。场内道路如利用拟建的永久性道路系统，可先修建路基及简单路面以方便工程施工。

（五）临时生活设施的布置

工地临时生活设施包括办公室、车库、职工休息室、开水房、食堂和浴室等，其所需面积应根据工地施工人数进行计算。

（1）应尽量利用现有或拟建的永久性房屋为施工服务，数量不足时再临时修建，

临时房屋应尽量利用活动房屋。

(2) 全工地行政管理用房宜设在全工地入口处,以便对外联系,亦可设在工地中间,便于全工地管理;现场办公室应靠近施工地点。

(3) 职工生活福利设施,如小卖部、俱乐部等,宜设在工人较集中的地方或工人出入必经之处。

(4) 职工宿舍一般设在场外,距工地 500~1000 m 为宜,并应避免设在低洼潮湿及有烟尘不利于健康的地方。

(5) 食堂可布置在生活区,也可视条件设在工地与生活区之间。

(六) 工地临时供水及供电布置

工地临时供水的布置应尽量利用和连接永久性给水系统。当有可以利用的水源时,可以将水从场外直接接入工地;当无可利用的水源时,可以设置地表水或地下水采集贮存设施。临时水池、水塔应设置在地势较高处。工地给排水系统沿主要干道布置,可明敷或暗敷,由于暗敷不影响地面上的交通运输及施工作业,一般较常用。

另外根据工程防火要求,应设置消防站,一般应设置在交通畅通、距易燃材料和建筑物较近的地方,并应有通畅的出口和消防车通道。

工地临时供电包括动力用电和照明用电。当工地附近现有电源能满足需要时,可以将电从外面直接接入工地,并沿主要干道布置主线。当采用高压电时,在高压电引入处必须设置临时总变电站及变压器(一般不止一个),尽量避免高压线路穿越工地。当附近的电能不足时,需考虑配置临时发电设施,并设置在工地中心附近。

临时输电干线沿主要干道布置成环形线路。

五、施工总平面图的绘制

施工总平面图是施工组织总设计的重要内容,是要归入档案的技术文件之一。因此,施工总平面图要精心设计,认真绘制。

(一) 确定图幅大小和绘制比例

图幅大小和绘制比例应根据工地大小及布置内容多少来确定。图幅一般可选用 1~2 号图纸大小,比例一般采用 1∶1000 或 1∶2000。

(二) 合理规划和设计图面

施工总平面图除了要反映现场的布置内容外,还要反映周围环境和面貌(如已有建筑物、场外道路等)。故绘图时,应合理规划和设计图面,并应留出一定的空余图面绘制指北针、图例及文字说明等。

(三) 绘制建筑总平面图的有关内容

将现场测量的方格网,现场内外已建的房屋、构筑物,道路和拟建工程等,按正确的内容绘制在图面上。

（四）绘制工地需要的临时设施

根据布置要求及面积计算，将道路、仓库、加工场和水、电管网等临时设施绘制到图面上去。对复杂的工程，必要时可采用模型布置。

（五）形成施工总平面图

在进行各项布置后，经分析比较、调整修改，形成施工总平面图，并作必要的文字说明，标上图例、比例、指北针（或风玫瑰图）。

完成的施工总平面图要求比例正确，图例规范，线条分明，字迹端正，图面整洁美观。

六、施工总平面图的管理

加强施工总平面图的管理，对合理使用场地，科学组织文明施工，保证现场交通道路、给排水系统的畅通，避免安全事故，以及美化环境、防灾、抗灾等均具有重要意义。为此，必须重视施工总平面图的科学管理。

(1) 建立统一的施工总平面图管理制度。划分总平面图的使用管理范围，做到责任到人，严格控制材料、构件、机具等物资占用的位置、时间和面积，不准乱堆乱放。

(2) 对水源、电源、交通等公共项目实行统一管理。不得随意挖路断道，不得擅自拆迁建筑物和水电线路，当工程需要断水、断电、断路时要申请，经批准后方可着手进行。

(3) 对施工总平面布置实行动态管理。在布置中，由于特殊情况或事先未预见到的情况需要变更原方案时，应根据现场实际情况，统一协调，修正其不合理的地方。

(4) 做好现场的清理和维护工作。经常性检修各种临时性设施，加强防火、安保和交通运输的管理，明确负责部门和人员。

第 8 节　施工组织总设计实例

一、工程概况

(1) 工程为中外合资工程，占地 48600 m^2，建筑面积 60000 m^2，总投资 3 亿美元。

(2) 工程的旅馆作为建筑群的主体，矗立于场地的中轴线上，友谊商店居西，邻接东三环干线，办公/公寓楼位于东侧，北面为建筑群的主出入口（图 6-2）。

(3) 旅馆为钢筋混凝土框架剪力墙结构，建筑面积 58924 m^2，地上 18 层（实为 17 层，缺第 13 层），高 54.5 m，地下 3 层，深 15.18 m，1～3 层为各种宴会厅、会议厅和服务厅；顶层设有游泳池和其他康乐设施，可通过穹形玻璃屋面在 54 m 高处眺望，观赏本市风光；标准层设客房 499 套；旅馆尚有北侧的一层裙房和南侧的二层裙房，各项设施齐全（图 6-3）。

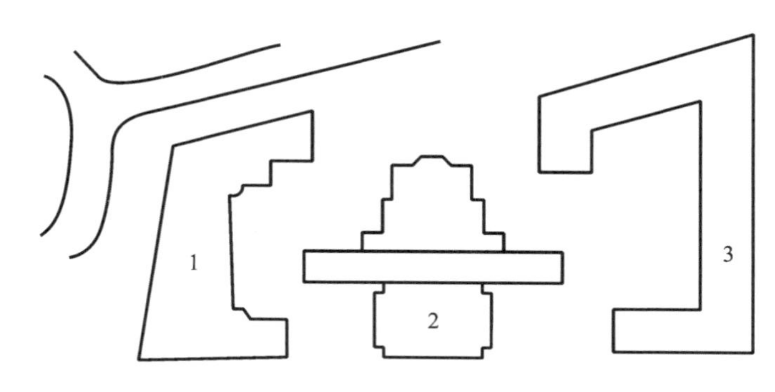

图 6-2 工程平面图

注：1—友谊商店；2—旅馆；3—办公/公寓楼。

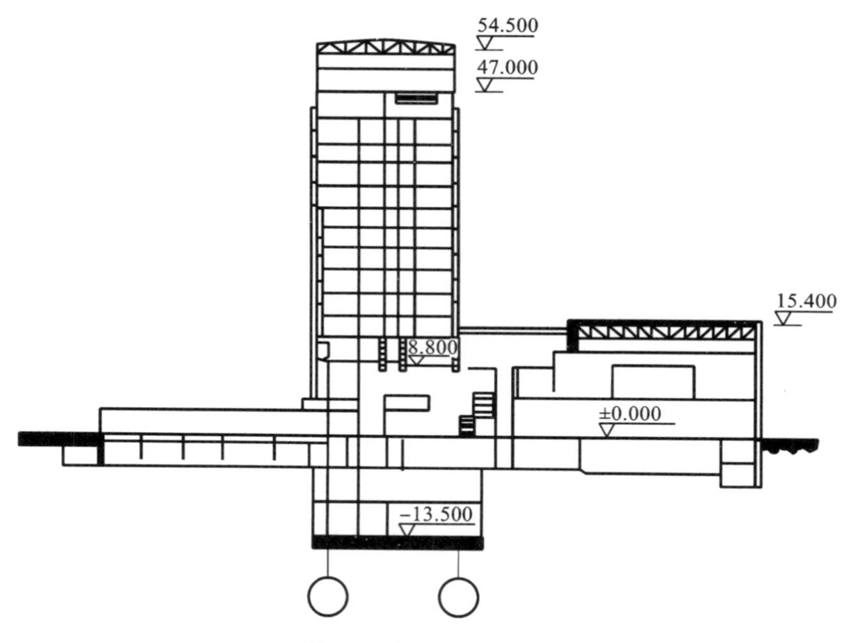

图 6-3 旅馆结构横剖图

(4) 友谊商店和办公/公寓楼为钢筋混凝土框架-剪力墙结构。友谊商店地上6层，地下1层，建筑面积45784 m^2，商店首层和地下室设有不同风味的餐厅7个和自选市场；2～5层均为未加分隔的大型售货区，有少量办公用房；6层设有900 m^2的商品展览室和职工食堂等。

(5) 办公/公寓楼地上8层，地下1层，建筑面积48283 m^2，作为建筑群体的有机组成部分，它是旅馆功能的延续和扩展，为客户提供成套完整的居住和服务设施。地下车库在旅馆北侧，有东、西两个出入口，建筑面积8694 m^2，可停车246辆(另地上可停车191辆)。

(6) 主要建筑物工程特征见表6-18。

表 6-18　主要建筑物工程特征

序号	工程项目	建筑面积/m²	层数		高度/m			结构形式	基础	楼　层	内墙	外墙	屋面	建筑功能	其他
			地下	地上	檐高	最高	最低								
1	旅馆	88924	3	18	47.4	54.5	−15.18	现浇钢筋混凝土框架-剪力墙结构	箱型基础，混凝土自防水加止水带	钢筋混凝土肋形梁板，最大柱网 8.40 m×8.55 m	剪力墙为现浇混凝土，其余大部分为混凝土空心砌块	现浇钢筋混凝土墙，玻璃幕墙面	钢筋混凝土板，部分为钢-铝桁架，玻璃屋面，改性沥青防水卷材屋面	自然间 585 间、客房 499 套及多种公用、技术服务和供应设施	1～5 号为梁柱体系，标准层为剪力墙体系
	南裙房		1	2	17	17	−6.75			钢筋混凝土肋形梁板，最大柱网 8.40 m×8.40 m		钢筋混凝土墙，玻璃幕墙面，北裙房全部采用天然花岗石饰面		厨房、餐厅、咖啡馆、多功能厅、会议室等	舞厅采用跨径 25.2 m，钢桁架屋盖
	北裙房		1	1	4.9	8.6	−5.06			地下层为车库，上层钢筋混凝土梁板，最大柱网 8.40 m×8.40 m				中央入口大厅，另有服务及管理用房	入口大厅上部为钢一铝桁架轻型屋盖
2	友谊商店	45784	1	6	24.1	27.5	−7.00		筏板基础，设部分夹层，混凝土自防水加止水带	钢筋混凝土梁板，柱网 9.60 m×9.60 m，主梁网格 9.60 m，次梁网格 3.20 m		现浇钢筋混凝土，玻璃幕墙面		餐厅、货厅、超级市场、商品展室、仓库、办公用房等	—
3	办公/公寓楼	48283	1	8	25.57	32.9	−7.87			钢筋混凝土梁板，外立面柱距 9.60 m，内柱柱距 6.40 m				由办公楼及公寓两部分组成，另有服务中心，俱乐部等	—
4	地下停车场	8694	1				−5.06		箱型基础，混凝土自防水加止水带	钢筋混凝土梁板，主梁间距 8.60 m，次梁间距 2.34 m，柱网 7.30 m×8.00 m		—		246 辆汽车的停车场，一个卸货区	—

二、工程特点

（一）交钥匙工程

由承包商根据标书有关资料，承揽了从施工准备到竣工的全部工作，即从工程设计、各项设施设备供货以及全部建筑安装的施工，一次投标，承包商要承担相当大的风险。

（二）施工准备工作时间短

从签订合同2个月后就要计算工期。为确保施工总进度，必须缩短施工准备工作时间，因此，编制施工组织总设计必然成为“龙头”工作。

（三）有大量的工程设施的设备和施工材料、机具需要进口

工程设施的设备基本上全部从国外进口，而施工材料除大部分土建材料由国内供应外，绝大部分的装饰材料和彩色挂板的材料、部件以及一部分特殊的中小型施工机具都要从国外进口，而且从货源选择到材料送批（未经批准的各类材料不准进场）、订货、运输等要有一个相当长的过程，加上标书资料比较粗略，要不断地进行调整补充，因此，如果没有一个完整的材料管理体系，就会影响整个施工进度。

（四）确保施工总进度是中心环节

建设是为了投产使用，合资工程以确保施工总进度为中心环节（当然确保工程质量是必然的前提）。该工程由三家主承包商联合总包（涵盖二十多家分包商），把这么多的施工单位组织在一个现场协同施工，除了标书文件和严谨的合同文本控制外，是以施工总进度作为生产管理的主线。所以，待有关分包商进场后，根据主线条的控制再来排列有关分包商的综合进度，形成互相配合、互相遵守、互相制约的文件。为了减少今后工作中的纠纷和分清各自的责任，就需要一个完善的管理制度和档案资料。

（五）新技术项目多

地下室全部采用自防水混凝土，不另设防水层和其他防漏设施。如主楼地下室长124 m，不设伸缩缝。外墙装饰采用大型预制彩色混凝土饰面挂板，数量很大，对制作和安装的要求高，标书资料尚不齐全，因此必须经过试制、试验，从中探索合理的施工方案。本工程采用大量的高级别HRB500钢筋和上万吨的钢材，对组织供货和采用先进的焊接措施等都带来新的挑战。很多精装修不但选材严格，而且施工精度要求很高。结构工程量大，施工周期较长，要经历两个雨季和冬季，因此采用严密的组织管理和切合实际的施工技术措施，与保证施工总进度有密切的关系。

三、施工准备

由于合同规定，在签订合同2个月后就计算正式工期，工程就不可避免地在边准备、边设计、边施工中进行。因此，施工前的准备工作十分紧张而且必须抓紧，正因为如此，必须十分重视施工前的准备工作，批准的初步设计和标书文件、商定的施工总

进度、现场的条件和环境都是进行施工准备的依据。

（一）规划、设计工作

由于机电的分包商尚未进场（机电的分包商还承担该项目的设计工作），所以编制施工组织总设计时，以土建结构为总控制框架，在总平面布置图的基础上进行大型临时设施的施工设计。为了及早开工，应先编制三个栋号地下室施工方案，紧接着编制单位工程施工组织设计，完成测量方案的确定和混凝土配合比的设计（特别是大体积自防水混凝土的配合比），最后制定适应本工程特点的各项管理制度等。

（二）资料审查

组织有关人员熟悉标书资料和合同文本，与设计单位商定设计图纸的交付进度。核查标书工程量，熟悉标书中的施工技术要求（包括主要的、特殊材料的性能要求）。对即将施工的图纸进行会审。

（三）劳动力及材料机具的准备

根据施工组织总设计和施工方案的数据，初步落实开工初期的劳动力和全年的宏观安排，以便分期分批进场。对主要施工机具，特别是早期施工的土方挖掘、运输设备和塔吊等大型机械的集结进行计划，落实来源，分期进场，经过平衡后尚需要进口的机具及早办理订货和进口手续。材料则根据需要，摸清技术要求，全面匡算，并分期分批细算、送样报批、订货和组织进场，尽最大可能争取国内多供应一些。此外，应立即落实自防水混凝土的砂石来源，以便送交外方进行级配实验，确定配合比等。

（四）现场准备和大型临时设施的修建

现场准备和大型临时设施的修建包括现场清理，测量放线，修建临时设施（现场办公室、食堂、小型材具库、临时小型搅拌站、浴厕等），现场临时用水、用电、道路、围墙等的施工（包括配合甲方与政府部门的联系），修建集中搅拌站、钢筋加工车间和工人宿舍等。

（五）现场组织机构的筹组

为了适应联合总承包的机制，设立总公司经理部进行全面管理，另成立现场施工经理部，全面管理现场施工生产任务。

施工准备工作计划列有项目、详细内容、主办单位（人员）、协作单位（人员）、要求完成日期等。

四、施工总进度计划

全部工程由结构、装修、机电、室外（管网、道路、园林绿化）四大部分组成，而结构工程由于施工周期长，加上工期要求和工作面的限制，所以是总进度中的主导控制工序。

旅馆是建筑群的主体，它基础深、楼层高、新技术项目多、机电设备新颖而量多、施工复杂、精装修工程量大、施工交叉面从立体到平面非常广，所以是三个建筑物中施工周期最长的一个，因此，保证旅馆工程的进度是总进度安排中的重要部分。

(1) 第一年以旅馆深基础为重点，全面完成旅馆、友谊商店、办公/公寓楼的地下工程和锅炉房、冷冻机房的地下工程，从第三季度起逐步转入主体结构的施工。

(2) 第二年主体结构施工全面展开，其中办公/公寓楼于年底封顶，同时三项工程均插入粗装修作业，机电设备安装工作亦配合进行。室外管网第四季度开工。

(3) 第三年初友谊商店结构封顶，旅馆上半年封顶，全面进行粗装修和机电设备安装的施工；室外管网、道路基本完成，园林部分完成。

(4) 第四年春全部竣工。

旅馆施工进度计划见表6-19。

五、主要劳动力及施工机具材料计划

根据标书工程量和施工总进度的安排，估算分年分季的主要劳动力、施工机具和材料的需要量(这些数据仅是规划时使用的宏观控制资料)。对施工机具，特别是结构施工过程中的大型机械，根据规划进行筹集。对劳动力的组合，先筹组早期临时设施、土方开挖、地下室结构的工作队。主要材料抓住近期和国外订货这两个薄弱环节。由于资料不全，可先将需要从国外订货的，分期分批先订购一部分，如钢筋规格、数量待资料逐步完善后定期分批予以调整补充。进口材料要考虑批量、海运周期(尽量减少或避免空运)，国内材料也有批量生产的问题。

六、施工部署和施工方案

(一) 土方开挖与回填

根据地质勘察资料，旅馆基础底板以上有三层滞水层，渗透系数较小，一般降水方法不易取得理想的效果，所以原则上采用放坡大开挖、明沟和集水井排水的方案，即土方开挖时，沿基坑周边挖好排水沟和集水井，做好抽水工作。仅旅馆深基础部分北侧东段约90 m长范围内采用灌注护坡桩。

旅馆工程土方开挖如图6-4和图6-5所示。第一次挖土，现场整个开挖范围均挖至4.00 m；第二次挖土，旅馆深基础和锅炉房、冷冻机房部分挖至8.00 m或设计标高，此时，施工灌注护坡桩；第三次挖土，旅馆深基础部分挖至设计标高15.13 m。

考虑到地质情况或有变化，特别是临近河流时可能影响地下水位的变化，因此，要求做好轻型井点降水的准备，作为应急措施。

采用机械开挖，若土层潮湿，含水量大，挖掘机和车辆运输行驶困难，可加垫30～50 cm厚夹砂石。

为解决旅馆深基础和裙房基础之间可能产生的沉降差异，在采用护坡桩的部位应注意护坡桩顶部距墙裙基础底板底部标高位置至少不小于2 m。

护坡桩沿基础边线2 m布置，桩径0.4 m，机械成孔，现场浇筑。按双排梅花式排列，排距0.8 m，桩距1.2 m，锚杆间距1.8 m，仰角40°和50°交错排列。护坡桩由

表 6-19　旅馆施工进度计划

序号	工程名称	第一年												第二年												第三年												第四年			
		1	2	3	4	5	6	7	8	9	10	11	12	1	2	3	4	5	6	7	8	9	10	11	12	1	2	3	4	5	6	7	8	9	10	11	12	1	2	3	4
1	地下三层	*	*	*	*	*	*	*	*					=	=	=	=	=	=																						
2	地下二层								*	*	*			=	=	=	=	=	=																						
3	地下一层									*	*	*	*	=	=	=	=	=	=																						
4	一、二楼											*	*	*	*					=	=	=	=	=	=	=	=	=	=	=	=	=									
5	三楼													*	*	*				=	=	=	=	=	=	=	=	=	=	=	=	=									
6	四楼														*	*	*			=	=	=	=	=	=	=	=	=	=	=	=	=									
7	五楼																*	*	*	=	=	=	=	=	=	=	=	=	=	=	=	=									
8	六楼																	*	*							=	=	=	=	=	=	=	=	=	=						
9	七楼																		*	*						=	=	=	=	=	=	=	=	=	=						
10	八楼																			*	*					=	=	=	=	=	=	=	=	=	=						
11	九楼																				*	*				=	=	=	=	=	=	=	=	=	=						
12	十楼																					*	*			=	=	=	=	=	=	=	=	=	=						
13	十一楼																						*	*								=	=	=	=	=	=				
14	十二楼																							*	*							=	=	=	=	=	=				
15	十四楼																								*	*						=	=	=	=	=	=				
16	十五楼																								*	*	*					=	=	=	=	=	=				
17	十六楼																									*	*	*				=	=	=	=	=	=				
18	十七楼																										*	*	*			=	=	=	=	=	=				
19	十八楼																											*	*	*		=	=	=	=	=	=				
20	装饰和屋面工程																															=	=	=	=	=	=				
21	整理竣工																																			—	—	—	—		

注：“*”表示结构工程；“=”表示装饰和屋面工程；“—”表示整理竣工。

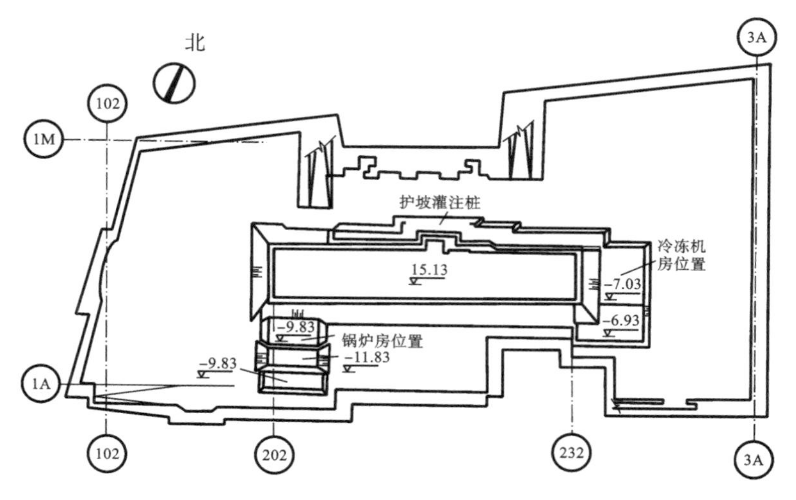

图 6-4 第一次、第二次土方开挖图

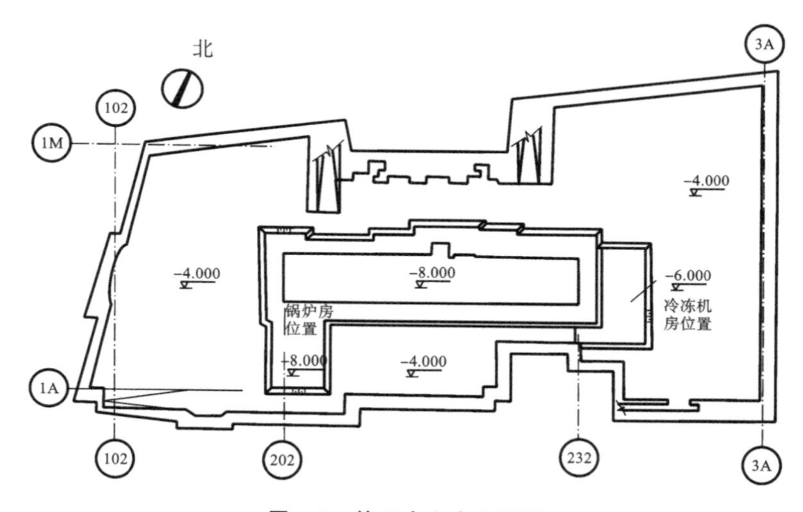

图 6-5 第三次土方开挖图

某地下工程公司施工，另做详细的施工方案。

该工程土方开挖量 281700 m^3，回填量 37000 m^3，需弃土 244700 m^3。由于现场无存土条件，开挖时，土方运至某砖厂卸土区，将符合回填土质量的弃土另行堆放，以供回填之用。

由于采用大开挖，故部分地下结构将设置在回填土上，因此对回填土的质量要求极高（不低于原土容积密度的 95%）。故在回填前必须测定土源土方的最佳含水率和采用合适的夯实机械，同时加强对回填土质量的检查，不能疏忽，以确保基础工程质量。

（二）锚桩施工

锅炉房、冷冻机房基础底标高以下，设有 D400 现浇钢筋混凝土锚桩（基坑抗浮力锚桩），桩长为 7 m、12 m、23 m 三种，共 230 根，拟与旅馆地下室结构同时施工。采用机械成孔，泥浆护壁成型，压浆现浇混凝土。

（三）钢筋混凝土工程

1. 大体积混凝土

所有地下室均采用自防水混凝土，在设计上不设伸缩缝，不另设防水层和其他防漏措施。基础底板均属大体积混凝土。为防止温度造成的应力产生裂缝，宜采用低发热量水泥，选择合理的配合比，分层浇筑，加强养护。施工前必须另准备详细的施工方案。

该自防水混凝土由中方提供原材料，交国外某公司实验室进行级配实验，以确定配合比，因此要求砂、石、水泥的货源要稳定，以确保配合比的正确性。

2. 流水段的划分和施工缝处理

三个单位工程的主体结构实行多段小流水施工，并设置施工缝。旅馆高层部分的流水段，原则上按照施工图中后浇施工缝的设置来划分。

为了确保地下室不产生渗漏，结构止水带和施工缝止水带的设置要严格按图施工，在施工中不得破坏或任意移位。

3. 后浇混凝土

（1）箱型基础设置后浇施工缝，因不同高度的建筑产生不均匀沉降而设置的其他后浇施工缝均需按规程规定，在顶板浇筑完成后至少相隔两周，待混凝土体积变化及结构沉降趋于稳定时，再予以浇筑；混凝土强度等级必须提高一级。

（2）因钢筋布置较密，后浇带清理困难，故后浇施工缝设置后要专门予以保护，以免杂质进入。即使如此，在浇筑后浇带前，仍应将钢筋沾污部分及其他杂物清除干净。

4. 混凝土运输

（1）混凝土由集中搅拌站供应，以专门为本工程服务而设置的搅拌站为主，本市市建公司商品混凝土搅拌站为辅。每个搅拌站的供应能力为 50 m^3/h。

（2）混凝土由搅拌车运至现场，再用混凝土泵输送至浇筑地点。若混凝土泵不够时，则采用混凝土吊斗，以塔吊作垂直水平输送。

5. 混凝土浇筑

大体积混凝土必须按设计（或施工方案）规定进行分块浇筑，必须一次连续完成浇筑，不能留施工缝。浇筑前必须制定施工方案，将垂直、水平运输方法、浇筑顺序、分层厚度、初终凝时间的控制、混凝土供应的确定等作出详细规定，以免产生人为的施工缝。

6. 钢筋

（1）钢筋由某公司联合厂加工成型，配套供应到现场。在现场设小型加工车间，以供应少量和零星填平补齐部分。

(2) 钢筋接头 φ25 以上均采用气压焊接,以节约钢筋和加快工期。由于数量庞大,约有 20 多万个接头,要组织专业焊接队伍,便于充分发挥设备和人员的作用。

7. 模板

(1) 本工程采用中建某公司生产的"××模板"体系,剪力墙用模数化大型组合钢模板;楼板结构采用配套的独立式钢支撑或门式组合架、空腹工字钢-木组合梁和胶合板模板。简体(楼梯间、电梯井)采用爬升模板。

(2) F3 墙面较多,应一次成活,为了确保墙面平整度,不能用小钢模拼接。

(3) 主楼有大量剪力墙,标书要求采用抹灰,为了减少大量湿作业和缩短工期,拟采用大钢模板(专门设计、制作供主楼使用)。

(四) 脚手架

(1) 结构施工阶段,旅馆高层部分用挑架作脚手架,其他部分采用双排钢管脚手架。

(2) 整个脚手架方案应同装修阶段的外挂板、玻璃幕墙、内部装修等相协调,待设计资料较完整后,与外方公司共同商定。

(五) 预制彩色混凝土外挂板

除三栋楼的外部装修局部采用天然花岗石外,其他均采用大型彩色混凝土预制外挂板,约 1 万多块,2 万多平方米,这种数量庞大、单件面积较大(一般约 2 m^2/块)的预制挂板,在制作过程中如何保证几何尺寸和色泽均匀,以及安装过程中对锚件的固定、脚手架的选择、吊装机具的采用等均没有成熟的经验。因挂板是最终饰面,它的好坏将影响整个建筑群的整体观感,因此,必须十分重视施工技术措施。

1. 制作方面

由某公司联合厂承担该预制任务,在已有的固定加工场地施工。

(1) 混凝土配合比(包括颜料的掺和)由中方提供原材料,外资方试验后确认。

(2) 模板采用钢底模,侧模采用角钢或槽钢。

(3) 采用反打法和低流动性混凝土,设立专用搅拌站供料。砂石必须一次进料和清洗,以保证色彩均匀性。

(4) 达到一定强度后用机械打磨,斜边部分用手工打磨。

(5) 表面保护薄膜层的涂刷,待国外订货到达后,根据厂方规定的要求进行施工。

2. 现场安装

(1) 脚手架的搭设必须与玻璃幕墙的安装和室内装修的施工互相配合,所以,外脚手架的固定不能穿墙、穿窗,必须采用由外方推荐的脚手架与墙体固定的特殊构件。主楼六层以下的脚手架采用双杆立柱。

(2) 锚件的设置必须十分准确,因此,必须采用特殊的钻孔设备以打穿密布的钢筋。

(3) 大量的标准板(一般为 2 m^2/块)可以采用屋面小型平台吊就位。部分可用塔吊、汽车吊就位。

由于挂板尚无成熟经验,所以不论制作还是安装都必须经过试验,经中外双方确认,报请建设、设计单位批准后才可大量生产。现场安装也必须在局部试点后才可全面展开。

(六) 屋面工程

屋面工程基本分两大类:一是建筑物屋顶部分;二是地下室顶部的防水(上面覆土再绿化,对防水材料有特殊要求)。

屋面防水材料根据国家标准,采用玻纤胎、聚酯胎、玻纤加铜箔等胎体。卷材采用的沥青经氧化催化并加高分子材料改性。其材料的生产和施工要求均要遵循国家规范的规定。

(1) 处理好基层及做好找坡。

(2) 按设计要求的分层和操作方法铺贴,用喷灯热熔,并要有足够的搭接长度和宽度。

(3) 特殊部位(落水口、伸缩缝、泛水等)是容易产生渗漏的薄弱环节,要严格按设计要求进行预埋和铺贴,不得遗漏及疏忽。

(七) 钢结构

三栋楼均有钢结构,以旅馆为最多,南裙房有大跨度的宴会厅,主楼穹顶结构较复杂,北裙房的入口处造型及结构均较奇特,采用的钢结构构件多,节点处理复杂。

钢结构拟委托外加工,塔吊可以利用结构施工时的塔吊,不足部分可用汽车吊辅助。

(八) 装饰部分

该工程的粗细装修量很大,即使是粗装修的抹灰,在旅馆标准客房间也要采用水平、垂直斗方以保证阴阳平直,属高精度要求。其他如大开间的预制水磨石铺设、铝合金吊顶、石膏板和矿棉板吊顶、铝合金幕墙和铝合金窗、墙纸、地毯、瓷砖墙面、缸砖地面、花岗石墙面、地面等施工,由于量大、面广而且采用新材料多,故施工前必须另定施工操作方案。

主楼精装修由国外公司分包并制定方案。

设备安装方面,如电气、采暖、通风、空调、给排水、通信等也均由国外公司分包,待资料较完整后由他们另制定方案。

(九) 季节性施工措施

1. 冬季施工

(1) 本工程开工后正值冬季,土方开挖时,为防止受冻,基底要加以遮盖。回填土不准使用冻土,在每层夯实后必须采用草垫覆盖保温,尽量避免严冬时节回填土的施工。

(2) 混凝土和砂浆采用热水搅拌，加早强抗冻剂，并提高混凝土入模温度。下雪前把砂石遮盖，防止冰雪进入。

(3) 柱、梁、板、墙新浇筑混凝土采用电热毯保温，加强混凝土测温工作。

2. 雨季施工

(1) 对临时道路和排水明沟要经常维修和疏通，以保证通行和排水，特别在雨季时要有专业人员和工作队进行养护。

(2) 经常巡视土方边坡的变化，防止塌方伤人；基坑的排水沟、集水井要清理好，以便及时排除积水。

(3) 保证排水设备的完好，并要有一定的储备，以保证暴雨后能在较短的时间内排除积水。

(4) 塔吊、脚手架等高耸设施要设避雷装置并防止其基础下沉。

七、保证质量和安全措施

(一) 保证质量措施

(1) 联合承包商成立联合监理组，中外双方各派一名经理负责全面监理工作，并密切配合建设单位和本市质量监督站的现场监理人员做好各项工作。

(2) 对每道工序，由中外监理人员共同进行检查，上一道工序不合格的，不准进行下一道工序的施工；尤其是混凝土浇筑，必须取得中外双方经理的签字凭证(黄色凭证，简称“黄票”)才可申请混凝土，然后施工。

(3) 以优质工程为目标，积极开展质量管理小组活动。

(4) 严格按照施工图纸规定和指定的有关(中方、外方)规范进行施工。

(5) 加强图纸会审和技术核定工作，并设专人管理图纸和技术资料，以便将新修改的图纸及时送到现场。要编制好各类施工组织设计或施工技术措施，并严格付诸实施。

(6) 各种材料进场前必须送样检查，经过批准才可订货、进场。材料要有产品的出厂合格证明，并根据规定做好各项材料的试验、检验工作，不合格的材料不准进入现场，如已进入的，必须全部撤出现场。

(二) 安全措施

(1) 联合承包商成立安全监督组，管理各施工单位(包括各分包商)的施工安全事宜。项目经理部亦专门设立安全管理机构进行各项工作。

(2) 所有施工技术措施必须要有安全技术措施，在施工过程中加强检查，督促执行。在施工前要进行安全技术交底。

(3) 完善和维护好各类安全设施和消防措施。对锅炉房、配电房等都要派专人值班。本工程的东、南、北三面均有架空的高压线通过，邻近建筑物和施工用塔吊，高压线下设有大量临时建筑，因此必须作出严格规定，高压线下不准有明火，对塔吊的使用和保护要严格管理。

八、施工总平面图规划

本工程占地约 50000 m^2,有大量地下室和地下停车场同时施工,因此现场施工用地十分紧张,可利用的场地只有红线外待征的 6000 m^2 场地和 3000 m^2 以外的一块租用地;现场东、南、北三面均有高压线通过;西侧建设单位已修建了临时办公用房。

(一) 临时设施

(1) 现场南侧设旅馆、商场栋号施工用的临时办公用房、工具房、小型材料库等,因设置在高压线下,必须注意安全。

(2) 联合承包商的办公用房设在西侧,为两层建筑,采用钢筋混凝土盒子结构。土建施工单位的职工食堂、锅炉房、浴池等也设在西侧,为一般砖混结构。

(3) 混凝土供应设集中搅拌站,以本市某公司商品混凝土供应站为辅。钢筋由本市某公司联合厂加工后运至现场。

现场设小型钢筋加工车间和小型混凝土搅拌站,作次要的垫层混凝土填平补齐之用。

(4) 在现场设置的临时建筑约 4400 m^2,其中,办公用房约 500 m^2,食堂约 1000 m^2,锅炉、开水房、浴厕等约 520 m^2,各种料具库棚 1900 m^2,木工车间、配电间等 480 m^2。除办公、食堂、浴厕等有特殊要求外,其余的结构一般都采用砖墙石棉瓦顶。

(二) 交通道路

(1) 现场设临时环形道,宽 6 m,砂卵石垫层,泥结碎石路面,路旁设排水沟。旅馆与办公/公寓楼之间设一条南北向的临时道路,但在地下车库顶板完工后再通车使用。

(2) 临时出口均设在场地北侧,共三处,其中西出入口处因紧靠城市交通的东三环十字路口,仅通行通勤车和人员,另两个出入口可通行材料、半成品、设备运输车辆。

(三) 塔吊设置

当年第四季度起,将进入主体结构的全面施工阶段,拟设置 9 台塔吊。因场地条件限制,致使部分塔吊将设置在已施工的工程底板上。场地东、南、北三面均有高压线通过,所以塔吊臂宜用较短的,但具体安排时仍要注意起重臂与高压线之间的安全距离,有特殊情况时,应采取专门措施。

(四) 供水、供电

(1) 场地两端已接好 ϕ100 的供水管一处,建设单位正在申请另一处 ϕ200 的供水点。

(2) 估算总用水量 16~18 L/s,布置 ϕ150 的环形管;为了满足消防用水的要求,其余管也采用 ϕ100 的水管。

(3) 估计结构施工阶段是用电高峰,约 800 kW。目前建设单位已提供 1 台

180 kV·A和2台500 kV·A的变压器，在北侧中部红线外设置临时配电间，可以满足要求。全部采用埋地电缆，干线选用150 mm^{2}和185 mm^{2}的铜芯聚氯乙烯铠装电缆。

(4) 由于施工地区每周要定期停电一天，以及防止突然停电，故在现场设置柴油发电机2台(1台为225 kV·A，另一台为275 kV·A)。

机构施工阶段平面布置图如图6-6所示。施工过程中，要注意以下两点：①东南角F0/23B塔吊的臂长采用30 m，以保证与高压线的安全距离，覆盖东南角时采用角度限位大臂操作；②旅馆与办公/公寓楼之间道路在地下停车场顶板施工完后铺设。

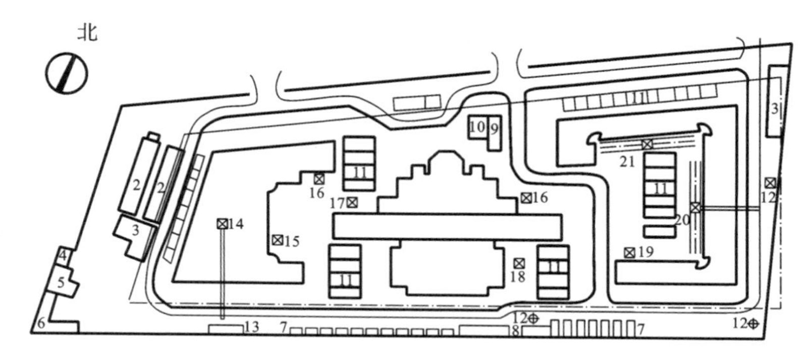

图6-6 机构施工阶段平面布置图

注：1—配电房；2—雇主办公室；3—食堂；4—开水房；5—浴室；6—材料库；7—工具房；8—设备库房；9—搅拌站；10—砂石堆场；11—材料堆场；12—高压线塔；13—卫生间；14—塔吊E60.26/B12，臂长60 m；15—塔吊E60.26/B12，臂长45 m；16—塔吊E60.26/B12，臂长50 m；17—塔吊256HC，臂长70 m；18—塔吊F0/23B，臂长35 m；19—塔吊QT80，臂长30 m；20—塔吊F0/23B，臂长38 m。

现场供水平面图和现场供电平面图如图6-7和图6-8所示。

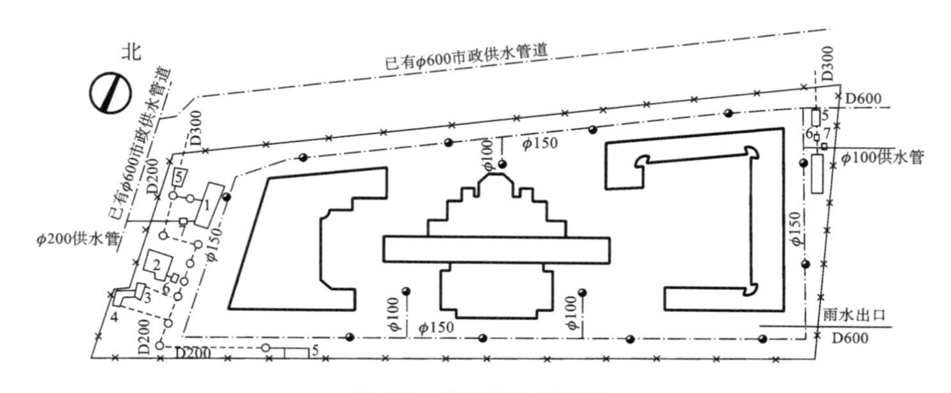

图6-7 现场供水平面图

注：1—办公室；2—食堂；3—锅炉房；4—浴室；5—化粪池；6—卫生间；7—水表井。

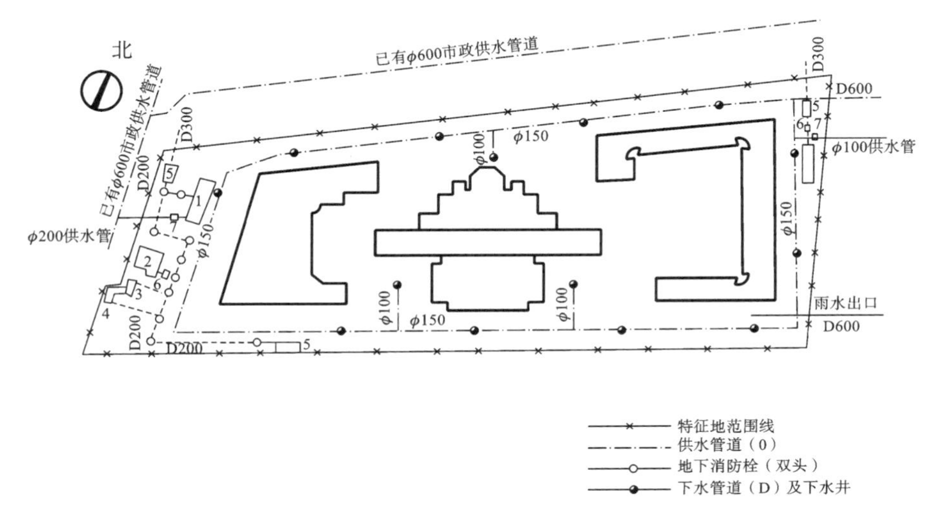

续图 6-7

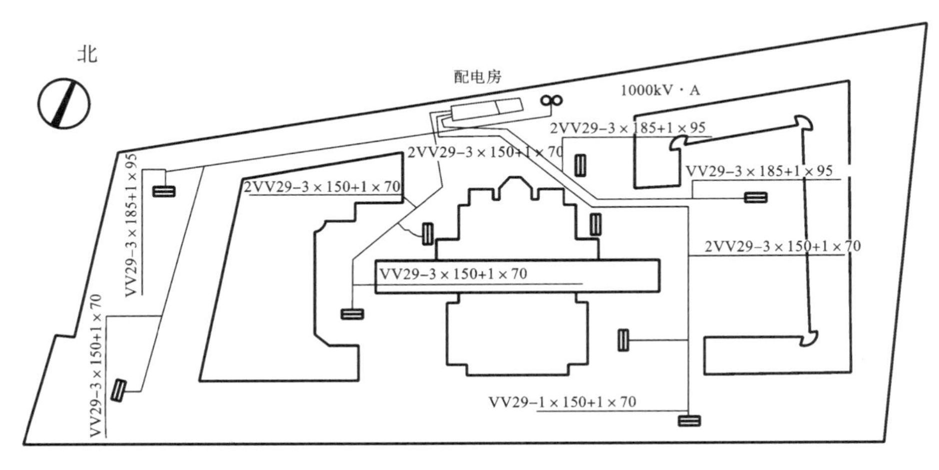

图 6-8　现场供电平面图

◇思考与练习◇

1. 简述施工组织总设计的作用或编制依据。
2. 施工组织总设计的内容有哪些？其编制程序如何？
3. 设计施工组织总平面图应遵循什么原则？
4. 施工总平面图包含哪些内容、设计方法或步骤？

第7章　施工组织设计的实施管理

施工组织设计作为指导施工生产的全局性文件，应体现施工的针对性和对项目目标的有效控制。编制施工组织设计是施工准备工作的一项重要内容，应遵循技术规律，做好施工组织设计的贯彻实施和动态管理，确保项目有序施工。

第1节　项目管理规划

项目管理规划是指导项目管理工作的纲领性文件，应对项目管理的目标、内容、组织、资源、方法、程序和控制措施进行确定。现场的项目管理一般通过项目经理组织编制的项目管理实施规划进行。

一、项目管理规划大纲

项目管理规划大纲的作用是作为投标人的建设项目管理总体构想或建设工程项目的管理宏观方案，指导建设工程项目投标和签订施工合同。项目管理实施规划是项目管理规划大纲的具体化和深化，可作为项目经理部实施建设工程项目管理的依据。

项目管理规划大纲具有战略性、全局性和宏观性，显示投标人的技术和管理方案的可行性与先进性，有利于投标竞争，因此，需要依靠组织管理层的智慧与经验取得充分依据，发挥综合优势进行编制。

编制项目管理规划大纲从明确项目目标到形成文件并上报审批，反映了其形成过程的客观规律性。

项目管理规划大纲应与招标文件的要求一致，为编制投标文件提供资料，为签订合同提供依据。其内容应包括下列几个方面。

(1) 项目概况，应包括项目的功能、投资、设计、环境、建设要求、实施条件(合同条件、现场条件、法规条件，资源条件)等，不同的项目管理者可根据各自管理的要求确定内容。

(2) 项目范围管理规划，应对项目的过程范围和最终可交付工程的范围进行描述。

(3) 项目管理目标规划，应明确质量、成本、进度和职业健康安全的总目标并进行可能的目标分解。

(4) 项目管理组织规划，应包括组织结构形式、组织构架、确定项目经理和职能部门、主要成员人选及拟建立的规章制度等。

（5）项目成本管理规划、项目进度管理规划、项目质量管理规划、项目职业健康安全与环境管理规划、项目采购与资源管理规划，应包括管理依据、程序、计划、实施、控制和协调等。

（6）项目信息管理规划，主要指信息管理体系的总体思路、内容框架和信息流设计等规划。

（7）项目沟通管理规划，主要指项目管理组织就项目所涉及的各有关组织及个人相互之间的信息沟通、关系协调等工作的规划。

（8）项目风险管理规划，主要是对重大风险因素进行预测、估计风险量、进行风险控制、转移或自留的规划。

（9）项目收尾管理规划，包括工程收尾、管理收尾、行政收尾等方面的规划。

二、项目管理实施规划

项目管理实施规划应以项目管理规划大纲的总体构想和决策意图为指导，具体规定各项管理业务的目标要求、职责分工和管理方法，把履行合同和落实项目管理目标责任书的任务贯彻在实施规划中，以此作为项目管理人员的行为指南。

项目管理实施规划编制的主要内容是详细的组织编制。在具体编制时，各项内容仍存在先后顺序关系，需要统一协调和全面审查以保证各项内容的关联性。

编制项目管理实施规划的依据中，最主要的是项目管理规划大纲，应保持二者的一致性和连贯性，其次是同类项目的相关资料。

项目管理实施规划的编制内容包括以下方面。

（1）项目概况应在项目管理规划大纲的基础上根据项目实施的需要进一步细化。

（2）总体工作计划应将项目管理目标、项目实施的总时间和阶段划分具体明确，对各种资源的总投入做出安排，提出技术路线、组织路线和管理路线。

（3）组织方案应编制出项目的项目结构图、组织结构图、合同结构图、编码结构图、重点工作流程图、任务分工表、职能分工表并进行必要的说明。

（4）技术方案主要是技术性或专业性的实施方案，应辅以构造图、流程图和各种表格。

（5）进度计划应能反映工艺关系和组织关系，时间，相应进程的资源（人力、材料、机械设备和大型工具等）需用量，并进行相应的说明。

（6）质量计划、职业健康安全与环境管理计划、成本计划、资源需求计划、项目风险管理计划、项目信息管理计划、项目沟通管理计划和项目收尾管理计划均应按相应章节的条文及说明编制。为了满足项目实施的需求，应尽量细化，尽可能利用图表表示。各种管理计划（规划）应保存编制的依据和基础数据，以备查询和满足持续改进的需要。在资源需用量计划编制前应与供应单位协商，编制后应将计划提交供应单位。

(7) 项目现场平面布置图按施工总平面图和单位工程施工平面图设计和布置的常规要求进行编制，须符合国家有关标准。

(8) 项目目标控制措施应针对目标需要进行制定，具体包括技术措施、经济措施、组织措施及合同措施等。

(9) 技术经济指标应根据项目的特点选定有代表性的指标，且应突出实施难点和对策，以满足分析评价和持续改进的需要。

每个建设工程项目的项目管理实施规划执行完成以后，都应当按照管理的策划、实施、检查、处置循环原理进行认真总结，形成文字资料，并同其他档案资料一并归档保存，为项目管理规划的持续改进积累管理资源。

第2节　施工技术文件

施工技术文件主要是指施工组织设计文件、施工方案文件和技术交底文件，是施工组织设计时指导施工准备和施工的全面性技术经济文件。施工方案主要针对分部(分项)工程或专项工程进行编制，是施工组织设计的进一步细化和补充。技术交底是对施工组织设计或施工方案的具体化，是更细致、明确、具体的技术实施方案，是工序施工或分项工程施工的具体指导文件。

技术交底可分层次、分阶段进行。交底的层次、阶段及形式应根据工程的规模和施工的复杂、难易程度及施工人员的素质确定。在单位工程、分部工程、分项工程、检验批施工前应进行技术交底，使技术人员明确工程的特定的施工条件、施工组织、具体技术要求和有针对性的关键技术措施，掌握工程施工过程全貌和施工的关键部位，以及危险性较大的分部(分项)工程内容，使工程施工质量和安全达到要求。对操作者而言，要使之了解所要完成的具体工作内容、操作方法、施工工艺、质量标准和安全注意事项等。

因此，对一项工程进行施工，必须在参与施工的不同层次的人员范围内进行不同内容重点和技术深度的技术交底。特别是对于重点工程、工程重要部位、特殊工程和推广与应用新技术、新工艺、新材料、新设备的工程项目，在技术交底时更需要做内容全面、重点明确、具体而详细的技术交底。

一、技术交底的种类

(一) 施工组织设计交底

(1) 重点和大型工程施工组织设计交底。由施工企业的技术负责人把主要设计要求、施工措施以及重要事项对项目主要管理人员进行交底。其他工程施工组织设计交底由项目技术负责人进行交底。

(2) 专项施工方案技术交底。由项目专业技术负责人负责，根据专项施工方案对专业工长进行交底。

（二）分项工程施工技术交底

由专业工长对专业工作队（或专业分包）进行交底。“四新”技术交底由项目技术负责人组织有关专业人员编制并交底。

（三）设计变更技术交底

设计变更技术交底由项目技术部门根据变更要求，并结合具体施工步骤、措施及注意事项等对专业工长进行交底。

（四）测量工程专项交底

由工程技术人员对测量人员进行交底。

（五）安全技术交底

负责项目管理的技术人员应当对有关安全施工的技术要求向施工工作队、作业人员进行交底。

二、技术交底的方式

施工现场技术交底的方式主要有书面交底、会议交底、口头交底、挂牌交底、样板交底及模型交底等。不同交底方式的特点及使用范围见表7-1。

表7-1 不同交底方式的特点及使用范围

交底方式	特点及使用范围
书面交底	把交底的内容写成书面的形式，向下一级有关人员交底。交底人与接受人在弄清交底内容以后，分别在交底书上签字，接受人根据此交底，再进一步向下一级落实交底内容。这种交底方式内容明确，责任到人，事后有据可查，因此，交底效果较好，是一般工地常用的交底方式
会议交底	通过召集有关人员举行会议，向与会者传达交底内容，对多工种同时交叉施工的项目，应将各工种有关人员同时集中参加会议，除各专业技术交底外，还要把施工组织者的组织部署和协作意图交代给与会者。会议交底除了会议主持人能够把交底内容向与会者交底外，与会者也可以通过讨论、问答等方式对技术交底的内容予以补充、修改、完善
口头交底	适用于人员少，操作时间短，各种内容较简单的项目
挂牌交底	将交底的内容、质量要求写在标牌上，并将标牌悬挂在施工现场。这种方式适用于操作内容和操作人员固定的分项工程。如混凝土搅拌站，常将各种材料的用量写在标牌上。这种挂牌交底方式可使操作者抬头可见，时刻注意
样板交底	对于有些质量和外观要求较高的项目，为使操作者对质量指标要求和操作方法、外观要求有直观的感性认识，可组织操作水平较高的工人先做样板，其他工人现场观摩，待样板做成且达到质量和外观要求后，供他人以此为样板施工。这种交底方式通常在装饰质量和外观要求较高的项目上采用

续表

交底方式	特点及使用范围
模型交底	对于技术较复杂的设备基础或建筑构件，为使操作者加深理解，常做成模型进行交底

第3节 施工现场管理

施工现场管理作为工程项目管理的核心内容，是保证建筑工程质量和安全文明施工的关键。按照施工组织设计的要求对施工现场实施科学的管理，是获取经济效益和社会效益以及企业发展的根本途径。施工现场管理首先应建立施工责任制度，明确各级技术负责人在工作中应承担的责任；同时应做好施工现场准备工作，为施工的正常进行提供条件。

由于施工工作范围广，涉及的各种作业和专业人员多，现场情况复杂以及施工周期长，因此，必须在项目内实行严格的责任制度，使施工工作中的人、财、物合理地流动，保证施工工作的顺利进行。在编制了施工工作计划以后，就要按计划将责任明确到有关部门甚至个人，按计划要求完成任务。各级技术负责人在工作中承担的责任，应予以明确，以便推动和促进各部门认真做好各项工作。

一、工程施工质量管理

工程施工质量管理的主要任务是通过健全有效的质量监督工作体系来确保工程质量达到合同规定的标准和等级要求。根据工程质量形成的时间阶段，施工质量管理可分为质量的事前管理、事中管理和事后管理。其中，工作的重点应是质量的事前管理。根据建设项目的分级，从工序的质量控制到分项工程、分部工程、单位工程和单项工程的质量控制，最后形成建设项目的质量控制。

（一）影响工序质量的因素

1. 人员素质

人员素质包括决策者、管理者、操作者的素质。

根据分析，大多数工程质量事故和质量通病是由人的因素造成的，如何调动每一个员工在质量活动中的作用，是项目管理者应该解决的问题。

首先，要提高人的质量意识和工作水平，牢固树立“百年大计、质量第一”的思想，提高员工自觉性和主观能动性；其次，要加强专业技能培训，提高员工的操作水准；再次，要加强现场管理，提高管理水平，通过有效措施消除人为造成的质量通病。

2. 机械设备

机械设备可分为两类：一是指组成工程实体及配套的工艺设备和各类机具；二是指施工过程中使用的各类机具设备，简称施工机械设备。它们是施工生产的手段。

由于设备的原因或使用操作工具不当，经常引发质量事故和质量通病。在施工过程正确使用机械设备的基础上，及时发现机器管理方面存在的问题，进行分析和制定对策；同时可以对操作工具进行技术革新，以提高工作效率，确保施工质量。

3. 工程材料

施工中的建筑材料品种繁多，材料本身的质量对工程质量的影响非常大。要做好材料的检测和验收：对原材料要根据规定进行进场检测，对常规材料要定期进行抽检，对成品和半成品材料要根据相关标准进行验收，要将不合格的材料和产品杜绝在施工现场以外。

4. 工艺方法

施工中采用的标准、规范、工法以及施工程序和施工工艺对工程质量是至关重要的，必须引起足够重视。

要严格遵守现行质量标准，包括技术标准和管理标准。严格遵守施工程序，确保上道工序施工完全合格后方能进入下一道工序。交叉作业、立体施工必须要有可靠的技术措施作为保证，并合理安排工期。大力推进和采用新技术，不断提高工艺水平，是保证工程质量稳定提高的重要因素。

5. 环境条件

环境条件是指对工程质量特性起重要作用的环境因素，包括工程技术环境、工程作业环境、工程管理环境和周边环境等。

土木工程产品在实现过程中都是在露天完成的，必然会受到天气、温度等外在环境的影响，特别是操作工人、建筑材料受其影响更大，会直接对工程质量产生不利影响。此外，施工现场的环境有其复杂性、多变性，施工交叉作业多，人员流动大，干扰因素多，各专业之间相互影响，处理不好也会对质量造成直接或间接影响，因此，需要预防和控制这些未知的、有可能发生的外因环境变化。

6. 测量

由于检测工具、测量方法、测量人员操作造成的误差，会使质量波动处于异常，从而直接影响到工程质量和对施工质量的正确评定。

施工过程中采用的仪器、量具等测量工具均应符合标准的规定，并定期校核，以确保其准确度。工程施工中，除应配备满足精度要求的先进仪器外，还要对操作人员进行必要的业务技术和基本素质培训。操作人员的技术水平、责任心和工作态度将关系到仪器的可靠性、数据的准确性，并直接影响工程质量。

（二）质量控制点设置

质量控制点是工程施工质量控制的重点，设置质量控制点就是根据工程项目的特点，抓住影响工序施工质量的主要因素。设置施工质量控制点是事前控制的一项重要内容。

可作为质量控制点的对象可能是技术要求高、施工难度大的部位，也可能是影响质量的关键工序、操作或某一环节。概括来说，应当选择那些质量保证难度大的、对质量影响大的或者是发生质量问题时危害大的对象作为质量控制点，具体包括如下内容。

（1）施工过程中的关键工序或环节以及隐蔽工程。例如，预应力结构的张拉工序，钢筋混凝土结构中的钢筋架立。

（2）施工中的薄弱环节，或质量不稳定的工序、部位或对象。例如，地下防水层施工。

（3）对后续工程施工质量或安全有重大影响的工序、部位或对象。例如，预应力结构中的预应力钢筋质量、模板的支撑与固定等。

（4）采用新技术、新工艺、新材料的部位或环节。

（5）施工上无足够把握的、施工条件困难的或技术难度大的工序或环节。例如，复杂曲线模板的放样等。

（三）质量控制的基本制度

施工质量控制是一个系统过程，施工质量必须通过现场中一系列可操作的基本环节来实现。现场施工质量控制的基本制度包括图纸会审，技术复核、技术交底、工程变更、三令管理、隐蔽工程验收、三检结合、样板先行，级配管理、材料检验、施工日记、质保资料、质量验评和成品保护等。下面主要对技术交底、工程变更、隐蔽工程验收、三检结合和成品保护进行讲解。

1. 技术交底

做好技术交底工作是保证施工质量的重要措施之一，为此，每一分项工程开工前均应进行技术交底。技术交底应由项目技术人员编制，并经项目技术负责人批准实施。作业前应由项目技术负责人向承担施工的负责人或分包人进行书面技术交底，技术交底资料应办理签字手续并归档保存。

2. 工程变更

工程变更主要包括设计变更、计算工程量变动、施工时的变更、施工合同文件的变更等。

工程变更可能导致项目的工期、成本或质量的改变，因此，必须加强对工程变更的控制和管理。在工程变更实施控制中，一是要分析和确认各方面提出的工程变更的因素和条件；二是要做好管理和控制那些能够引起工程变更的因素和条件；三是当工程变更发生时，应对其进行管理和控制；四是分析工程变更引起的风险。

3. 隐蔽工程验收

隐蔽工程验收是指被后续工程（工序）施工所隐蔽的分项、分部工程在隐蔽前进行的检测验收。它是对一些已完分项、分部工程质量的最后一道检查，由于检查对象会被其他工程覆盖，给以后的检查整改造成障碍，故显得格外重要，它是质量控制的一个关键过程。验收的一般程序如下。

（1）隐蔽工程施工完毕后，承包单位按有关技术规程、规范、施工图纸先进行自检，检验合格后，填写报验申请表，附上相应的工程检查证（或隐蔽工程检查记录）及有关材料证明、试验报告、复试报告等，报送项目监理机构。

(2) 监理工程师收到报验申请后首先对质量证明资料进行审查，并在合同规定的时间内到现场检查(或检测或核查)，承包单位的专职检查员及相关施工人员应随同一起到现场检查。

(3) 经现场检查，如符合质量要求，监理工程师在报验申请表及工程检查证(或隐蔽工程检查记录)上签字确认，准予承包单位隐蔽、覆盖，进行下一道工序施工。

如经现场检查发现不合格，监理工程师签发“不合格项目通知”，责令承包单位整改，整改后自检合格再报监理工程师复查。

4. 三检结合

三检结合是指操作人员“自检”“互检”和专职质量管理人员的“专检”相结合的检验制度。它是确保现场施工质量的一种有效的方法。

实施三检结合，要合理地确定专检、自检、互检的范围。一般情况下，原材料、半成品和成品的检验以专职人员为主，生产过程各工序的检验则以现场工人自检、互检为主，专职人员巡回抽检为辅。成品的质量必须进行终检认证。

5. 成品保护

在施工过程中或工程移交前，施工单位必须负责对已完成部分或全部采取妥善措施予以保护，以免因成品缺乏保护或保护不善而造成损伤或破坏而影响工程整体质量。根据需要保护的建筑成品特点不同，可以分别对成品采取“防护”“覆盖”“封闭”等保护措施，以及合理安排施工顺序来达到保护成品的目的。

(1) 防护：指根据被保护对象的特点选取各种防护措施。例如，对清水楼梯踏步可以采取护棱角铁上下连接固定；对于进出口台阶可垫砖或方木搭脚手板供行人通过；对于门口易碰部位，可以钉上防护条或槽型盖铁保护；门扇安装后可加楔固定等。

(2) 包裹：指将被保护物包裹起来，以防损失或污染。例如，对镶面大理石柱可用立板包裹捆扎保护，铝合金门窗可用塑料布包扎保护等。

(3) 覆盖：指用表面覆盖的办法防止堵塞或损伤。例如，对地漏、落水口排水管等进行覆盖，以防止异物落入而被堵塞；预制水磨石或大理石楼梯可用木板覆盖加以保护；地面可用锯末、苫布等覆盖以防止喷浆等污染；其他需要防晒、保温养护等的项目也可采取适当的防护措施。

(4) 封闭：指采取局部封闭的办法进行保护。例如，垃圾道完成后，可将其进口封闭起来，以防止建筑垃圾堵塞通道；房间水泥地面或地面砖完成后，可将该房间局部封闭，防止人们随意进入而损坏地面；室内装饰完成后，应加锁封闭，防止人们随意进入而受到损伤等。

(5) 合理安排施工顺序：主要是通过合理安排不同工作间的施工顺序以防止后道工序损坏或污染已完施工。例如，采取房间内先喷浆或喷涂后装灯具的施工顺序可防止喷浆污染，损害灯具；先做顶棚装修而后做地面，也可避免顶棚及装修施工污染，损坏地面。

二、工程施工进度管理

在工程施工进度计划执行过程中，由于资金、人力、物资的供应和自然条件等因素的影响，往往会使原计划脱离预先设定的目标。计划的平衡是相对的，不平衡是绝对的。因此，要随时掌握工程施工进度，检查和分析施工计划的实施情况，并及时地进行调整，保证施工进度目标的顺利实现。

（一）施工进度影响因素的分析

为了对施工进度进行有效的控制，管理者必须在施工计划实施前对影响工程项目施工进度的因素进行分析，进而提出保证施工进度成功的措施，以实现对工程项目施工进度的主动控制。

可能影响施工进度计划正常实施的因素很多，归纳起来有以下几个方面。

（1）工程建设相关单位的影响，如政府有关部门、设计单位、物资供应部门、资金供应单位、供电单位、供水单位等。

（2）物资供应进度的影响，如原材料和设备供应不足等。

（3）资金供应的影响，如没有及时支付足够的工程预付款，拖欠工程进度款等。

（4）设计变更的影响，如设计变更内容多、变更程序复杂等。

（5）施工条件的影响，如气候、水文、地质及周围交通、生产和居住环境等方面的不利因素。

（6）不可预见因素的影响，如政治、经济、技术及自然等灾害方面的不利因素。

（7）承包单位自身管理水平的影响，如施工方案不当、计划不周、管理不善、解决问题不及时等。

当然，上述某些影响因素，如自然因素等是无法避免的，但在大多数的情况下，其工期损失是可以通过有效的进度控制而得到弥补的。

（二）施工进度管理的措施

为了保证施工进度计划的实施，落实进度目标要求，应该落实好下列管理措施。

（1）明确施工进度管理的合格主体作用及其职责。

（2）形成严密的计划保证体系。

（3）层层签订承包合同或下达施工任务书。

（4）做好施工进度记录，填好施工进度统计表。

（5）做好调度工作。

（三）施工进度的检查

为了掌握进度计划执行情况，必须建立相应的健全的检查制度和实际进度数据统计报告制度，建立必要的信息资料库，并定期或不定期地分析进度计划的实施状况，预测施工进度的发展变化趋势，预先做到心中有数。施工进度计划的检查应包括下列内容。

（1）工作量的完成情况。

（2）工作时间的执行情况。

（3）资源使用及与进度的匹配情况。

（4）上次检查提出问题的处理情况。

（四）施工进度目标的控制

施工进度目标是分阶段和分层次的，通过月、旬（周）作业进度目标的控制、阶段性形象进度子目标和综合性总进度目标的控制，全面实现计划任务。

1. 综合性施工总进度目标的控制

通过施工组织设计，根据最经济合理的施工方案编制施工总进度计划，使其总工期目标必须符合工程承包合同和有关规定。经可行性分析论证后用于总体施工部署，从总体上把握施工的规模和速度。

2. 阶段性形象进度子目标的控制

阶段性形象进度子目标，是根据总进度计划分阶段安排的要求所确定的施工全过程中各控制性节点（也称里程碑节点）的目标。关键性控制节点的提取方法是从总进度网络计划的关键线路上选择重要事件，并编制子目标节点控制一览表。对各节点子目标都明确控制要求，将各重要节点预期时间目标作为各阶段现场施工部署、施工指挥、协调的依据，并及时掌握实际完成情况，进行偏差分析。

3. 月、旬（周）作业进度目标的控制

工程的进展是通过无数的作业活动积累起来的，因此，作业进度是进度控制的基础。总进度计划的每个子项、分项的实施，都要通过各参与施工单位月、旬（周）作业进度的安排来实现，它是最详尽、最具体、最直接的控制活动。因此，必须依靠作业计划的科学性、合理性、先进性和相互关联的协调性及作业条件的互创性等，做好作业计划管理，并通过各项组织制度措施、沟通和激励机制等形成作业过程的约束机制和监督机制，以保证作业能力的充分发挥。

（五）施工进度计划的调整

一个大型工程施工过程中需要消耗大量的人力、物力和财力，受外界自然条件影响大，施工周期长，导致工程的实际施工进度往往落后于计划进度，需要及时对原有进度计划进行调整，或纠正工作偏差，或调整总体目标。通过对施工进度计划实施情况的检查和分析，根据进度偏差的大小及影响程度，可分别采用下列两种调整方法。

1. 改变某些工作之间的逻辑关系

这种方法的特点是在不改变工作的持续时间和不增加各种资源总量情况下，通过改变工作之间的逻辑关系来完成。工作之间的逻辑关系有三种：依次关系、平行关系和搭接关系。通过调整施工的技术方法和组织方法，尽可能将依次施工改为平行施工或搭接施工，从而纠正偏差，缩短工期。同时，施工项目单位时间内的资源需求量将会增加。对于中、小型项目来说，由于受工作之间工艺关系的限制，可调整的幅度较小，通常用搭接作业的方法来调整施工进度计划；而对于大型项目，由于其单位工程较多且相互的制约比较小,可调整的范围比较大,所以一般采用平行作业的方法来调整施工进度计划。

2. 缩短某些工作的持续时间

这种方法的特点是不改变工作之间的逻辑关系,仅通过缩短网络计划中关键工作的持续时间来达到缩短工期的目的。它一般允许调整的时间幅度有限,且需采取一定的技术组织措施,例如增加劳动力或增加机械设备的投入,改进施工方法,采用新技术、新材料和新工艺,提高生产效率等。

三、工程施工资源管理

施工生产技术复杂,社会分工细致,协作关系广泛,工程施工需要的资源数量庞大,质量要求严格,供应渠道复杂,资源分布面广,使用的时间性、配套性强,供需之间的空间间隔长等因素,给按时、按质、按量组织施工资源的配套供应带来艰巨性。如有任何一种资源不能满足要求,就会使施工生产能力不能充分发挥,甚至使生产中断。因此,加强工程施工资源管理,对于保证正常施工生产,促进经济效益及增强项目竞争能力都具有重要作用。

(一)施工劳动力管理

施工劳动力管理包括现场有关劳动力和劳动活动的计划与决策、组织与指挥、控制与协调、教育与激励等各项工作的总和。

1. 施工劳动力管理的任务

(1) 根据施工任务的需要和变化,从社会劳务市场中招募和遣返(辞退)劳动力。

(2) 根据项目经理部所提出的劳动力需要量计划与项目经理部签订劳务合同,并按合同向作业队下达任务,派遣队伍。

(3) 组织三级安全教育,并进行书面考试,考试不合格的不得在现场施工。对从事电气焊、土建、水电设备安装等特殊工种人员进行岗前培训,取得相应的操作证书方可上岗。

(4) 根据生产岗位的需要,按照国家劳动安全、卫生的有关规定配备必要的安全防护设施,发放必要的劳动保护用品,提供宿舍、食堂、饮用水、洗浴、公厕等基本生活条件。

(5) 对劳动力进行企业范围内的平衡、调度和统一管理。施工项目中的承包任务完成后召回作业人员,重新进行平衡、派遣。

(6) 负责对企业劳务人员的工资奖金管理,实行按劳分配,兑现合同中的经济利益条款,进行合乎规章制度及合同约定的奖罚。对实行计件工资的劳务人员,企业应当根据《中华人民共和国劳动法》规定的工时制度合理确定其劳动定额和计件报酬标准。

2. 施工项目的劳动组织形式

施工项目的劳动组织,是指劳务市场向施工项目供应劳动力的组织方式及工作队中工人的结合方式。施工项目的劳动组织形式有以下几种。

(1) 作业队(或称劳务承包队):该作业队内设10人以内的管理人员,管理200～400人。其职责是接受劳务部门的派遣,承包工程并进行内部核算、职工培训、思想政治工作、生活服务、支付工人劳动报酬工作。如果企业规模较大,还可由3～5个作业队组成劳务分公司,实行内部核算。作业队内划分工作队。

(2) 生产工作队。其形式有两种。

①专业工作队。专业工作队即按施工工艺,由同一工程(专业)的工人组成的工作队。专业工作队只完成其专业范围内的施工过程。这种组织形式有利于提高专业施工水平,提高熟练程度和劳动效率,但是给协作配合增加了难度。

②混合工作队。它由相互联系的多工种工人组成,可以在一个集体中进行混合作业,工作中可以打破每个工人的工种界限。这种工作队对协作有利,但却不利于专业技能及熟练水平的提高。

3. 施工劳务承包责任制与激励机制

目前施工项目大多实行项目经理负责制,根据确定的现场管理机构建立项目施工管理层,项目经理部要与项目各管理人员签订内部承包责任状。通过这些措施,可明确施工所有管理人员的责、权、利,并让他们有机结合起来,最大限度地发挥人的能动性。

(1) 施工现场承包责任制。

①现场承包责任制的形式:按责任制的承包者分为职工个人的经济责任制和单位集体经济责任制。按企业内部围绕工资划分有包工工资、浮动工资等。

②现场承包责任制的方法有:按职工个人建立经济承包责任制,按分项工程建立工序施工队或生产工作队经济责任制和按整个单位工程来建立承包责任制等。

(2) 施工现场的工资形式有计时工资和计件工资等。

(3) 施工现场劳动激励机制。

建立现场劳动激励机制的方法有物质激励和精神激励两种。具体可从以下几个方面实施。

①深入了解职工工作动机、性格特点和心理需要。

②组织目标设置与职工需要尽量一致,使职工明确奋斗目标。

③企业管理方式和行为多实行参与制,民主管理,避免乱用职权,现场管理制度要有利于发挥职工的主观能动性,避免成为遏制力量。

④从现场职工需要的满足感和职工自我期望目标两方面进行激励。

⑤在选择激励方法时要因人而异并采取物资与精神结合的激励方法。

⑥激励要掌握好时间和力度。

⑦建立良好的群体关系,领导和群众以及上级与下级互相信任、尊重、关心。

⑧创造良好的施工环境,保障职工身心健康。

4. 施工劳动管理的方法

(1) 劳动力计划管理:劳动力使用计划是工程工期计划的重要配套保证计划之

一，也是保证工程工期计划实现的条件。劳动力使用计划编制的原则是劳动力均衡使用，避免出现过多、过大的需求高峰，以免给人力调配带来困难，同时也增加了劳动力的成本，还带来了住宿、交通、饮食、工具等方面的问题。

（2）人员的培训和持证上岗：培训的内容包括现代现场管理理论培训、文化知识培训、操作技术培训和考核发证工作。培训的常用方法，按办学方式可分为企业办学、几个单位联合办学或委托培训。按脱产程度不同可以是业余、半脱产或全脱产、岗位练兵师带徒的形式。按培训时间分为长期培训和短期培训。

（3）劳动过程的管理：施工现场的劳动过程就是土木工程产品的生产过程，工程的质量、进度、效益取决于现场劳动过程的管理水平、劳动组织的协作能力及劳动者的施工质量、效率。所以，必须按建筑施工过程的自身规律加强劳动纪律，建立各项规章制度；制定并考核施工任务单；做好劳动保护和安全、卫生工作，建立劳动过程的科学体系。

（4）劳动定额的管理：劳动定额有两种基本形式，即时间定额和产量定额。制定劳动定额的方法一般有四种，即技术测定法、经验估工法、统计分析法和比较类推法。劳动定额日常管理应注意不得任意修改定额，但对于定额中的缺项和“四新”的出现，要及时补充和修订。要做好任务书的签发、交底、验收和结算工作，把劳动定额与工作队经济责任制和内部承包制结合起来。统计、考核和分析定额执行情况。

（二）施工材料物资管理

施工材料物资管理的主要工作是在做好材料计划的基础上搞好材料的供应、保管和使用。供应是施工材料物资管理的首要环节，是保证顺利施工的必要条件，并贯穿在施工全过程。主要内容有材料物资的供应方式、库存控制、仓库管理、验收和使用，以及周转材料的管理。

1. 材料物资供应方式

根据现行的供应体制，材料物资供应基本分为两种类型。

（1）甲供类材料物资：指建设单位和施工单位之间材料（含设备）供应、管理和核算的一种方法。

（2）乙供类材料物资：对工程无特殊要求的一般建筑材料、一般机电安装材料、一般装饰材料，如水泥、黄砂、钢材、建筑五金、油漆、电线、保温材料、PVC管等，由施工单位按照设计要求组织采购。

2. 材料物资库存控制

物资库存控制，就是根据施工生产需要，在不断掌握物资收发动态变化的基础上，采取适当的方法对库存物资进行调节。施工库存物资品种繁多，而每一种物资又有其不同的特点和要求，因此，对不同的物资应采取不同的库存控制方法。当物资的耗用完全均衡时，可以均衡订购，在相同的订购周期内订购相同数量的物资。当物资耗用不均衡时，订购批量与订购周期的长短不完全成正比关系，形成了库存量控制的两种基本类型：一是固定订购批量的定量控制；二是固定订购周期的定期控制。

(1) 定量库存控制法：一种以固定订购点和订购批量为基础的库存量控制方法。它采用永续盘点方法，对发生收发动态的物资随时进行盘点，当库存量降低到订购点时就提出订购，每次订购数量相同，而订购时间不固定，由物资需要量的变化来决定。

(2) 定期库存控制法：以固定检查和订购周期为基础的一种库存量控制方法。它对库存物资进行定期盘点，按固定的时间检查库存量并随即提出订购，补充至一定数量。

3. 材料物资仓库管理

材料物资仓库管理是指仓库所管物资的收、发、储业务的计划、组织、监督、控制和核算活动的总称。其具体工作包括：仓库设施和货场位置，物资验收入库和库存物资的保管；物资的发放；清仓盘点等。它对于保证及时供应施工生产需要的材料，合理储备和加速材料周转，减少损耗，节约和合理用料有着重要的意义。

4. 材料物资验收和现场使用

(1) 现场验收：现场材料验收要做到进场材料数量准确，堆放合理，质量符合设计施工要求。现场材料验收工作既发生在施工准备阶段，又贯穿于施工全过程。要求所收材料品种、规格、质量、数量必须与工程的需要紧密结合，与现场材料计划吻合，为完工清场创造条件。

(2) 定额供料：施工生产用的材料以施工材料消耗定额为限额，包干使用，节约有奖，超耗受罚。

(3) 使用监督：保证材料在使用过程中能合理地消耗，充分发挥其最大效用。材料使用监督的内容有：是否按材料的使用说明和材料做法的规定操作；是否按技术部门制定的施工方案和工艺进行；操作人员有无浪费现象；是否做到工完场清、活完脚下清。

(4) 材料盘点：在工程收尾阶段全面盘点现场及库存物资，现场物资的盈亏，不能带进新现场或新栋号，应实事求是地按规定处理，制止在盘点中弄虚作假。

5. 周转材料的管理

周转材料是重复使用的工具性的材料，属于劳动资料，是建筑施工的大型工具，主要是指模板、脚手架及跳板。由于它占用数量大、投资多、周转时间长，是建筑施工不能缺少的工具。

项目周转材料的管理，就是项目在施工过程中，根据施工生产的需要，及时、配套地组织进场，通过合理的计划精心培养，监督控制周转材料在项目施工过程中的消耗，加快其周转，避免人为的浪费和不合理的消耗。

(三) 施工机械设备管理

施工机械设备管理主要是正确装备和使用机械设备，及时搞好施工机械设备的维护和保养，按计划检查和修理，建立现场施工机械设备使用管理制度等。其主要任务是采取技术、经济、组织措施对施工机械设备合理使用，用养结合，提高施工机械设备的使用效率，尽可能降低工程项目的机械使用成本，提高工程项目的经济效益。

1. 施工机械设备的选择和配备

(1) 工程施工机械设备装备的原则:任何一个工程项目施工机械设备的合理配备,必须依据施工组织设计,同时考虑以下方面:机械化和半机械化相结合;减轻劳动强度;技术经济分析;设备性能配套。

(2) 工程施工机械设备的装备计划:施工企业或工程项目要根据企业的长远发展目标和工程项目施工的现实需要,编制设备装备计划或设备租赁计划。在编制计划时要注明设备名称、规格和型号、设备功率、使用数量、进场时间、退场时间、是否购置或租赁等。

2. 施工机械设备的保养与维修

施工企业要建立机械设备的保养规程和维修制度,季节变化时要执行换季保养。新机械和经过大修理的机械,在使用初期要执行走合期保养,大型机械设备要实行日常点检和定期点检,并做好技术记录,总结磨损规律。实行机械设备经济承包责任,把机械设备的技术状况、维修保养、安全运行、消耗费用等列入承包内容,与生产任务完成情况一起考核。

四、工程施工安全与环境管理

(一) 施工安全管理

1. 施工安全组织与制度

(1) 施工安全组织体系:指负责施工安全工作的组织管理系统,安全组织机构组成人员应包括业主、设计、勘察、施工、设备供应等全部相关单位的主管领导机构、专职管理机构和专兼职安全管理人员(如企业的主要负责人、专职安全管理人员、企业和项目部主管安全的管理人员以及班组长、班组安全员)。

(2) 施工安全管理制度:施工安全管理目标责任制,以责任书形式将目标责任逐级分解到施工分包方、项目组和作业岗位;施工组织设计编制审查制度;安全技术交底制度;班前安全活动和安全教育制度;安全检查制度。

2. 施工危险源的识别

(1) 生产生活过程中存在的、可能发生意外释放的能量或危险物质,如台风、地震。

(2) 造成能量和危险物质约束或限制措施破坏、失效的因素,如物的故障、人的失误和环境因素三个方面。

①物的故障表现为发生故障或误操作时的防护、保险、信号等装置缺乏或有缺陷;设备、设施在强度、刚度、稳定性、人机关系上有缺陷。

②人的失误包括人的不安全行为和管理失误等。

③环境因素指生产环境中的温度、湿度、噪声、振动、照明或通风换气等方面。

3. 施工安全教育与培训

(1) 施工安全教育的要求如下。

①广泛开展安全生产的宣传教育，使全体员工真正认识到安全生产的重要性和必要性，懂得安全生产和文明施工的科学知识，牢固树立安全第一的思想，自觉遵守各项安全生产法律、法规和规章制度。

②把安全知识、安全技能、设备性能、操作规程、安全法律等作为安全教育的主要内容。

③建立经常性的安全教育考核制度，考核成绩要记入员工档案。

④电工焊工、架子工、司炉工、爆破工、机操工、起重工、机械司机、机动车辆司机等特殊工人，除一般安全教育外，还要经过专业安全技能培训，经考试合格持证后方可独立操作。

⑤采用新技术、新工艺、新设备施工和调换工作岗位的，也要进行安全教育，未经安全教育培训的人员不得上岗操作。

（2）三级安全教育。

三级安全教育是指公司、项目经理部、专业工作队三个层次的安全教育。三级安全教育的内容、时间及考核结果要有记录，并按照相关规定开展安全教育。

公司教育内容是：国家和地方有关安全生产的方针、政策、法规、标准、规程和企业的安全规章制度等。公司安全教育由施工单位的主要负责人负责。

项目经理部教育内容是：工地安全制度、施工现场环境、工程施工特点及可能存在的不安全因素等。项目经理部的教育由项目负责人负责。

专业工作队教育内容是：本工种的安全操作规程、事故安全剖析、劳动纪律和岗位讲评等。专业工作队的教育由专职安全生产管理人员负责。

4. 施工安全检查

（1）施工安全检查的主要内容。

①查思想：主要检查企业的领导和职工对安全生产工作的认识。

②查管理：主要检查工程的安全生产管理是否有效。主要内容包括安全生产责任制、安全技术措施计划、安全组织机构、安全保证措施、安全技术交底、安全教育、持证上岗、安全设施、安全标识、操作规程、违规行为、安全记录等。

③查隐患：主要检查作业现场是否符合安全生产、文明生产的要求。

④查事故处理：对安全事故的处理应达到查明事故原因、明确责任并对责任者作出处理、明确和落实整改措施等要求。同时还应检查对伤亡事故是否及时报告、认真调查、严肃处理。

安全检查的重点是违章指挥和违章作业。安全检查后应编制安全检查报告，说明已达标项目、未达标项目、存在的问题、原因分析及纠正和预防措施。

（2）施工安全检查的方法。

①“看”：主要查看管理记录、持证上岗情况、现场标识、交接验收资料、“安全三宝”使用情况、“洞口”防护情况、“临边”防护情况、设备防护装置等。

②“量”：主要是用尺实测实量。

③“测”:用仪器、仪表实地进行测量。

④“现场操作”:由司机对各种限位装置进行实际运作,检验其灵敏程度。

(3) 施工安全检查的主要形式。

①每周(每旬)由主要负责人带队组织定期的安全大检查。

②每天上班前由班组长和安全值日人员组织班前安全检查。

③季节更换前由安全生产管理人员和安全专职人员、安全值日人员等组织季节劳动保护安全教育。

④由安全管理组、职能部门人员、专职安全员和专职技术人员组成对电气设备和机械设备、脚手架、登高设施等专项设施设备及高处作业、用电安全、消防保卫等进行专项安全检查。

⑤由安全管理小组成员、安全专兼职人员和安全值日人员进行日常安全检查。

⑥对塔式起重机等起重设备、龙门架、脚手架、电气设备、现浇混凝土模板及其支撑等施工设施在安装搭设完成后进行安全检查验收。

5. 施工安全控制和技术措施

(1) 施工安全控制的基本要求。

①必须取得安全行政主管部门颁发的安全施工许可证后才可开工。

②总承包单位和每一个分承包单位都应持有施工企业安全资格审查认可证。

③各类人员必须具备相应的执业资格才能上岗。

④所有新员工必须经过三级安全教育,即进厂、进车间和进班组的安全教育。

⑤特殊作业人员必须持有特种作业操作证,并严格按规定定期进行复查。

⑥对查出的安全隐患要做到“五定”,即定整改负责人、整改措施、整改完成时间、整改完成人、整改验收人。

⑦必须把好安全生产“六关”,即措施关、交底关、教育关、防护关、检查关、改进关。

⑧施工现场安全设施齐全,并符合国家及地方有关规定。

⑨施工机械(特别是现场安设的起重设备等)必须经安全检查合格后方可使用。

(2) 施工安全技术措施计划的编制。

施工安全技术措施计划主要内容包括工程概况、控制目标、控制程序、组织机构、职责权限、规章制度、资源配置、安全措施、检查评价、奖惩制度等。

编制施工安全技术措施计划时,应考虑的特殊情况如下。

(1) 对结构复杂、施工难度大、专业性强的项目,除制定项目总体安全保证计划外,还必须制定单位工程或分部(分项)工程的安全技术措施。

(2) 对高处作业、井下作业等专业性较强的作业,电器、电力容器等特殊工种作业,应制定单项安全技术规程,并应对管理人员和操作人员的安全作业资格和身体健康状况进行合格检查。

制定和完善施工安全操作规程,编制各个施工工种,特别是危险性较大工种的安全施工操作要求，作为规范和检查考核员工安全生产行为的依据。

(3) 施工安全技术措施的内容。

施工安全技术措施主要包括以下内容，即防火、防毒、防爆、防洪、防尘、防雷击、防触电、防坍塌、防物体打击、防机械伤害、防起重设备滑落、防高空坠落、防交通事故、防寒、防暑、防疫、防环境污染等方面的措施。

(4) 施工安全技术措施计划的实施。

①安全生产责任制。

建立安全生产责任制是施工安全技术措施计划实施的重要保证。安全生产责任制是指企业对项目经理部各级领导、各个部门、各类人员所规定的在他们各自职责范围内对安全生产应负责任的制度。

②安全技术交底。

安全技术交底的基本要求：项目经理部必须实行逐级安全技术交底制度，纵向延伸到班组全体作业人员；技术交底必须具体、明确、针对性强；技术交底的内容应针对分部(分项)工程施工中给专业人员带来的潜在危害和存在问题；应优先采用新的安全技术措施；应将工程概况、施工方法、施工程序、安全技术措施等向工长、班组长进行详细交底；定期向两个以上作业队和各种交叉施工的作业队伍进行书面交底；保持书面安全技术交底签字记录。

安全技术交底主要内容有：本工程项目的施工作业特点和危险点；针对危险点的具体预防措施；应注意的安全事项；相应的安全操作规程和标准；发生事故后应及时采取的避难和急救措施。

(二) 施工环境管理

1. 施工现场水污染的防治

(1) 搅拌机前台、混凝土输送泵及运输车辆清洗处应设置沉淀池，废水未经沉淀处理不得直接排入市政污水管网，经二次沉淀后方可排入市政排水管网或回收用于洒水降尘。

(2) 施工现场现制水磨石作业产生的污水，禁止随地排放。作业时要严格控制污水流向，在合理位置设置沉淀池，经沉淀后方可排入市政污水管网。

(3) 对于施工现场气焊用的乙炔发生罐产生的污水，严禁随地倾倒，要求利用专用容器集中存放，并倒入沉淀池处理，以免污染环境。

(4) 现场要设置专用的油漆油料库，并对库房地面做防渗处理，储存、使用及保管要求采取措施和专人负责，防止油料泄漏而污染土壤水体。

(5) 施工现场的临时食堂，用餐人数在100人以上的，应设置建议有效的隔油池，使产生的污水经过隔油池后再排入市政污水管网。

(6) 禁止将有害废弃物做土方回填，以免污染地下水和环境。

2. 施工现场噪声污染防治

施工现场噪声的长期监测要有专人监测管理，并做好记录。

（1）施工现场的搅拌机、固定式混凝土输送泵、电锯、大型空气压缩机等强噪声机械设备应搭设封闭机械棚，并尽可能离居民区远一些设置，以减少噪声的污染。

（2）尽量选用低噪声或备有消声降噪设备的机械。

（3）凡在居民密集区进行强噪声施工作业时，要严格控制施工作业时间，晚间作业不超过22时，早晨作业不早于6时。特殊情况下需昼夜施工时，应尽量采取降噪措施，并会同建设单位做好周围居民的工作，同时报工地所在地的环保部门备案后方可施工。

（4）施工现场要严格控制人为的大声喧哗，增强施工人员防噪声扰民的自觉意识。

3. 施工现场空气污染防治

（1）施工现场的垃圾渣土要及时清理出现场。

（2）对于细颗粒散体材料（如水泥、粉煤灰、白灰等）的运输、储存要注意遮盖、封闭，防止和减少飞扬。

（3）车辆开出工地要做到不带泥沙，基本做到不洒土、不扬尘，减少对周围环境的污染。

（4）除设有符合规定的装置外，禁止在施工现场焚烧油毡、橡胶、塑料、皮革、树叶、枯草、各种包装物等废弃物品以及其他会产生有毒、有害烟尘和恶臭气体的物质。

（5）机动车都要安装减少尾气排放的装置，确保符合国际标准。

（6）工地茶炉应尽量采用电热水器。若只能使用烧煤茶炉和锅炉，应选用消烟除尘型茶炉和锅炉，大灶应选用消烟节能回风炉灶，使烟尘降至允许排放范围。

（7）大城市市区的建设工程已不允许搅拌混凝土。在允许设置搅拌站的工地，应将搅拌站封闭严密，并在进料仓上方安装除尘装置，采用可靠措施控制工地粉尘污染。

（8）拆除旧建筑物时，应适当洒水，防止扬尘。

第4节　施工组织设计的动态管理

（一）施工组织设计实行动态管理时应遵循的规则

（1）项目施工过程中，发生以下情况之一时，施工组织设计应及时进行修改或补充。

①工程设计有重大修改时，如地基基础或主体结构的形式发生变化、装修材料或做法发生重大变化、机电设备系统发生大的调整等，需要对施工组织设计进行修改；对工程设计图纸的一般性修改，视变化情况对施工组织设计进行补充。

②有关法律、法规、规范和标准实施、修订和废止，并涉及工程的实施、检查和验收时。

③主要施工方法有重大调整时，原来的施工组织设计已不能正确地指导施工。

④主要施工资源配置有重大调整，并且影响到施工方法的变化或对施工进度、质

量、安全、环境、造价等造成潜在的重大影响时。

⑤施工环境有重大改变，如施工延期造成季节性施工方法变化，施工场地变化造成现场布置和施工方式改变时。

(2) 经修改或补充的施工组织设计应重新审批后实施。

(3) 项目实施前，应进行施工组织设计逐级交底；项目施工过程中，应对施工组织设计的执行情况进行检查、分析并适时调整。

(4) 施工组织设计应在工程竣工验收后归档。

(二) 施工组织设计的管理流程

施工组织设计的管理流程如图 7-1 所示。

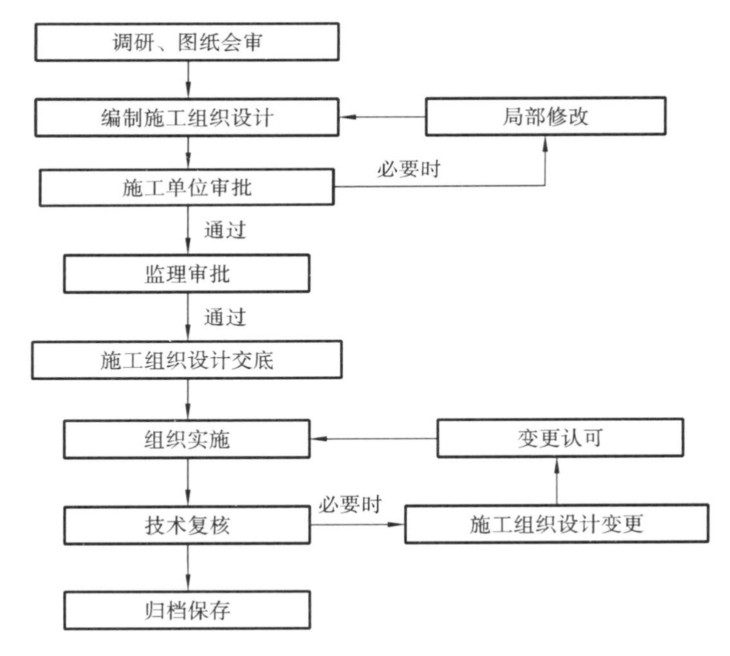

图 7-1　施工组织设计的管理流程图

◇思考与练习◇

1. 简述项目管理实施规划的主要内容。
2. 什么是技术交底？技术交底的种类和方式有哪些？
3. 影响工序质量的因素有哪些？
4. 如何做好施工组织设计的动态管理？

参 考 文 献

[1] 董颇,李兵.土木工程施工组织[M].武汉:武汉理工大学出版社,2016.
[2] 韩国平,彭彦华.土木工程施工组织[M].北京:北京理工大学出版,2013.
[3] 陈云钢.土木工程施工技术与组织管理[M].北京:机械工业出版社,2016.
[4] 高兵,梁前明.土木工程施工组织[M].武汉:武汉大学出版社,2014.
[5] 戴运良,张志国.土木工程施工组织[M].武汉:武汉大学出版社,2014.
[6] 朱凤兰,韩军峰.土木工程施工组织[M].北京:人民交通出版社,2011.
[7] 姚刚,华建民.土木工程施工技术与组织[M].重庆:重庆大学出版社,2013.
[8] 刘根强.土木工程施工组织与计价[M].长沙:中南大学出版社,2014.